高等院校经济管理类规划教材

R 语言数据分析与可视化

吴　俊　编著

北京邮电大学出版社
www.buptpress.com

内容简介

本书是数据科学类新编教材,旨在促进学生掌握数据可视化常用理论、典型方法与实践技术,提升学生数据素养。

全书由方法篇和应用篇组成。其中方法篇包括第1~14章,应用篇包括第15~17章。本书内容设计突出数据分析、数据可视化和数据故事化三类主题。相比同类书籍,本书有三大特色:一是内容与时俱进,体系完整;二是篇章模块组合,形式交互;三是讲练案例嵌入,知行合一。

本书是"R语言与数据可视化"课程教学的配套教材,可供信息管理与信息系统、大数据管理与应用等专业的本科生或研究生使用。

图书在版编目(CIP)数据

R语言数据分析与可视化 / 吴俊编著 . -- 北京:北京邮电大学出版社,2022.11(2024.3重印)
ISBN 978-7-5635-6786-7

Ⅰ. ①R… Ⅱ. ①吴… Ⅲ. ①程序语言—程序设计 Ⅳ. ①TP312

中国版本图书馆 CIP 数据核字(2022)第 203324 号

策划编辑:彭 楠 责任编辑:王晓丹 耿 欢 责任校对:张会良 封面设计:七星博纳

出版发行:北京邮电大学出版社
社　　址:北京市海淀区西土城路 10 号
邮政编码:100876
发 行 部:电话:010-62282185　传真:010-62283578
E-mail:publish@bupt.edu.cn
经　　销:各地新华书店
印　　刷:保定市中画美凯印刷有限公司
开　　本:787 mm×1 092 mm　1/16
印　　张:18.5
字　　数:481 千字
版　　次:2022 年 11 月第 1 版
印　　次:2024 年 3 月第 2 次印刷

ISBN 978-7-5635-6786-7　　　　　　　　　　　　　　　　定价:46.00 元

前　言

一、本书目的

　　数据可视化是基于现代视觉设计和人机交互理论,将数据或信息以生动又简洁的形式呈现,进而通过多样的叙述手段增强决策者认知的新兴技术,也是数据挖掘、计算机图形学和用户交互设计融合的前沿交叉学科。一方面,数据可视化技术不断演进,从科学计算的可视化走向信息与知识的可视化,从静态单维的数据展现转向动态多维数据的交互,推动数据看板、数据大屏、知识图谱等创新应用不断涌现;另一方面,用户和产业的迫切需求也指引着数据可视化人才的培养方向。当前,从政府到企业,各类组织中的信息系统越来越多,系统积累的数据量与日俱增,从数值型数据到文本数据、网络数据,数据形态纷繁多样,急需利用数据可视化技术为管理决策者缩放不同粒度的数据结构,展现数据之间的复杂关系,帮助决策者实时洞察数据驱动。

　　进入数据资源爆发增长、依托"数据＋分析"技术增强决策的新时代,以 R 为代表的开源数据分析软件及衍生的众多可视化包为将海量充满噪声的数据转变为形象且易于理解的决策图表提供了强大的工具支撑。为响应来自产业侧日益迫切的数据可视分析人才需求,北京邮电大学经济管理学院在"大数据管理与应用"本科方向开设了"R 语言与数据可视化"专业必修课。本书即配套该门课程的教材,旨在促进学生掌握数据可视化理论、方法及相关技术,使学生具备多源异构数据可视化的技能。本书还要求学生掌握和理解重要的基础概念,熟悉常用数据可视化包的安装与使用,具备独立完成数据可视化方案设计与开发的能力。

　　由于开源软件的飞速发展与广泛应用,基于 R 语言的数据分析与可视化实践发展很快,如何既能适应初学者入门的学习要求,又能向 R 语言爱好者展现该领域的最新技术,是每一位授课教师颇为费神且亟待解决的问题。与其他同类书籍相比,本书在三个方面有所改进。

　　一是内容与时俱进,体系完整。全书以 R＋RStudio 开发环境为载体,不仅介绍了基础的 R 语言数据结构及主要语法,也介绍了以 tidyverse 包为代表的整合性一站式数据分析流程与工具。这样的逻辑体系不仅能帮助读者了解传统的 R 数据分析与可视化包的功能与使用,还能帮助其掌握新一代向量式并行运算、管道化数据操作的 R 代码实践应用。本书从数据呈现的两个途径,即偏向数据感知的可视化和侧重数据认知的故事化入手,分别介绍了数据静态和动态交互图表的常用方法与工具、数据自动化报告和数据看板的制作与开发工具等。同时,本书还阐明了不同 R 可视化包的特点、最新功能、应用场景与最新范例,以帮助读者跟上可视化技术发展的步伐,学习前沿、实用的技术。

　　二是篇章模块组合,形式交互。为满足不同类型读者的学习需求,全书分为方法篇和应用篇,其中,方法篇包括第 1～14 章,共划分为 5 个模块,且同一模块内的各章衔接紧凑、内容关联,模块间松散耦合、承接有序。读者既可以按章节顺序阅读,也可以分模块选择查看。此外,本书的精简版互动多媒体电子书托管在腾讯云服务器上,学生可以通过手机、平板电脑、PC等多种终端浏览访问。这种方式一方面便于读者随时随地学习,另一方面可大大提升读者的学习主动性与参与性。

三是讲练案例嵌入,知行合一。本书方法篇的14章内容中穿插有小型示例讲解,同时附有对应代码、输出结果解释。应用篇的3章内容则以真实问题为导向,通过大型实践案例的讲解,让学生"在干中学,在学中练",从而培养学生理论联系实际的能力以及数据驱动的思维。

二、全书框架

近十年以来,R语言及其催生的第三方包发展十分迅速,截至2022年2月,全球最大的第三方R包托管地——CRAN(The Comprehensive R Archive Network)上已托管发布R包18 971个,功能介绍中包含visualization关键词的R包就有213个之多。为适应R语言的快速发展,贴近R语言的前沿应用动态,本书内容涵盖R语言数据分析与可视化两方面,由方法篇(第1~14章)和应用篇(第15~17章)构成。方法篇侧重介绍R语言基本语法、数值数据和文本数据分析流程与工具、数据可视化设计方法与工具、自动报告与数据看板生成方法与工具。应用篇通过3个大型案例的完整讲解,帮助读者综合应用R包完成不同情境下的分析与可视化任务。全书的章节框架与知识体系如图1所示。

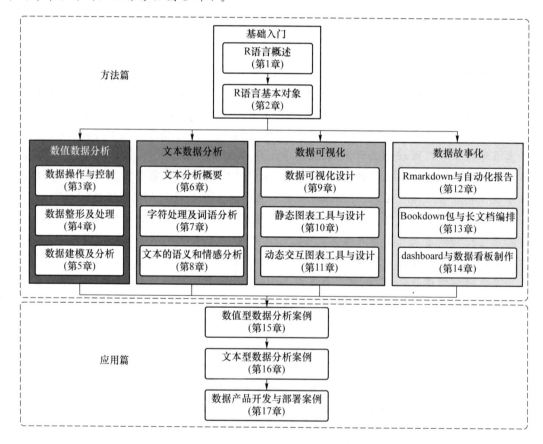

图1 全书的章节框架与知识体系

全书分为方法篇和应用篇。方法篇包括第1~14章,其中,第1章为R语言概述,第2章为R语言基本对象,第3章为数据操作与控制,第4章为数据整形及处理,第5章为数据建模及分析,第6章为文本分析概要,第7章为字符处理及词语分析,第8章为文本的语义和情感分析,第9章为数据可视化设计,第10章为静态图表工具与设计,第11章为动态交互图表工具与设计,第12章为Rmarkdown与自动化报告,第13章为Bookdown包与长文档编排,第14章为dashboard与数据看板制作。各章内容如下。

第1章首先简要介绍大数据时代的数据分析流程,让读者了解数据分析的主要步骤与常用工具;其次,介绍R语言发展历程及其主要特点;最后,介绍R及RStudio的客户端和服务器端安装、使用与卸载方法,常用的R包及典型功能等。

第2章首先介绍R语言常用的4种数据类型(数值型、字符型、逻辑型、复数型);其次,介绍R语言中用于存储数据的5种常用对象(向量、矩阵、数组、数据框和列表);最后介绍不同数据类型的判别与转换。

第3章首先介绍不同类型数据的输入、输出及常用的R包;其次,介绍R语言中算数运算符、逻辑运算符等操作符和自定义函数的使用,以及R语言的2种循环控制结构和3种条件控制结构;最后介绍R连接数据库的2种常用方法及操作技巧。

第4章首先介绍整洁数据的定义和tibble格式数据集的特点;其次,重点介绍用于数据整形的tidyr包、用于数据转换的dplyr包以及主要函数的使用技巧;最后以某跨国公司订单数据集为例,对如何综合使用tidyr和dplyr包完成数据的探索性分析进行说明。

第5章首先介绍不同类型因变量对应的回归分析方法,帮助读者了解常见回归分析方法的典型适用情境;然后,分别介绍多元线性回归、logistic回归、probit回归、多类别回归、多类别定序回归、泊松回归和负二项回归等7种回归分析的数据建模步骤以及R包操作技巧。

第6章首先简要介绍文本分析的概念和重要性以及与数值数据的异同,使读者对文本分析有一个初步的了解;其次,介绍文本分析的基本流程;最后分别介绍文本数据预处理、文本特征提取、文本分析的常用方法。

第7章首先介绍如何在R语言环境中导入不同格式的文本文件,以及如何对文本原始数据进行预处理;然后,介绍如何完成中文文本分词,以及如何对单个高频热词和多个高频共现热词进行词频统计分析。

第8章首先介绍文本的向量化以及基于词袋模型和词嵌入模型的向量化表征差异;其次,介绍基于词嵌入模型的分布式表征及应用、基于词袋模型的文本主题建模方法与典型应用;最后介绍文本情感分析的常用方法。

第9章首先简要介绍数据可视化的内涵及特点;其次,介绍8种不同类型的数据可视化图表及其常见用例,以及图表类型的选择方法;最后介绍数据可视化的样式调整。

第10章首先简要介绍常用的可视化包ggplot2;其次,介绍ggplot2包的具体使用方法并给出使用案例;最后介绍商用可视化包bbplot的应用范例及代码技巧。

第11章首先介绍动态交互图表的交互模式和相应特点;然后介绍常用的绘制动态交互图表的工具包recharts,并给出具体案例演示。

第12章首先简要介绍可重复性研究和文学化编程、Rmarkdown和Knitr包以及使用这两个包实现自动化报告输出的流程;其次,介绍R语言自动化报告输出常用包Rmarkdown和Knitr的用法;最后介绍Rmarkdown包的3个重要组成部分,即Markdown文本、代码段和YAML文件头的语法和参数设置。

第13章首先简要介绍 Bookdown 包的特点及其与 Rmarkdown 包的不同之处;其次,介绍 Bookdown 包的基本配置、编排技巧、YAML 文件头参数设置以及内容交叉引用;最后结合第12章的报告自动化输出,以流程图的方式展示了应用 Bookdown 包输出学术论文或科研报告的步骤。

第14章主要介绍如何使用 dashboard 制作数据看板。首先简要介绍数据看板的内涵、数据看板的3种分类及典型应用场景;其次,介绍 shiny 的概念与如何使用 shiny 创建数据看板,以及如何应用 shinydashboard、flexdashboard 简化数据看板的制作。

应用篇包括第15~17章,其中,第15章为数值型数据分析案例,第16章为文本型数据分析案例,第17章为数据产品开发与部署案例。各章内容如下。

第15章首先提出研究问题,确定数据分析的目的,简要介绍案例背景和数据来源;其次,介绍数据预处理的缺失值处理和数据类型转换两个过程;最后选取合适的建模方法并得出分析结果。

第16章首先介绍案例背景和数据集;其次,介绍文本数据读取和预处理的步骤和方法;最后介绍文本数据分析的几种重要手段和模型,包括文本聚类、主题模型、情感分析等。

第17章主要介绍 R 语言环境下的数据产品开发与公有云部署实例,主要内容包括:Ubuntu 操作系统基本指令、公有云服务器必要软件环境安装与配置、RStudio Server 的安装与配置、在云端部署数据产品的步骤与技巧。

目　录

第 1 篇　方法篇

第 2 篇　应用篇

第1篇
方法篇

第1章 R语言概述

本章为全书的导入章节,主要介绍 R 语言及其发展现状、开发环境配置与常用第三方包的安装与使用方法。首先,本章简要介绍大数据时代的数据分析流程,让读者了解数据分析的主要步骤与常用工具;其次,介绍 R 语言及其发展现状、R 语言主要特点、R 及 RStudio 的客户端和服务器端的安装、使用与卸载方法;最后,介绍了常用的 R 包及其典型功能等。通过本章的学习,读者应该掌握以下几点。

- 大数据时代数据分析的基本流程与典型工具。
- R 语言主要特点、R 及 RStudio 的客户端和服务器端的安装、使用与卸载方法。
- 常用 R 包的安装方法、使用场景与基本功能。

1.1 大数据时代的数据分析流程

在大数据时代背景下,无论是教学、科研还是职场工作,都需要具备强大的数据采集、数据预处理、数据分析、数据可视化、数据报告/数据产品制作的能力。传统数据挖掘和数据分析的知识与手段,越来越难以处理并分析多源异构、复杂多维的数据集,也难以满足各类头部企业的职位人才需求。随着新的方法和软件工具的层出不穷,诸多新手因缺乏经验而无所适从,一些数据分析爱好者学习部分方法和软件工具后,因缺乏实际项目应用而导致能力提升缓慢。

以 R 和 Python 为代表的数据分析软件,是一类典型的开源软件平台(Open Source Platform),具有内核精小、模块化封装、社会化协作、社区化发展的特点。这类开源软件具有 5 大特性,可以很好地满足针对性的分析需求,适应多样化的问题场景。

(1)替代器。开源软件正在逐步替代传统的商用收费软件,如 SPSS、SAS 等。

(2)粘贴器。开源软件通过数据获取、重塑,把杂乱的数据有机结合起来,形成对人有意义的、能辅助决策的知识,乃至智慧。

(3)赋能器。开源软件将多源异构的数据与精准适配的算法相结合,赋能业务的发展。

(4)映射器。开源软件将物理世界的人、机、物以数字化形式映射为数据,表征物理世界的变化与规律,从而得以更精确地度量和操控人、机、物的运行。

(5)想象器。开源软件通过"数据+算法"打造数字虚拟体,在数字空间跨越时空障碍,激发无限想象力,创造出物理世界不存在的事物——数据产品或数据服务。

传统数据分析的数据量有限,一般有几万条数据用于研究,且以单一来源同构的数值型数据为主。而在当今大数据时代背景下,数据量明显增加,一般至少有数十万条数据用于研究,且数据类型更加多样化,数值型数据、文本数据、图像及音视频数据不断涌现,但这些数据散布在互联网或线下各处,需要应用多种办法获取并处理。相对来说,大数据时代的数据分析流程更加冗长、复杂。

R 和 Python 完整的数据分析流程分别如图 1-1、图 1-2 所示。数据分析流程包括数据导入、数据清洗、数据分析和结果呈现等环节。其中,数据分析是整个流程的核心,包括数据整形(Data Wrangling)、数据可视化(Data Visualization)与数据建模(Model Building)三部分,三者是一个循环迭代、不断完善的过程。

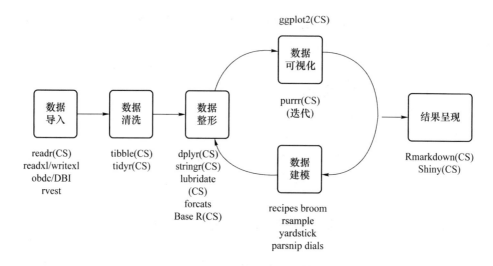

图 1-1　R 的数据分析流程

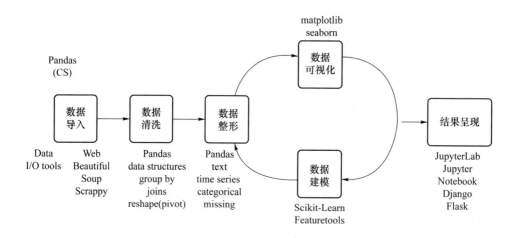

图 1-2　Python 的数据分析流程

本书介绍的数据分析软件以 R 语言为主,将从数据分析的全过程切入,逐一讲解每一个过程涉及的分析方法、相应代码以及基本技巧,帮助读者在后续学习过程中更好地理解。本书提出的大数据时代的数据分析流程如图 1-3 所示。

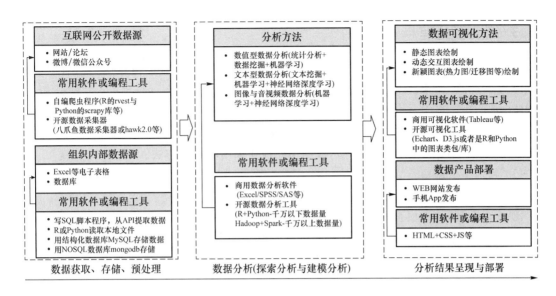

图 1-3　大数据时代的数据分析流程

1.1.1　数据获取

在大数据时代背景下,数据来源十分广泛,有从互联网等公开渠道获取的,也有从组织内部渠道获取的。数据获取在方法选择、软件工具选择上有所不同。

互联网上的数据主要用网络爬虫来爬取,其中比较典型的有八爪鱼采集器(下载网址:www. bazhuayu. cc),这个工具软件容易上手,比较适合文科学生。但八爪鱼采集器的免费版爬取数据较慢,无法同时自定义多个网站的爬取。如果想实现自由编程、快速爬取,建议学习Python 的爬虫相关模块,如 bs4、scrapy 等。

公司内部的数据,如果是以数据库形式存放的,则可以用 SQL 语句读取或者用 R、Python的数据库连接包读取;如果是 xls 文件,考虑到存储的数据记录一般都不超过几十万条,则用R 语言直接读取(建议用 readxl 包)。

总体来说,用八爪鱼采集器抓取静态页面类型的中小型网站,编写爬取规则快,数据爬取速度快。对于含 JS 页面、AJAX 页面等动态页面类型网站或反爬功能强的网站,建议使用Python 爬虫爬取。R 中也有具有爬虫功能的包(如 rvest、httr、xml 等),但是 R 语言的爬虫生态还不够强大,比 Python 更加烦琐。

1.1.2　数据存储

从互联网上爬取来的数据,如果数据量不大(如万条以内),可以以 xls 文件的形式存放,之后直接在 Excel 中处理。不过仍然建议用 R 语言来处理,因为 R 语言中的 dplyr、tidyr 等包功能强大,数据处理很方便。如果数据量较大(数十万条以上)或价值高(今后要重复使用,且需要对外展示),可以用 csv 文件的形式保存,也可以直接存放在 MySQL 等数据库中。如果数据量在百万条以上,可以用 txt 或 csv 文件的形式保存,在用 R 包读取操作时,建议用data. table包的 fread 函数实现。对于数据量在亿级以上的数据,建议用 Python 中的特有包来读取。

1.1.3 数据预处理

从互联网上获取的数据大多是含有噪声的数据（Dirty Data），这种数据要么有缺失值，要么字段不规范，如果不先做数据预处理就进行数据分析，那么，就会印证数据分析的名言："Garbage in，Garbage out。"

即便是从组织内部数据库或 Excel 获取的数据，也需要对其进行检查，确认无误后方能进行下一步分析。针对不同的数据类型，数据预处理要采用不同的方法。

（1）数值型数据

数值型数据的数据预处理具体如下。

① 读入数据后，先检查数据对象类型，查看字段及记录条数。

② 检查有无缺失值，缺失值数据需要进行处理。

③ 如果是连续型数值数据，需要检查数据的分布情况以及有无异常值，异常值数据需进行处理。

④ 如果是类别数值数据，需要检查有无缺失类别或类别分布异常的情况。

⑤ 在 R 语言中，需要注意的是，类别数值数据如果是以字符形式（如"BJ"代表北京）表示的，那么，需要检查是因子型还是字符型。

（2）文本型数据

文本型数据的数据预处理具体如下。

① 读入数据后，先检查数据对象类型（在 R 语言里一般 list 居多），查看字段及记录条数。

② 检查文本数据有无乱码或异常字符，如有，要用正则表达式进行处理。

③ 如果读入的文本数据是中文字符，且后续需要分析，那么，需要先做中文分词（在 R 语言里用 jiebaR 分词包）。

④ 如果读入的文本数据后续要基于词向量（Word Embedding）分析，那么，还需要用 word2vec 对语料文本进行词向量预处理（建议在 Python 里实现，用 scikit-learn 包里的 word2vec）。

⑤ Python 中的文本处理一般用 nltk 包（详细介绍可参考网址：http://www.nltk.org/）。

这里仅对数据预处理进行简要介绍，详细操作会在本书的后续章节结合实例详细展开。下面介绍数据分析的相关流程。

1.1.4 数据建模

在国内外众多数据分析工具软件中，专业数据分析人员一般使用 R 和 Python，下面介绍这两个软件的共同之处和不同之处。

R 和 Python 的共同之处如下。

（1）二者都是开源软件，且第三方包都很多。其中，R 有 1 万多个第三方包（见 CRAN），Python 有 10 万个第三方包（见 pypi）。

（2）二者均有成熟的社区、教程和用户。

（3）二者均有很好的 IDE 和编辑器支撑（R 一般用 RStudio，Python 一般用 anaconda，外加 sublime text）。

R 和 Python 的不同之处如下。

（1）R 比较适合学术研究，不太适合大规模生产环境的部署。

（2）Python 功能较 R 更强大，除了数据分析外，还可以进行 web 开发、自动运维等。

结合二者的特点，R 和 Python 有不同的分工：R 一般用于统计分析（如回归分析、面板数据计量分析等）和简单的机器学习模型，R 中的 ggplot2 包可用于绘制图表；而 Python 用于数据爬取以及复杂的机器学习模型和深度学习模型。

对于数值型数据的分析，需要注意如下两点：用 R 实现传统的统计分析（如 T 检验、方差检验、线性回归方程等）最为方便；数据挖掘和机器学习算法（如分类、聚类、关联规则等）在 R 语言中分散在多个包中实现，而在 Python 中，则是统一由 scikit-learn 包实现，十分方便。建议读者先从 R 学起，之后再学习 Python。神经网络和深度学习（即深度神经网络）建议用 Python 来实现。

1.1.5 数据可视化

数据分析的成果只有用生动的图表展现出来，才能体现数据分析工作的质量和成效。国外喜欢用 d3.js 来做可视化图表，但需要大量时间学习。Tableau 也可用来绘制可视化图表，但是这个软件是商用软件，使用起来有限制。本书提供的数据可视化工具基于 R 语言的多个可视化包展开，有静态图表绘制工具（如 ggplot2、bbplot 等），也有动态图表绘制工具（如 Echarts4r、plotlyr 和 highcharter 等）。这些工具包开源免费且功能强大，可以实现形式多样、风格各异的图表绘制。

1.1.6 数据产品发布

数据分析的最后一步是将成果进行展示。数据分析的最终成果可以以数据报告（WORD、PDF 等形式）或网站页面（HTML5 等动态页面形式）的形式交付或部署。

1. 数据报告发布

在特定环境下，将文字与程序代码片段整合在一起的写作方式，在国外被称为"文学化编程（Literate Programming）"，常见的两种方式如下。

（1）在 R 中，一般用"Rmarkdown＋Knitr"来完成。

（2）在 Python 中，一般用"jupyternotebook"来完成。

2. 网站部署

当用网站页面的形式部署时，用"html5＋js＋css"完成前端页面的呈现，后端用 MySQL 数据库对接，中间用 Python 的 Django 或 flask 进行逻辑衔接。

1.2　R 语言特点

R 语言是国外大学统计学和数据科学的推荐分析软件，具有开源免费、源包众多、面向应用、持续迭代等优点。R 语言是解释型编程语言，采用函数式编程、向量化运算，代码采用脚本方式运行，与 Java、C、C++ 等编译型语言相比，R 语言更适合对数据集开展探索式分析。

R 语言的一大优点是拥有数量众多且功能多样的第三方开源包，这些包通常托管在 CRAN 上，广大用户可以免费下载。从 2007 年开始，截至 2021 年 4 月，CRAN 上托管的 R 包数量变动趋势如图 1-4 所示。

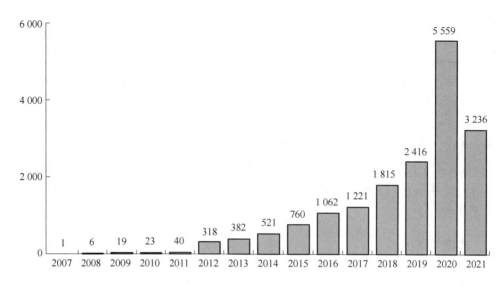

图 1-4　CRAN 上托管的 R 包数量变动趋势

自 2012 年以来，R 语言及其全球社区发展迅速，CRAN 上托管的第三方 R 包在 2012—2020 年的平均复合增速约为 43%，由众多科研人员、专业数据分析师开发的 R 包不仅为跨领域复杂问题的解决提供了强大的软件支撑，也加快了前沿算法的应用落地。

R 语言能完成的工作包括但不限于以下内容。

（1）R 语言可完成互联网数据的采集（推荐使用 rvest 包）以及与常用数据库的数据读写交换（推荐使用 MySQL 包）。R 语言与很多常用财经数据库（如 wind 等）都有接口，便于数据交换。

（2）R 语言可完成本地数据的读写（readr 包）、预处理（dplyr 和 tidyr 包）以及各类算法的统计分析（各类包均可）。

（3）R 语言可完成数据分析结果的可视化（ggplot2 包和 recharts 包）。

（4）R 语言可完成数据分析报告或网站部署。其中，"Rmarkdown＋Knitr"做自动化报告，"shiny＋flexdashboard"做网站部署。

1.3　R 及 RStudio 的安装

作为学术界和企业界广为流行的开源数据分析软件，R 语言支持 Windows、Mac OS、Linux 等多个操作系统，一次编码后，不用修改就可以在不同操作系统中运行。R 的下载网址：https://www.r-project.org/（截至 2021 年 11 月 1 日的最新版 4.1.2），下载后在本地非中文目录下直接安装，选择默认方式即可。

R 语言本身的图形界面比较简单，不适合编写与测试代码，一般将其与 RStudio 结合起来编写脚本程序。RStudio 是适用于 R 的一种集成开发环境（Integrated Development Environment，IDE），功能强大、操作简单。RStudio 的下载网址：https://www.rstudio.com/products/rstudio/download/，读者可根据本地电脑操作系统选择对应版本，下载后在本地直接安装，选择默认方式即可。

注意：请先安装 R 再安装 RStudio，如果安装 RStudio 启动后出现白屏情况，请检查 RStudio 的安装目录路径是否含有中文，建议在纯英文路径下安装。

1.4　常用 R 包的安装、使用与卸载

R 包是函数、数据和文档的集合,是对 R 基础功能的拓展。只有学会如何使用 R 包,才能真正掌握 R 语言的精华。使用 R 语言的过程可以用一句话来描述:用别人的包讲自己的故事。

在安装 R 的过程中,会自动安装一系列默认包,它们提供了基础的默认函数和数据集。这些包的功能远远无法满足我们的需求,这时我们就需要手动安装一些包。这些包安装好以后,需要通过 library()命令将其载入到会话中,而后才能使用。如果想知道哪些包已加载并可使用,可以使用命令 search()进行查看。

1.4.1　R 语言常用包

本小节对 R 语言数据分析常用的包进行了汇总,具体如下。

(1) 数据读写:readr、readxl 包

① readr 包:把不同格式的数据读入 R 中,比传统方法的速度快 10 倍,同时,字符型变量还不会被转化为因子型变量(read.csv()读入 csv 文件时会自动把字符型变量转化为因子型变量)。如果数据载入时间超过 5 s,函数还会显示进度条,支持读入分隔符文件(如用 read_csv()读入 csv 文件)、txt 文本文件(用 read_lines()函数读取)、固定宽度文件(用 read_table()读入表格类文件)、网络日志文件(用 read_log()函数读入日志文件)。

② readxl 包:读入 Excel 文件的首选包,几秒便可将近 40 万条数据读入内存。

上面两个包都是用 C++ 写成的,一次读入的数据越多,优势越明显。

(2) 数据预处理与重塑:reshape2、dplyr、tidyr、data.table 包

③ reshape2 包:主要功能是对数据格式重塑,主要用到两个常用函数 melt()和 cast()。

④ dplyr 包:Hadley 开发的做数据处理的包,功能强大而又实用,主要解决基于数据集的各类 dataframe 输出,是 R 语言数据处理中必学的包。

⑤ tidyr 包:reshape2 包的升级版。

⑥ data.table 包:比 dplyr 包更高效的常用包,尤其在数据集很大的情况下,其处理速度甚至超过 Python 里的 pandas。建议经常处理几百万条以上数据的人员认真掌握 data.table 包的使用方法。有人试验过,使用 data.table 包处理 1 000 多万条、近 2G 的数据,1 min 便可将其读入内存。

(3) 日期处理:lubridate 包

⑦ lubridate 包:主要处理日期和时间类的数据。

(4) 可视化展现:DT、ggplot2、recharts 包

⑧ DT 包:当需要以表格形式展现一部分数据集或数据分析结果时,DT 包是较好的呈现方式。

⑨ ggplot2 包:这个包基本就是 R 语言可视化的代言词,功能强大但需要时间学习,建议与 ggthemes 包一起使用。

⑩ recharts 包:这个包是对百度 echarts2 的封装,即便不会使用 JavaScript,也能在 R 语

言中完成各种商业级图表的绘制。详细使用方法可参考网址：http://madlogos. github. io/recharts/index_cn. html＃-en。

（5）学术研究表格展现：stargazer 包

⑪ stargazer 包：这个包是用于格式化输出常用统计分析结果的 R 包，由哈佛大学的 Marek Hlavac 开发，可用于生成回归分析、面板数据分析等多种统计分析结果的出版级表格，同时支持 html、tex 或 txt 等格式输出，对于撰写统计分析学术论文的人士大有帮助。

1.4.2　R 包的安装

R 包的来源一般有两种：分布在世界各地的 CRAN 镜像和 GitHub 网站。

安装 CRAN 上的包可以使用 install. packages（'NAME'）命令，NAME 是所需要安装的包的名称。例如：

```
install.packages('ggplot2')
```

对于托管在 GitHub 网站上的包，则先要通过 install. packages（'devtools'）命令安装 devtools 包，之后通过 devtools 自带的函数 install_github（）进行包的安装。例如：

```
install.packages('devtools')
library(devtools)
install_github("yihui/knitr")
devtools::install_github('yihui/knitr')
```

当然，我们也可以手动将包下载到本地进行安装，此处不再具体讲解，请读者自行探索。

输入 library（ggplot2）命令，对 ggplot2 包进行加载，就可以使用 ggplot2 包开始 R 语言的探索学习了。

1.4.3　R 包的卸载

使用 detach（'package:ggplot2'）可以将 ggplot2 包卸除，注意不是将 R 包从本地删除，而是把已经加载的包卸除，使它不再加载。

如果想彻底将 R 包从本地删除，可以使用如下命令：

```
remove.packages('NAME', lib = file.path("path", "to", "library"))
```

1.4.4　R 包的集群管理

如果要一次安装、加载多个 R 包，可以使用 R 包集群管理工具——pacman 包。该包能够减少大量 packages 单个导入的烦琐操作。以 library（）函数为基础，pacman 包能在部署 R 工程时极大提高集群管理的效率并减少有关 packages 的频繁调用。

pacman 包中的函数名称格式为 p_xxx，其中 xxx 是函数的功能。例如，p_load 可以一次性载入多个 packages，代替了多次对 library（）和 require（）的调用。此外，如果准备安装的 packages 与当前 R 环境不匹配，那么，会出现"package is not available for the R version"的提示,p_load()将自动选择适配的版本进行安装。与 library()函数一样,pacman 包中的大部分函数都不需要对括号内的参数使用引号。

使用 p_load()函数,对多个 R 包一次性下载并安装的示例代码如下:

```
install.packages("pacman", repos = "http://cran.us.r-project.org")
library(pacman)
p_load (XML, dplyr, ggplot2, wordcloud2)
```

p_load()函数一次完成 install()和 library()两个函数的操作,只使用 p_install()完成安装的操作。对于 GitHub 上的包,可以使用 p_load_gh()和 p_install_gh()函数完成对应 R 包的加载或安装。

1.5　RStudio 的常用功能

RStudio 的安装十分简单,但安装完成后,有必要配置一些参数,这样不仅方便后续使用,也可降低报错的可能性。以下是 RStudio 的几个常用功能。

(1) RStudio 安装后,建议完成必要的初始化设置。R 的第三方扩展包默认从 CRAN 服务器下载,但该服务器的国内访问速度慢且易掉线,故建议从国内镜像服务器下载。具体操作如下:依次单击"Options"→"Packages"→"Primary CRAN repository",选择"China(Beijing1)[https]-TUNA Team, Tsingh",如图 1-5 所示。

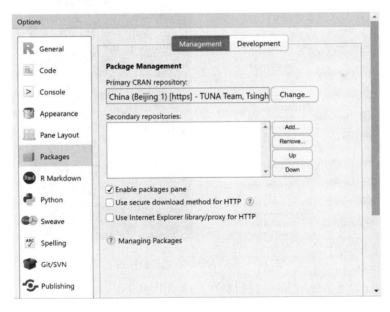

图 1-5　修改 RStudio 中的 R 包下载镜像源

(2) 如果安装的 RStudio 是英文版,那么为避免在后续编程中,中文字符输入输出显示乱码,可以采用如下方式进行解决:依次单击 Options→Code→Saving→Default text encoding,选择 UTF-8,如图 1-6 所示。

(3) RStudio 的默认界面是白底背景,如果想改变背景和字体显示颜色,可以采用如下方式实现:依次单击 Options→Appearance→Editor theme→Monokai,如图 1-7 所示。

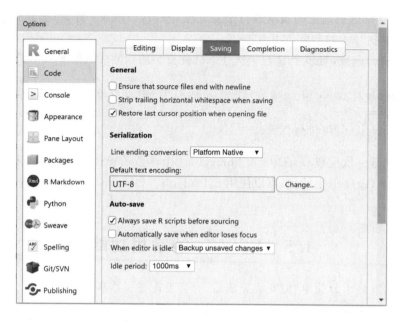

图 1-6　修改 RStudio 中的源代码字符编码格式

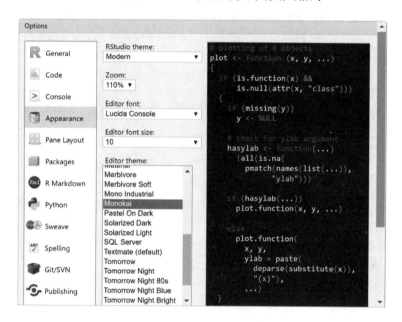

图 1-7　修改 RStudio 的界面风格

有关 RStudio 的更多使用方法,我们将在后续章节中介绍。

1.6　本 章 小 结

通过本章学习,需要重点掌握的内容包括:大数据时代下的数据分析;从数据获取到数据分析产品部署的完整流程;R 和 Python 两种开源数据分析工具软件的功能异同与操作差异;R、RStudio、第三方 R 包的下载与安装事项;常用 R 包的基本功能及应用场景。

第2章 R语言基本对象

在上一章的基础上,本章主要讲解 R 语言的常用数据类型、数据对象与数据结构,为后续章节介绍 R 语言编码语法做准备。首先,本章介绍了 R 语言常用的 4 种数据类型(数值型、字符型、逻辑型、复数型);其次,介绍了 R 语言中用于存储数据的 5 种常用对象(向量、矩阵、数组、数据框和列表);最后,介绍了数据类型的判别及转换。通过本章的学习,读者应该掌握以下几点。

- 熟悉 R 语言常用数据类型的特点,并学会判别数据类型。
- 创建原子向量,如数值向量、逻辑向量和字符向量。
- 创建数据对象,如矩阵、数组、数据框和列表。

2.1 R 语言常用数据类型

R 语言常用的数据类型主要包括:数值型、字符型、逻辑型、复数型。由于在常用的数据分析中,不会涉及复数型的数据,因此本书并未对复数型的数据进行详细介绍。

常用数据类型的简要介绍如下。

(1) 数值型:取值是实数,在 R 语言环境中常用数字来表示。

(2) 复数型:取值可以扩展到虚数。

(3) 逻辑型:取值为 TRUE(T)或者 FLASE(F)。

(4) 字符型:取值是字符串。

2.2 数 据 对 象

R 语言是一种基于对象的语言。对象是指可以赋值给变量的任何事物,包括常量、数据结构、函数甚至是图形。对象类型则是 R 语言组织和管理内部元素的不同方式。R 语言中有多种用于存储数据的对象类型,包括向量、矩阵、数组、数据框和列表。

2.2.1 向量

向量是用于存储数值型、字符型或者逻辑型数据的一维数组,是 R 语言进行所有数据分析所用的基础数据结构之一。在 R 语言中,没有正式对标量类型的数据进行定义,标量是只含一个元素的向量,所以向量是最基础也是最常用的数据类型。由于组成元素的不同,向量可以分为数值向量、逻辑向量和字符向量。

我们可以使用函数 c()来创建不同类型的向量,例如:

```
x <- c (1,2,3,4,5)
y <- c("a","b","c")
z <- c (TRUE, FALSE)
```

这里,x 是数值向量,y 是字符向量,z 是逻辑向量。

上面这段代码有两点需要注意:第一,在同一个向量中,只能包含相同的数据类型(数值型、字符型、逻辑型);第二,在 R 语言中,尽量使用"<-"进行赋值,而不是"="(有些函数会将"="解释为判断)。

通过"[ ]",我们可以访问向量中指定的元素,x[ ]表示对 x 中的元素进行操作。接下来我们通过一些代码示例对前面生成的向量进行演示:

```
x [3]
x [1:3]
y [c (1,3)]
# # [1] 3
# # [1] 1 2 3
# # [1] "a" "c"
```

其中,第二个语句中的冒号用于生成一个数值序列,例如,x<-c(1:5)等价于 x<-c(1,2,3,4,5)。

2.2.2 矩阵

矩阵是一个二维数组,也可以说是一个二维向量,所以在矩阵中同样只能保存相同类型的数据。在 R 语言中,一般使用 matrix()函数来创建矩阵,创建矩阵的方式有两种:

```
m1 <- matrix (1:16, nrow = 4, ncol = 4)
m1
x <- c (1:16)
m2 <- matrix (x, nrow = 4, byrow = TRUE)
m2
# # [,1][,2][,3][,4]
# # [1,] 1    5    9    13
# # [2,] 2    6    10   14
# # [3,] 3    7    11   15
# # [4,] 4    8    12   16
# # [,1][,2][,3][,4]
# # [1,] 1    2    3    4
# # [2,] 5    6    7    8
# # [3,] 9    10   11   12
# # [4,] 13   14   15   16
```

通过上述代码,我们使用两种方式创建了两个 4×4 矩阵。在第二种方式中,byrow 默认是 FALSE,表示按列填充,byrow＝TRUE 表示按行填充。当 byrow＝FALSE 时,m2 将成为 m1。

我们有时需要创建对角矩阵,R 中的 diag()函数可完成这个操作,例如:

```
diag (1, nrow = 4)
# # [,1] [,2] [,3] [,4]
# # [1,] 1    0    0    0
# # [2,] 0    1    0    0
# # [3,] 0    0    1    0
# # [4,] 0    0    0    1
```

我们可以使用"[ ]"对矩阵中的元素进行访问。x[i,j]指矩阵中的第 i 行、第 j 列;x[i,]表示访问第 i 行的所有元素;x[,j]则表示访问矩阵中第 j 列的所有元素。例如:

```
m1 <- matrix (1:16, nrow = 4, ncol = 4)
m1[2,2]
m1[2,]
m1[,2]
# # [1] 6
# # [1] 2 6 10 14
# # [1] 5 6 7 8
```

上述代码的说明如下:首先,我们创建了 4×4 的矩阵,默认按列填充;其次,我们访问了矩阵中第 2 行、第 2 列的元素;最后,我们又分别访问了第 2 行和第 2 列中的所有元素。

在默认情况下,创建矩阵时不会自动分配行列名。但是在使用矩阵时,我们有时会对行和列进行命名,以赋予行列不同的含义。我们可以在创建矩阵时通过 matrix() 中的 dimnames 参数为行列进行命名,例如:

```
matrix (1:16, nrow = 4, ncol = 4,
      dimnames = list(c("r1","r2","r3","r4"),c("n1","n2","n3","n4")))
# # n1 n2 n3 n4
# # r1 1 5 9 13
# # r2 2 6 10 14
# # r3 3 7 11 15
# # r4 4 8 12 16
```

我们也可以在矩阵创建完成后,再对其行列进行命名,例如:

```
m1 <- matrix (1:16, nrow = 4, ncol = 4)
rownames(m1) <- c("r1","r2","r3","r4")
colnames(m1) <- c("n1","n2","n3","n4")
m1
# #    n1 n2 n3 n4
# # r1 1 5 9 13
# # r2 2 6 10 14
# # r3 3 7 11 15
# # r4 4 8 12 16
```

矩阵从本质上来说还是向量,因此,所有适用于向量的算术运算符也同样适用于矩阵。这些算术运算符在元素层面上进行运算。另外,还有一些矩阵专用的运算符,如矩阵乘法"％ * ％"。具体示例如下。

```
m1 + m1
m1 − 2 * m1
m1 * 2
m1/ m1
m1^ 2
m1 % * % m1
##    n1 n2 n3 n4
## r1 2 10 18 26
## r2 4 12 20 28
## r3 6 14 22 30
## r4 8 16 24 32
##      n1  n2  n3  n4
## r1 -1 -5 -9 -13
## r2 -2 -6 -10 -14
## r3 -3 -7 -11 -15
## r4 -4 -8 -12 -16
##    n1 n2 n3 n4
## r1 2 10 18 26
## r2 4 12 20 28
## r3 6 14 22 30
## r4 8 16 24 32
##     n1 n2 n3 n4
## r1 1 1 1 1
## r2 1 1 1 1
## r3 1 1 1 1
## r4 1 1 1 1
##     n1 n2 n3 n4
## r1 1 25 81 169
## r2 4 36 100 196
## r3 9 49 121 225
## r4 16 64 144 256
##    n1  n2  n3  n4
## r1 90 202 314 426
## r2 100 228 356 484
## r3 110 254 398 542
## r4 120 280 440 600
```

在 R 语言中,可以通过 cbind()和 rbind()两个函数来实现两个矩阵的行、列合并。但需要注意的是,进行矩阵行合并时需要保证两个矩阵的列相等,进行矩阵列合并时需要保证两个矩阵的行相等。例如:

```
m1 <- matrix (1:16, nrow = 4, ncol = 4)
m2 <- matrix (1:16, nrow = 4, byrow = TRUE)
cbind (m1, m2)
## [,1] [,2] [,3] [,4] [,5] [,6] [,7] [,8]
## [1,] 1  5   9  13  1   2   3   4
## [2,] 2  6  10  14  5   6   7   8
## [3,] 3  7  11  15  9  10  11  12
## [4,] 4  8  12  16 13  14  15  16
```

2.2.3 数组

数组是向量和矩阵的自然推广,由三维或三维以上的数据构成。本质上来说,数组仍然是一个向量,所以数组依然具有向量的性质,只能存储相同的数据类型。在 R 语言中,我们可以通过 array()函数来创建数组:

```
myarray <- array (vector, dim, dimnames)
```

其中,vector 包含了数组中的数据;dim 是一个数值型向量,指定了数组的不同维度;dimnames 是一个列表。dimnames 可以指定不同维度的名称,例如:

```
arr1 <- array (1:12, dim = c (2,3,2),
     dimnames = list (c("a","b"),c("d","e","f"),c("g","h")))
arr1
## , g
##
##   d e f
## a 1 3 5
## b 2 4 6
##
## , h
##
##   d e f
## a 7 9 11
## b 8 10 12
```

对于已经存在的数组,可以使用 dimnames()函数为数组的各个维度命名,例如:

```
dimnames(arr1) <- list(c("a1","a2"),
                       c("b1","b2","b3"),
                       c("c1","c2"))
```

同样,我们也可以使用"[ ]"对数组中的元素进行操作,例如,arr1[1,2,2]为 9。这里需要注意的是,在[1,2,2]这个坐标中:1 为行坐标;第一个 2 为列坐标;第二个 2 则为第三维的坐标。

综上可知,向量、矩阵和数组的基本特征和基本操作几乎完全相同,而且它们都只能存储相同的数据类型,我们可以称它们为同质数据类。在 R 语言中,还存在异质数据类,即可以存储不同类型的数据。异质数据类存储更加灵活,但是在存储效率和运行效率上不如同质数据类。

2.2.4 数据框

在 R 语言中,数据框(Dataframe)的数据结构与矩阵相似,但是其各列的数据类型可以不同。一般情况下,数据框的每列是一个变量,每行是一个观测样本。虽然数据框内不同的列可以是不同的数据类型,但是数据框内每列的长度必须相同。

我们需要处理的数据集通常都会包含多种数据类型，如表 2-1 所示。

表 2-1 经管学生信息

ID	Male	Name	Birthdate	Major
11	男	张三	12-29	工程管理
12	女	李四	5-6	工商管理
13	男	王五	8-8	国际贸易

此时，表 2-1 中的数据集无法写入矩阵或者数组，在这种情况下，数据框是最佳选择。因此，数据框是 R 语言中最常处理的数据结构。

```
student <- data.frame(ID = c(11,12,13),
                Male = c("男","女","男"),
                Name = c("张三","李四","王五"),
                Birthdate = c("12-29","5-6","8-8"),
                Major = c("工程管理","工商管理","国际贸易"))
knitr::kable(student, booktabs = TRUE, caption = "经管学生信息")
```

在 R 语言中，我们可以通过调用 data.frame() 函数来创建数据框，例如：

```
df <- data.frame(col1, col2, col3)
```

其中，列向量 col 可以为任何类型（字符型、数值型或者逻辑型），每一列的名称可由 names() 函数指定。我们也可以在数据框创建完毕后使用 colnames() 和 rownames() 函数对其进行重命名，例如：

```
student <- data.frame(ID = c(404,405,406),
                Male = c("男","女","男"),
                Name = c("张三","李四","王五"),
                Birthdate = c("12-29","5-6","8-8"),
                Major = c("工程管理","工商管理","国际贸易"))
rownames(student) <- letters[1:3]
student
##     ID Male Name Birthdate    Major
## a 404   男 张三   12-29 工程管理
## b 405   女 李四    5-6 工商管理
## c 406   男 王五    8-8 国际贸易
```

数据框可以存储不同的数据类型，但是每一列的数据模式必须是唯一的。在进行数据分析时，我们可以以列为单位进行处理。代码中的 letters 会自动生成字母序列 a、b、c。

选取数据框中元素的方式有很多种。我们仍然可以使用"[ ]"对数据框中的数据进行选取，也可以直接指定列名，或者使用"$"符号选取给定数据框中的某个特定向量。具体如下：

```
student [1:2]
student["Name"]
student $ ID
## 	ID Male
## a 404 	男
## b 405 	女
## c 406 	男
## 	Name
## a 张三
## b 李四
## c 王五
## [1] 404 405 406
```

上述操作默认提取的是数据框的列变量,即 student[1:2]提取的是数据框的第 1 列和第 2 列。如果我们想要提取数据框的行元素,可以仿照对矩阵的操作形式,使用 student[1,],这样提取出来的是 student 数据框的第一行,且返回值是一个数据框。但是我们使用这种方式提取列变量时,需要设置 drop 参数,写成 student[,1,drop=FALSE]的形式,否则将会返回一个向量。

我们可以使用"$"或者"[ ]"结合赋值符号"<—"对列变量中的成分重新赋值,例如:

```
student $ ID <- c ("1","2","3")
student["Name"] <- c("a","b","c")
```

下面介绍因子的相关概念。因子基于数据框,是 R 语言在存储数据过程中提高存储效率的一种方式。数据框在存储数据时会默认选择使内存利用率更高的方式。在存储的过程中,数据的类型会发生一些改变,我们可以使用 str()函数进行查看,例如:

```
str(student)
## 'data.frame':	3 obs. of 5 variables:
## $ ID: chr "1" "2" "3"
## $ Male 	: Factor w/ 2 levels "男","女": 1 2 1
## $ Name: chr "a" "b" "c"
## $ Birthdate: Factor w/ 3 levels "12-29","5-6",..: 1 2 3
## $ Major 	: Factor w/ 3 levels "工程管理","工商管理",..: 1 2 3
```

通过上述代码可知,字符向量会在数据框中转换为因子,且相同的字符只存储一次,以节省内存。因子带有水平(Level)属性,水平指字符所有可能取值的种类。例如,性别一列中,level 为 2,表示只有男和女两个水平。

虽然数据框存储数据的方式提高了内存的利用效率,但是也会产生一些问题,具体如下:

```
student[1,"Major"] <- "d"
student
## Warning in `[<-.factor`(`*tmp*`, iseq, value = "d"): 因子层次有错,产生了 NA
## 	ID Male Name Birthdate 	Major
## a 1 	男 	a 	12-29 	<NA>
## b 2 	女 	b 	5-6 工商管理
## c 3 	男 	c 	8-8 国际贸易
```

上述代码会产生一个警告,这是因为在最初设定 Major 这一列时,相应的水平集合中没有"d"这个水平。因此,我们无法赋予 Major 一个水平集合中不存在的名称,如果把其他字符串添加到 Major 列中,R 会发出警告消息,并把错误赋值的元素设置为"NA"。R 语言是一种十分占用内存的语言,所以这种设定在 R 语言中有其合理之处,但是有时也会产生一些问题。我们可以通过设定 data. frame()中的 stringsAsFactors 参数来禁止字符变量转换成因子,具体如下:

```
student <- data.frame(ID = c (404,405,406),
                Male = c("男","女","男"),
                Name = c("张三","李四","王五"),
                Birthdate = c ("1994-12-29","1993-5-6","1996-8-8"),
                Major = c("工程管理","工商管理","国际贸易"),
                stringsAsFactors = FALSE)
str(student)
## 'data.frame':    3 obs. of 5 variables:
## $ ID: num 404 405 406
## $ Male     : chr  "男" "女" "男"
## $ Name     : chr  "张三" "李四" "王五"
## $ Birthdate: chr "1994-12-29" "1993-5-6" "1996-8-8"
## $ Major    : chr  "工程管理" "工商管理" "国际贸易"
```

2.2.5 列表

列表(list)是 R 语言中最为复杂的一种数据结构。列表可以理解为广义的向量,它是一些对象的有序集合,可以包含各种类型的对象,甚至是其他列表。在 R 语言中,可以使用 list() 函数创建列表:

```
mylist <- list (object1, object2,...)
```

其中的对象可以是向量、矩阵、数组、数据框和列表。在创建列表的同时,我们还可以为列表中的对象命名,当然也可以在创建完之后使用 names()函数对列表对象进行重命名:

```
mylist <- list (name1 = object1, name2 = object2,...)
    创建列表
a <- "my list"
b <- c (1:5)
c <- matrix (1:10, nrow = 5)
d <- c("x1","x2","x3")
list1 <- list (a, b, c, d)
names(list1) <- c("r1","r2","r3","r4")
## $ r1
## [1] "my list"
##
## $ r2
## [1] 1 2 3 4 5
##
## $ r3
## [,1] [,2]
```

```
## [1,] 1    6
## [2,] 2    7
## [3,] 3    8
## [4,] 4    9
## [5,] 5    10
##
## $r4
## [1] "x1" "x2" "x3"
```

提取列表中的元素有几种不同的方式,最常用的方法是使用美元符号"$",通过列表对象(如向量、矩阵等)的名称来提取列表中的成分。对于提取出来的成分,还可以继续提取里面的元素:

```
## [1] "my list"
## [1] 1
```

我们还可以使用"[ ]"来访问列表中的元素。但是需要注意的是,list1[2]返回的是列表中的第二个元素,list1[[2]]返回的是列表第二个元素里的具体成分,即向量 b。另外,在列表中还可以使用名称直接访问列表中的成分,list1[[2]]和 list1[["r2"]]是等价的。

```
list1[2]
list1[[2]]
list1[["r2"]]
## $r2
## [1] 1 2 3 4 5
## [1] 1 2 3 4 5
## [1] 1 2 3 4 5
```

列表存储数据的灵活性,使其成为 R 语言中非常重要的数据结构。列表允许以一种简单的方式组织和重新调用不相干的信息。另外,在 R 语言中,许多函数的运行结果是以列表的形式返回的。

2.3 数据类型判别及转换

在 R 语言中,可以用 is. xxx()系列函数来判别数据是否为指定类型,用 as. xxx()系列函数将数据转换为指定类型。不同数据类型的判别及转换函数如表 2-2 所示。

表 2-2　数据类型的判别及转换函数

函数种类	数据类型					
	数值型	复数型	字符型	逻辑型	空值	空数据
判别函数	is. numeric()	is. complex()	is. character()	is. logical()	is. na()	is. null()
转换函数	as. numeric()	as. complex()	as. character()	as. logical()	null	as. null()

这里有如下几点需要注意。

(1) 数值型数据转逻辑型数据时,0 被转换为 FALSE,非零值被转换为 TRUE。

（2）字符型数据转数值型数据时，若该字符型数据能被转换成数值型数据，则返回字符对应的数值；若不能转换，则返回缺失值 NA。

（3）字符型数据转逻辑型数据时，字符串"TRUE""True""T"被转换成 TRUE；"FALSE"和"F"被转换成 FALSE；其余被转换成 NA。

（4）逻辑型数据转换为数值型数据时，TRUE 被转换为 1，FALSE 被转换为 0。

（5）逻辑型数据转字符型数据时，TRUE 和 T 均被转换成"TRUE"，FALSE 和 F 被转换成"FALSE"。

对于数据类型的判别，R 语言中提供了多种方式，具体如下。

（1）class()可获取一个数据对象所属的类，它的参数是对象名称。

（2）str()可获取数据对象的结构组成。

（3）mode()和 storage.mode()可获取对象的存储模式。

（4）typeof()可获取数据的类型或存储模式。

若想了解以上函数的其他功能，可在 R 中进行查询，只需用问号加上函数名即可，如"?str"。

2.4 本 章 小 结

本章介绍了 R 语言的 3 种数据类型：数值型、逻辑型和字符型，以及 R 语言的 5 种数据对象：向量、矩阵、数组、数据框和列表。其中，数据框和列表是进行数据分析最常使用的类型。另外，本章还介绍了如何使用 R 命令创建对象、如何使用 typeof()和 is.xxx()函数识别不同数据类型，以及如何使用 as.xxx()函数完成不同数据类型的转换。

第3章 数据操作与控制

本章进一步讲解 R 中读写数据的方式、常用操作符和自定义函数、逻辑控制结构及数据库的连接操作。首先,本章介绍了不同类型数据的输入、输出及常用的 R 包;其次,本章介绍了 R 中算数运算符、逻辑运算符等操作符和自定义函数的使用方法,以及 R 的两种循环控制结构和三种条件控制结构,为编写复杂逻辑的 R 代码奠定基础;最后,本章介绍了 R 连接数据库的两种常用方法,为处理更大容量的数据做准备。通过本章的学习,读者应该掌握以下几点。

- 掌握 R 中不同类型数据的读写操作,熟练使用 readr、readxl 和 readpdf 等包,实现常见数据格式文件的读写操作。
- 创建及调用函数。
- 熟练使用条件及循环控制。
- 掌握 R 和常用数据库 MySQL、SQLite 的连接方法。

3.1 不同类型数据的输入与输出

读写数据是数据分析的开始,判断数据存储类型并选择合适的工具加载数据可以使后续的数据分析避免许多不必要的问题。数据存储方式有很多种:分隔符分隔的文本(如 csv、tsv 等)、Excel、pdf 以及各种数据库文件(如 MySQL 等)。在商业数据分析中,我们接触更多的数据存储类型包括 csv、text、Excel 和 pdf 等。本书将重点介绍这几类文本的输入和输出。

3.1.1 数据的输入

1. 分隔符分隔的文本

分隔符分隔的文本以 text 和 csv 文件为典型代表。读入此类数据有两种方式:键盘输入、通过 data.table() 函数或 readr 包读入。使用键盘输入数据是数据输入最原始的方式,在数据分析中几乎不会用到,适合在 R 语言的入门学习中使用;data.table() 函数属于 R 原生函数(read.xxx() 函数均为原生函数),没有对效率和稳定性加以考虑,不推荐使用。哈德利·威克汉姆(Hadley Wickham)和 RStudio 团队开发了众多功能强大的 R 包来替代这些原生函数,在读入分隔符分隔的文本文件时,建议首选 readr 包。下面分别对这两种方式进行介绍,并重点说明 readr 包的使用方法。

键盘输入数据有两种方式:在代码中嵌入数据;调用 R 内置的文本编辑器输入数据。

在代码中嵌入数据,即在创建容器(向量、数据框、列表等)的同时将数据输入。这种方法在第 2 章提过,在此不再赘述。

调用 R 内置的文本编辑器,需要首先创建一个空的容器,之后使用 edit() 函数调用可视化的编辑器输入数据。注意,在使用 edit() 函数调用编辑器输入数据时,要对变量进行赋值操作

data<—edit(data)。因为 edit()函数是在对象的副本上操作的,所以副本会随着编辑器的关闭而消失。另外,我们还可以使用 fix()函数直接编辑变量,无需进行赋值操作。例如:

```
editdata <- vector("integer",5)
editdata <- edit(editdata)
fix(editdata)
```

上述代码的输出结果如图 3-1 所示。

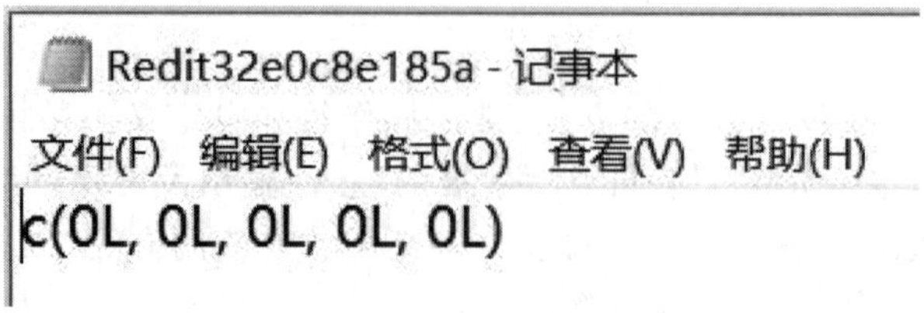

图 3-1　编程结果

我们还可以使用 read.table()函数读取带分隔符的文本文件。read.table()函数可以读取表格格式的文件并将其保存为一个数据框,其基本语法如下:

```
Mytable <- read.table(file, header = LogicalValue, sep = "delimiter", row.names = "name")
```

其中,file 是一个带分隔符的 ASCII 文本文件;header 是一个表明文件首行是否包含变量名的逻辑值(TRUE 或 FALSE);sep 用来指定分隔数据的分隔符;rows.names 是一个可选参数,用来指定一个或多个表示行标识符的变量。关于此函数的其他用法,可以通过文档查阅进行了解。

在使用 read.table()函数时,有一些需要注意的事项。第一,row.names 会将指定的名称作为行名,这一行会失去原有的标签。第二,一些特殊的变量名称会被 R 自动转换为 R 默认的格式,如 readtable 会转换成 read.table。在默认情况下,read.table()会把字符变量转换为因子,我们可以使用 stringAsFactors 参数进行设定,也可以使用 colClasses 参数为每一列指定数据类型。

文件的读取方式决定数据的质量,高质量的读取可以免除一部分后续数据处理的操作。readr 包中有许多功能强大的函数,它们可以读取不同格式的文本文件,可以高效迅速地读取数据。其中,最常用的是 read_csv()函数,因为 csv 是数据存储最常见的形式之一。read_csv()的常用代码示例如下:

```
read_csv (file, col_names = TRUE, col_types = NULL,
na = c ("", "NA"), skip = 0, comment = "")
```

其中,参数 file 是文件存储的路径;参数 col_names 是一个表明文件首行是否包含变量名的逻辑值,我们也可以向它提供一个字符串作为列名;参数 col_types 可以为每一列指定数据类型;参数 na 设定了使用哪个或者哪些值来表示文件中的缺失值;skip 通过设置参数 n 来读取、跳过数据的前 n 行。这些参数满足读入 csv 数据的大部分需求,如果有其他更加精细的设定,可以查看函数的参考文档。最后一个参数 comment 可以批量剔除数据,如 comment＝"＃"表示剔除所有以"＃"开头的行。

read_csv()函数还有一个重要功能是：它在运行时会打印列的数据类型说明，这使得数据在加载完成之后，我们就能对数据有一个直观的了解。为了方便学习，readr 包中提供了不同类型的数据集样例，我们可以使用 readr_example()函数获取数据集名称，使用 readr_example (filename)获取数据集路径。例如：

```
readr_example ()
readr_example("challenge.csv")
read_csv ("D:/R-3.5.1/library/readr/extdata/challenge.csv", col_names = TRUE, na = c (" ","
NA"))
```

readr 包中还有一些其他函数可以读取不同类型的文件。例如：read_tsv()函数读取制表符分隔数据；read_lines()函数从文件中逐行读取数据（适合复杂的数据处理）；read_fwf()函数按照宽度设定读取的范围。这些函数在参数的设定上与 read_csv()函数非常相似，因此，只要掌握了 read_csv()函数的使用方法，便可以做到举一反三。

2. Excel 数据

在 R 中读入 Excel 文件的常用包有两个：readxl 包和 xlsx 包。本书推荐使用 readxl 包，因为 xlsx 包依赖较多，而且 read.xlsx()函数并不是十分稳定，重复读取文件容易导致电脑内存过载。所以本书将重点介绍 readxl 包的使用，对于 xlsx 包只做简要说明。

首先需要声明的是，本书并不建议在 R 中直接读入 Excel 数据。我们可以在 Excel 中导出 csv 文件，然后在 R 中读入 csv 文件。在 R 中通过 xlsx 包直接读入 Excel 数据是一个复杂的过程。使用 xlsx 包要先安装 rJava 和 xlsxjar 包，然后还需要配置 Java 环境。

目前 xlsx 包支持的 Excel 版本有 Excel 97/2000/XP/2003/2007。通过 xlsx 包读入 Excel 数据的代码示例如下：

```
Myexcel <- read.xlsx (file, sheetIndex, header)
```

其中，file 是 Excel 文件存储的路径；sheetIndex 是表的索引的数值；header 是逻辑值，表示是否将第一行识别为列名。此外，我们还可以使用 read.xlsx2()函数来读取大型表格，因为它在工作过程中调用了 Java，所以效率会有所提升。

readxl 包是 tidyverse 包中的一部分，是读入 Excel 数据的一个 R 包，由哈德利·威克汉姆（Hadley Wickham）开发，底层调用的是 C++ 程序处理数据。因此，在稳定性和效率上，readxl 包非常强大。read_excel()函数的常用代码示例如下：

```
Myexcel <- read_excel (path, sheet = NULL, range = NULL, col_names = TRUE,
col_types = NULL, na = "", skip = 0, n_max = Inf)
```

其中，参数 range 指定读入数据的区域，默认全部读入。由于其他参数与 read_csv()函数几乎相同，此处不再赘述。

readxl 包中含有一些例子，我们可以使用 readxl_example()函数将它们展示出来，然后使用 readxl_example("filename")得到该文件的路径，从而通过这些例子进行函数的学习。代码示例如下：

```
readxl_example ()
readxl_example("datasets.xls")
```

```
Myexcel <- read_excel (Excelroot)
## Warning：程辑包'readxl'是用 R 版本 3.6.1 来建造的
## [1] "C:/Users/wujun/Documents/R/win-library/3.6/readxl/extdata/datasets.xls"
## # A tibble: 150 x 5
##    Sepal.Length Sepal.Width Petal.Length Petal.Width Species
##         <dbl>      <dbl>       <dbl>       <dbl> <chr>
## 1       5.1        3.5         1.4         0.2 setosa
## 2       4.9        3           1.4         0.2 setosa
## 3       4.7        3.2         1.3         0.2 setosa
## 4       4.6        3.1         1.5         0.2 setosa
## 5       5          3.6         1.4         0.2 setosa
## 6       5.4        3.9         1.7         0.4 setosa
## 7       4.6        3.4         1.4         0.3 setosa
## 8       5          3.4         1.5         0.2 setosa
## 9       4.4        2.9         1.4         0.2 setosa
## 10      4.9        3.1         1.5         0.1 setosa
## # ... with 140 more rows
```

3. pdf 数据

在商业数据分析的过程中，可能会遇到对批量 pdf 文件进行操作的情况。pdf 是一种常用的商业文本格式，在 R 中加载 pdf 数据，推荐使用 readtext 包。readtext 包是专门用来读取文档数据的包，它可以读取多种类型的文本数据（如 csv、html、txt、pdf、doc 等），而读取 pdf 格式文本需要通过 pdftools 包进行转换。我们主要通过 readtext()函数完成 pdf 文件的读取，readtext()函数的常用代码示例如下：

```
DATA_DIR <- system.file("extdata/", package = "readtext")
Mypdf <- readtext (paste0(DATA_DIR, "pdf/UDHR/UDHR_chinese.pdf"),
    docvarsfrom = "filenames",
    docvarnames = c ("document", "language"))
```

readtext 包同样提供了用于学习的数据集样例，可以通过 DATA_DIR 获取样例的路径，但是这里的文件名 UDHR_chinese 需要手动获取。如果文本型文件的后缀名相同，如 pdf 之类的文件，那么，docvarsfrom 参数可默认选择文件名前缀作为处理对象。readtext()函数的第三个参数 docvarnames 则是对数据集的命名，若不指定名称，则默认将（docvar1，docvar2，…）作为名称。

3.1.2 数据的输出

数据的输出也是数据分析过程的一部分，推荐使用 readr 包完成，输出时注意选择 csv 格式。这种格式相比于 Excel，更加适合大容量数据的分析。数据的输出借助于 write_csv()函数，此函数的常用格式如下：

```
write_csv (x, path, col_names = TRUE, append = true)
```

其中，x 是数据源，且必须是数据框的格式；path 是路径及文件名，函数会自动在该路径下创建 csv 文件；col_names 是逻辑值，设置为 True 时会在数据顶部添加列名，默认设置是 False。

3.2 操作符与函数

3.2.1 操作符

运算符是 R 语言的基础,熟悉运算符的使用是 R 处理数据的基础,顾名思义,操作符就是对数据进行运算的符号,R 有自己的一套操作符,可以实现变量的赋值、引用、运算等功能。

赋值符在 R 中使用 var<—expression 为变量赋值,把 var 设置为 expression 的值,该赋值符号具有方向性。在 R 中,为参数赋值时要使用"=",R 把等号右侧表达式的值计算出来,赋值给等号左侧的变量。

R 的常见运算符包括算术运算符和逻辑运算符,具体介绍如下。

算术运算符如表 3-1 所示。

表 3-1 算术运算符

运算符	作用
+	加
—	减
*	乘
/	除
^/**	幂运算
%/%	取整(不足 1 为 0)
%%	取余

逻辑运算符是对表达式执行逻辑运算的运算符,返回的结果是布尔值(TRUE or FALSE),逻辑运算符如表 3-2 所示。

表 3-2 逻辑运算符

逻辑运算符	说明
>/<	大于/小于
>=/<=	大于等于/小于等于
==	等于
!=	不等于
&	与
|	或
!	非

此外,还有对布尔值进行逻辑运算的运算符:其中,isTRUE(x)和 isFALSE(x)用来判断条件真伪;xor(x,y)是异或逻辑运算符,当 x 和 y 两个操作数不等时返回 TRUE,相等时返回 FALSE。另外,还有一些特殊用途的逻辑运算符:&& 和 ||。它们与"&""|"的区别在于:

"&"和"|"作用在对象的每一个元素上并且返回和比较次数相等长度的逻辑值;而"&&"和"||"只作用在对象的第一个元素上。例如:

```
x <- c(T, T, F)
y <- c(F, T, F)
x&&y
x&y
## [1] FALSE
## [1] FALSE  TRUE FALSE
```

R 语言中还有一些用于函数操作的符号,常见的有以下两种。

- %in%:match()函数的等价方式,返回一个布尔值的向量。
- %>%:管道操作符,用于 dplyr 包,把数据集传递给下一个函数使用,是一个非常重要的操作符,在后续章节中会经常使用。

3.2.2 函数

函数是一组组合在一起以执行特定任务的语句,用户向函数输入外部参数,该函数将依据语句的逻辑返回一个值。事实上,R 语言使用的一切都是对象,所做的一切操作都是函数。或者说,函数也是一个对象,使用的"+""−"等运算符本质上来说也是函数。

R 语言具有大量内置函数,还有数千个第三方包,在日常操作中,这些函数已经足够使用。但如果在数据分析中需要重复某些逻辑或操作,或者需要完成高度定制化的操作,创建函数就是最佳的选择。R 语言解释器不仅将控制传递给函数,也将必要的输入参数传递给函数。该函数依次执行任务并将控制结果返回到解释器,同时也存储中间变量。

1. 创建函数

每一个 R 函数都包括三个部分:函数名、程序主体以及参数集合。在编写自定义 R 函数时,需要将三个部分各自储存在一个 R 对象中。这里需要使用 function 函数,例如:

```
My_function <- function(x, y){
  x + y
}
```

其中,My_function 是函数名;(x,y)指定了函数的参数;x+y 是程序主体。该函数没有调用 return 函数,函数计算的最后一个表达式的值为返回值,My_function 函数返回 x 和 y 的和。调用 My_function 可以看到函数的具体内容,具体如下:

```
My_function
My_function(2,3)
## function(x, y){
##   x + y
## }
## [1] 5
```

调用函数时,若不命名参数,则 R 按照位置匹配参数。因此,在上述代码中,"2"对应形式参数"x","3"对应形式参数"y"。若要改变传递参数的顺序,则可以传入命名参数:

```
My_function <- function (x = 2, y = 3) {
  x + y
}
My_function (y = 2, x = 3)
# # [1] 5
```

上述代码为函数的参数设置了默认值,当调用函数时,如果没有为参数传递相应的值,那么函数将自动使用默认值作为函数代码块执行的当前值:

```
My_function ()
# # [1] 5
```

上述函数没有设置参数值,函数自动使用当前默认值作为参数返回执行结果。当需要函数运行过程的其他数据时,可以使用 return() 函数指定要返回的值。return() 函数除了可以指定函数的返回值之外,还能使函数退出,不再继续执行后面的代码:

```
My_function <- function (x, y) {
    z = x + y
    return(z)
}
My_function (2,3)
```

2. 函数的动态类型

R 的函数非常灵活,无需检查输入对象的数据类型即可进行运算。函数最初用于标量运算,但是在 R 中,它可以自动扩展到向量运算甚至其他类型数据的运算,例如:

```
My_function <- function (x, y) {
  x + y
}
My_function (c (1,2),3)
My_function(as.Date("2019-3-10"),1)
# # [1] 4 5
# # [1] "2019-03-11"
```

3. 参数(…)

在数据分析中,有时输入的参数数量会发生改变,这时使用(x,y)的传参方式无法满足需求。但是可以注意到的是,R 中一些函数可以接受任意数量的输入,那么,这些函数是如何实现的呢?

R 提供了一个特殊的运算符(…),该运算符允许函数具有任意多个参数,并且不需要在函数定义中指定。这个运算符可以将它捕获的参数传递给另一个函数。当函数作为另一个函数的变量时,这种方式可以将所有参数捕获并传递给其他函数。下面对 str_c() 函数重新进行包装:

```
commas <- function(...) stringr::str_c (..., collapse = ", ")
commas (1:10)
rule <- function (..., pad = "-") {
title <- paste0(...)
```

```
width <- getOption("width") - nchar(title)
cat (title, " ", stringr::str_dup (pad, width), "\n", sep = "")
}
rule (c ("Important", "output"))
# # [1] "1, 2, 3, 4, 5, 6, 7, 8, 9, 10"
# # Importantoutput
--------------------------------------------------------------------------------
--------------------------------------------------------------------------------
```

上述代码中,commas 函数中包含 rule()、title()、width()和 cat()等多个函数,通过使用特殊运算符(…),commas 函数允许包含的多个函数具有任意多个参数,从而方便函数的封装与结果输出。cat()函数则将输出打印到控制台,可以看到的是,输出占满了控制台的整行,这就是 getOption("width")的作用。

3.3 循环控制与条件控制

R 具有标准的编程语言控制结构。一般情况下,R 按顺序执行,依据条件做出是否执行或者反复执行的处理。本节将依次介绍循环控制和条件控制。

1. 循环控制

循环控制就是在条件达成之前重复执行一系列语句。R 语言中循环控制的方式主要有两种:for 循环和 while 循环。

(1) for 循环

R 中最基本的循环控制方式是 for 循环,其中 i 为循环变量,n 通常是一个序列。i 在每次循环时从 n 中顺序取值,代入到后面的语句中进行运算,直到 i 超出 n 的范围,循环停止。计算斐波那契数列前 10 位数字的 for 循环代码示例如下:

```
x <- c (1, 1)
for (i in 3:10) {
x[i] <- x[i-2] + x[i-1]
x
}
# # [1] 1 1 2 3 5 8 13 21 34 55
```

(2) while 循环

当不能确定循环次数时,需要用 while 循环语句。在条件为真时,R 执行特定一组的语句。下面是以 while 循环来计算 10 个斐波那契数的代码示例:

```
x <- c (1, 1)
i <- 3
while (i <= 10) {
    x[i] <- x[i-1] + x[i-2]
    i <- i + 1
}
# # [1] 1 1 2 3 5 8 13 21 34 55
```

2. 条件控制

在条件控制中,语句仅在满足特定条件时执行,条件不满足,则执行结束。条件控制有三种:if-else、ifelse、switch。

(1) if-else

if 语句的语法为:

```
if (condition)
if (condition) {语句 1} else {语句 2}
```

if-else 语句用来进行条件控制,以执行不同的语句。若 condition 条件为真,则执行语句 1,否则执行语句 2。if-else() 函数能以简洁的方式构成条件语句。需要注意的是,else 必须放在"}"后面,不可以换行,否则 R 会认为代码到此结束。

(2) ifelse

ifelse 是 if-else 的向量化版本,在对向量进行赋值时非常便捷。常用代码示例如下:

```
ifelse (test, yes, no)
x <- c (-5:5)
ifelse(x >= 0,'非负','负')
## [1]"负"  "负"  "负"  "负"  "负"  "非负""非负""非负""非负""非负"
## [11]"非负"
```

其中,参数 test 为条件判断语句;参数 yes 在条件 test 为 TRUE 时执行;参数 no 在条件为 FALSE 时执行。

(3) switch

R 中的 switch 与其他语言中的 switch 有一定区别。在 R 中,switch 函数的常用形式如下:

```
switch (expr, list)
```

其中,expr 为表达式,其值为一个整数值或一个字符串;list 为一个列表。此函数的运行逻辑为:若 expr 的计算结果为整数,且值在 1 与 length(list)之间,则 switch()函数返回列表相应位置的值;若 expr 的值超出范围,则没有返回值(若 R 版本较老,则返回 NULL)。

3.4 数据集连接

数据分析中常会遇到一些容量很大的数据文件,这时如果用本地文件格式存储,会出现如下几个问题:数据量大于计算机内存时,计算机无法读取数据;数据的修改十分困难;无法按照需求加载数据。要解决上述问题,可以采用数据库存储数据的方式。

数据库主要有两种类型:关系型数据库和非关系型数据库。关系型数据库是相互关联的表的集合,例如学生成绩单,学生姓名存储到一张表,学生成绩存储到另一张表,它们之间一一对应。非关系型数据库是指数据以对象的形式存储在数据库中,对象之间的关系通过对象的自身属性来决定。在数据量较小时,关系型数据库可能更加高效,但是数据量增加之后,尤其是数据字段增多后,非关系型数据库的数据存储效率更高。

在使用 R 与数据库连接时，要先配置好数据库的环境。R 连接数据库常用的方法有以下 2 种。

1. 使用 R 数据库接口

在连接 MySQL 时，首先需要下载安装数据库，然后安装 RMySQL 包。

```
library (RMySQL)
```

在这种方式下，连接数据库的工具有以下 2 种：

（1）dbConnect 函数

```
conn <- dbConnect (MySQL (), dbname = "rmysql")
```

这里使用 dbConnect 函数创建了一个连接：conn。在此基础上，我们可以对数据库进行一系列的操作：

```
dbWriteTable (conn, "tablename", data)
dbReadTable (conn, "tablename")
dbDisconnect(conn)
```

dbWriteTable()可以将数据对象写入数据库表；conn 代表指向数据库的路径；tablename 为表的名称；data 为要写入的数据；dbReadTable()则用来读取数据库中的数据；dbDisconnect(conn)表示关闭此连接。

（2）sqldf 包

同样，在连接数据库之前首先需要安装 sqldf 包，然后再对其进行加载。sqldf 包建立连接的常用方式如下：

```
sqldf ("select * from t_data", dbname = "test", drv = "MySQL")
```

2. 使用 ODBC 连接

使用 ODBC 的方式进行连接，首先需要在 Windows 下配置 ODBC，以开放数据库连接，具体步骤如下：

- 下载并安装 MySQL ODBC，下载地址为：http://dev. mysql. com/downloads/connector/odbc。
- 在 Windows 中，选择"控制面板"→"管理工具"→"ODBC 数据源（64 位）"，双击"ODBC 数据源（64 位）"，选择"添加"→"mysql ODBC driver"，并根据个人需要填写信息（在弹出的 TCP/IP Server 选项框中，填写本机服务器 IP 地址，一般为：127.0.0.1）。数据库里会出现 MySQL 里的数据库列表，在其中选择一个作为在 R 中要调用的数据库。
- 打开 R 的界面调用数据库。

调用数据库的常用语法如下，sqlTables 函数用来查看数据库中的表，sqlFetch 则将数据库中的数据读取到数据框中。

```
library (RODBC);
channel <- odbcConnect("mysql_data");
sqlTables(channel)
data <- sqlFetch(channel,"kegg")
```

3.5 本 章 小 结

本章首先介绍了读取不同类型数据的几个非常实用的 R 包：使用 readr 包读取分隔符分隔的文本数据（csv 或 tsv 文件）；使用 readxl 包读取 Excel 数据；使用 readpdf 包读取 pdf 或 Word 文件。其次，本章介绍了 R 语言中的常用运算符：算数运算符和逻辑运算符，以及 R 语言独有的赋值符"＜－"和管道操作符"％＞％"。再次，本章介绍了 R 语言自定义函数的两种方式以及 R 语言中的两种控制结构（循环控制和条件控制）。最后，本章进一步介绍了使用 R 数据库接口或者 ODBC 将 R 语言与 MySQL 等数据库连接起来的过程，实现了大容量数据在数据库的存储或读取。

第4章 数据整形及处理

在对 R 语言的数据操作有了一定了解后,本章进一步介绍数据整形及处理的常用包和函数。本章首先介绍整洁数据(Tidy Data)和数据整形(Data Wrangling)的内涵,让读者对 tibble 格式数据集特点有所了解;其次,介绍 tidyr 包的 4 个常用函数及其使用方法、dplyr 包的 6 个常用函数及其使用方法,让读者掌握应用 tidyr 包实现数据整形的方法,包括数据拆分合并、长宽数据转换等,熟悉基于 dplyr 包的数据探索性分析,包括筛选、排序、选择、分组、汇总等;最后,通过一个综合案例讲解数据整形及处理的技巧。通过本章的学习,读者应该掌握以下几点。

- 了解整洁数据的概念,以及 tibble 格式数据集与数据框的异同点。
- 了解 tidyr 和 dplyr 包在数据整形中的不同作用。
- 熟练掌握 tidyr 包的 4 个主要函数及其使用技巧。
- 熟练掌握 dplyr 包中的 6 个核心函数及其使用技巧。

4.1 整洁数据和数据整形

从现实世界中采集而来的原始数据(Raw Data)含有大量噪声(如存在离群值、缺失值、日期格式不统一等),需要经过数据清洗(Data Cleaning),让数据结构化后才能用于分析。近年来,基于 R 语言的数据分析流程越来越强调将原始数据转为整洁数据。为此,本节将首先介绍整洁数据的概念;其次,讲解 5 种常见情形下整洁数据的处理(即数据整形);最后说明数据操纵的概念。

4.1.1 整洁数据

与纷繁多样的原始数据不同,整洁数据通过预定义标准,实现数据集结构和语义的整齐划一。数值数据集通常是由行和列构成的表格型数据,下面给出两个数据集示例,分别如表 4-1、表 4-2 所示。

表 4-1 数据集示例一

	治疗方案 a	治疗方案 b
John Smith	—	2
Jane Doe	16	11
Mary Johnson	3	11

表 4-2　数据集示例二

	John Smith	Jane Doe	Mary Johnson
治疗方案 a	—	16	3
治疗方案 b	2	11	11

表 4-1 由两列三行构成,行和列都有标签。表 4-2 展示的数据和表 4-1 相同,但是行列被转置,虽然两张表记录的数据内容一样,但数据记录结构不一致。

一个数据集是一组"数值(value)"的集合,通常不是数字(定量)就是字符串(定性)。数值通过两种方式组织起来:每个数值属于一个变量和一个观察值,变量和观测对象两两语义互斥。例如,变量包括某个对象属性的所有值(如高度、温度、时长等),观测值包含各个属性的所有值(如一个人、某一天、一场比赛等)。将表 4-1 重新排列,使各个值、变量和观测值变得更加清晰,如表 4-3 所示。表 4-3 中的数据集就是整洁数据,它由 3 个变量、6 个观察对象组成的 18 个数值构成。

表 4-3　数据集示例三

姓名	治疗方案	结果
John Smith	a	—
Jane Doe	a	16
Mary Johnson	a	3
John Smith	b	2
Jane Doe	b	11
Mary Johnson	b	11

因此,整洁数据必须满足以下 3 个要求:每个变量形成一列;每个观测对象形成一行;变量、观测对象和数值构成表格型数据记录。整洁数据更便于数据分析人员或软件分析人员提取所需变量,因为它提供了一个构建数据集的标准方式。

4.1.2　数据整形的典型方式

在真实的数据集中,通常有以下 5 种典型方式不满足整洁数据的 3 个要求,具体情形及处理说明如下。

1. 列标题是变量值,而非变量名

在这种格式的数据集中,变量既构成列,又构成行,列标题是变量值,而不是变量名,示例如表 4-1 所示。虽然这样的数据集格式不满足整洁数据的要求,但在某些情况下可能非常有用,如它可以为交叉设计提供有效存储等。处理这类数据集,我们需要对其进行融合或堆叠,简单来说,就是我们需要把列转换为行。融合指的是通过变量列进行参数化,将其他列转化为两个变量,一列包含重复的列标题,一列包含变量值。对表 4-1 进行融合的结果如表 4-3 所示。

2. 多个变量存储在一列中

对于一些数据集,融合后列变量名可能变为多个变量名的组合。以国际卫生组织按照国家、性别、年龄记录的 2000 年的确诊肺结核的部分病例数据为原始数据集,如表 4-4 所示。其中,性别用 M/F 表示,年龄按 0～14 岁、15～24 岁、25～34 岁等年龄段划分。

表 4-4 原始数据集一

Country	M014	M1524	M2534	F014
AD	0	0	1	—
AE	2	4	4	3
AF	52	228	183	93
AG	0	0	0	1
AL	2	19	21	3
AM	2	152	130	1

对表 4-4 进行融合操作,得到的结果如表 4-5 所示。

表 4-5 对表 4-4 进行融合后的数据

Country	Column	Cases
AD	M014	0
AD	M1524	0
AD	M2534	1
AD	F014	—
AE	M014	2
AE	M1524	4
AE	M2534	4
AE	F014	3
AF	M014	52
AF	M1524	228
AF	M2534	183
AF	F014	93

从表 4-5 可以看到,Column 列中既包含性别变量,又包含年龄变量。我们需要对含有多个变量的 Column 列进行分割,得到的整洁数据如表 4-6 所示。

表 4-6 对表 4-5 进行处理后的整洁数据

Country	Sex	Age	Cases
AD	M	0~14	0
AD	M	15~24	0
AD	M	25~34	1
AD	F	0~14	—
AE	M	0~14	2
AE	M	15~24	4
AE	M	25~34	4
AE	F	0~14	3
AF	M	0~14	52
AF	M	15~24	228
AF	M	25~34	183
AF	F	0~14	93

3. 变量既在列中存储,又在行中存储

当变量既存储在行中又存储在列中时,往往会出现复杂的混乱数据。表 4-7 节选自全球历史气象网的墨西哥气象站 2010 年 5 个月的每日天气数据。该数据集的 element 列存储的是最高和最低气温(tmax、tmin),同时,D1-D31 列存储的是每月第 1 天到第 31 天的气温,存在变量既在列中存储,又在行中存储的混乱情况。对这样的数据集,需要先按照单独的列(Id、year、month)和含有变量的列(element)对数据集进行融合。融合后的结果如表 4-8 所示,为了展示结果,此处省略缺失值。

表 4-7　原始数据集二(部分)

Id	year	month	element	D1	D2	D3	D4
MX17004	2010	1	tmax	—	—	—	—
MX17004	2010	1	tmin	—	—	—	—
MX17004	2010	2	tmax	—	27.3	24.1	—
MX17004	2010	2	tmin	—	14.4	14.4	—
MX17004	2010	3	tmax				

表 4-8　对表 4-7 进行融合后的数据(部分)

Id	year	month	element	Date	value
MX17004	2010	1	tmax	2010-01-30	27.8
MX17004	2010	1	tmin	2010-01-30	14.5
MX17004	2010	2	tmax	2010-02-02	27.3
MX17004	2010	2	tmin	2010-02-02	14.4
MX17004	2010	3	tmax	2010-03-03	24.1
MX17004	2010	3	tmin	2010-03-03	14.4

由表 4-8 可知,element 列有多个变量,因此还需要对上述数据进行重铸或拆分,即将 element 变量转出为列,结果如表 4-9 所示。

表 4-9　对表 4-8 进行处理后的整洁数据

Id	year	month	Date	tmax	tmin
MX17004	2010	1	2010-01-30	27.8	14.5
MX17004	2010	2	2010-02-02	27.3	14.4
MX17004	2010	3	2010-03-03	24.1	14.4

4. 多种观察单元存储在同一表中

在收集数据时,通常不仅仅只关注一个变量,往往会收集包含多个变量的多类型观察单元值。整洁数据要求每一类观察单元值存储在自己的表中,这与数据库的规范化要求一致,即每个事实只在一处表述,避免出现数据冗余不一致的情况。

表 4-10 节选自 2000 年 billboard 上榜榜单,包括歌手名称、歌曲、上榜日期、周排名等。实际上,这个数据集中包含两类观察单元:歌曲和排名。因此这个数据集需要被拆分为两个数据表:一个是存储歌曲的数据表;另一个存储排名的数据表。两个表需要有一个关键词(Id),以

便后续的合并等操作。

存储歌曲的数据表、存储排名的数据表分别如表 4-11、表 4-12 所示。表 4-11、表 4-12 中的数据格式能够有效解决数据不一致的问题,但在实际分析中,能够直接处理关系型数据的工具非常少,因此,如果需要分析数据,还需要对数据进行整合,通过两个表中相同的关键字进行合并即可。

表 4-10　原始数据集三

Artist	track	time	Date	Wk1	Wk2
2Pac	BabyDon'tCry	4:22	2000-02-26	87	82
2Ge+her	heHardestPartOf	3:15	2000-03-04	91	87
3DoorsDown	Kryptonite	3:53	2000-03-11	81	70

表 4-11　存储歌曲的数据表

Id	Artist	track	time
1	2Pac	BabyDon'tCry	4:22
2	2Ge+her	heHardestPartOf	3:15
3	3DoorsDown	Kryptonite	3:53

表 4-12　存储排名的数据表

Id	Date	rank
1	2000-02-26	87
2	2000-03-04	91
3	2000-03-11	81

5. 一个观察单元存储在多个表中

同一个观察单元存储在多个表中的情况也比较常见,这些表格或文件常被另外的变量分开,例如,记录气温数据可以按照年份分开记录,每年记录一个数据表。这种类型的数据只要格式一致,便可以依照以下几个步骤进行处理:首先,将每个文件读取为一个表格;其次,为每个表格增加一列原始文件名作为唯一标识;最后,将所有表格合并即可得到一个符合要求的整洁数据。

4.1.3　数据操纵

数据操纵一般包括变量变形、整合、过滤、分类、排序等,其中变形、整合、过滤、排序是数据操纵的四个基础动作。

(1)变形。变量变形既包括单一变量的变形(如 log 变形),也包括多个变量的组合变形(如使用长和宽计算长方形面积)。

(2)整合。将一系列变量整合成一个值,例如,R 中使用 summarise( )函数对数值数据进行整合,计算均值、总和、中位数、众数等。

(3)过滤。筛选符合条件的数据或者删除某些观测值。

(4)排序。按照一定的规则或某些变量对观测值进行排序。

4.2 tidyr 和 dplyr 包简介

可视化是数据分析的重要过程,但是可视化对数据格式要求较高,一般情况下,我们无法获取符合要求的数据。因此,数据的清洗和整形是数据分析中必不可少的一环。本节将基于某公司的真实销售数据集,重点介绍 tidyr 包和 dplyr 包的使用方法,为后续使用 tidyr 包和 dplyr 包完成数据整形和数据探索性分析任务做准备。

4.2.1 tidyr 包

读入 R 环境下的数据集最好是整洁数据集,若不符合要求,则需要对数据进行清洗。在 R 中,整洁数据的定义为:每个变量的数据存储在自身的列中,每个观测值的数据存储在自身的行中。

tidyr 包是 tidyverse 包集合的核心包之一,主要提供了一个类似于 Excel 中数据透视表(Pivot Table)的功能。tidyr 包主要有 4 个函数:separate()、unite()、gather()、spread()。其中,separate()和 unite()函数主要对变量进行拆分或合并;gather()和 spread()函数主要做数据整形,将宽数据转成长数据,或将长数据转成宽数据。加载 tidyr 包有两种方式:

```
library(tidyverse)
library(tidyr)
```

tidyverse 包是一个汇总包,加载 tidyverse 包的同时会加载 tidyr 包。

4.2.2 dplyr 包

dplyr 包是 R 中功能非常强大的软件包,也是 tidyverse 包集合中的一个核心包。dplyr 包通常用于数据探索性分析。加载 dplyr 包的方式和 tidyr 包相同。

注意,在加载时,dplyr 包会覆盖 R 中的基础函数。如果想要在加载 dplyr 包后使用这些函数的基础版本,应该使用它们的完整名称:stats::filter()和 stats::lag()。

为介绍 tidyr 包和 dplyr 包中函数的基本使用方法,本章引入了一个数据集——global-superstore。此数据集来源于一家跨国零售企业 2011—2014 年的零售订单数据,存储方式为 Excel 工作表。使用 readxl 包中的 read_excel()函数导入数据,具体如下:

```
library(readxl)
orders <- read_excel("data/global-superstore.xlsx","订单")
orders
## # A tibble: 51,290 x 24
##     id orderid purchasedate        shipdate                shipway custid
##  <dbl><chr>   <dttm>              <dttm>                 <chr>   <chr>
## 1     1 MX-201～ 2014-10-02 00:00:00 2014-10-06 00:00:00 标准级 SC-20～
## 2     2 MX-201～ 2012-10-15 00:00:00 2012-10-20 00:00:00 标准级 KW-16～
## 3     3 MX-201～ 2012-10-15 00:00:00 2012-10-20 00:00:00 标准级 KW-16～
## 4     4 MX-201～ 2012-10-15 00:00:00 2012-10-20 00:00:00 标准级 KW-16～
## 5     5 MX-201～ 2012-10-15 00:00:00 2012-10-20 00:00:00 标准级 KW-16～
```

```
##   6      6 MX-201~ 2012-10-15 00:00:00 2012-10-20 00:00:00 标准级   KW-16~
##   7      7 MX-201~ 2013-09-27 00:00:00 2013-10-01 00:00:00 标准级   DP-13~
##   8      8 MX-201~ 2013-09-27 00:00:00 2013-10-01 00:00:00 标准级   DP-13~
##   9      9 MX-201~ 2013-09-27 00:00:00 2013-10-01 00:00:00 标准级   DP-13~
##  10     10 MX-201~ 2013-09-27 00:00:00 2013-10-01 00:00:00 标准级   DP-13~
## # ... with 51,280 more rows, and 18 more variables: custname <chr>,
## #   segment <chr>, city <chr>, state <chr>, country <chr>, zipcode <lgl>,
## #   market <chr>, area <chr>, productid <chr>, type <chr>, subtype <chr>,
## #   productname <chr>, sales <dbl>, quantity <dbl>, discount <dbl>,
## #   profit <dbl>, shipcost <dbl>, priority <chr>
```

观察数据集 global-superstore 可知,这个数据框的输出和以前用过的其他数据框有一处不同,即只显示了前几行和适合屏幕宽度的几列。注意,在 RStudio 中可以使用 View(orders)查看整个数据集。数据框输出有差别的原因在于,数据被默认存储为 tibble 数据格式。tibble也是一种数据框类型,但是跟 dataframe 略有不同,它更适合在 tidyverse 包中使用。

观察输出的数据可以发现,每一列下面都有对数据类型的描述。数据分析中常用的数据类型有以下 7 种。

- int:表示整数型变量。
- dbl:表示双精度浮点数型变量,或称实数。
- chr:表示字符向量,或称字符串。
- dttm:表示日期时间(日期+时间)型变量。
- lgl:表示逻辑型变量,是一个仅包括 TRUE 和 FALSE 的向量。
- fctr:表示因子,R 用其来表示具有固定数目的值的分类变量。
- date:表示日期型变量。

tibble 是一种简单数据框,它对传统数据框的功能进行了一些修改,以便在 tidyverse 包中使用。观察加载 tidyverse 包的输出信息时可以发现,tibble 包也是 tidyverse 包中的核心包之一。创建 tibble 数据框的方式有下面两种:

```
tibble(   x = 1:4,
          y = 1,
          z = x + y )
#使用 tribble()函数
tribble(
~x, ~y, ~z,
#--|--|----
1, 1, 2,
2, 1, 3,
3, 1, 4,
4, 1, 5)
## # A tibble: 4 x 3
##      x      y      z
##   <int> <dbl> <dbl>
## 1    1      1      2
## 2    2      1      3
## 3    3      1      4
## 4    4      1      5
```

```
## # A tibble: 4 x 3
##      x     y     z
##   <dbl> <dbl> <dbl>
## 1     1     1     2
## 2     2     1     3
## 3     3     1     4
## 4     4     1     5
```

使用 tribble()函数创建数据框时,♯开头的行是为了提示标题行的位置。另外,我们还可以使用 as_tibble()函数将 data.frame 转换为 tibble,这种格式变量通常以「～」开头,使用注释符号分隔能使输入更加整洁且便于对应表头。

相比于传统数据框(data.frame),tibble 对打印方式进行了优化,主要体现在:只显示前10 行结果,并且列适合屏幕,这种方式非常适合大数据集;tibble 还会打印出列的类型。在功能方面,tibble 与 data.frame 也有所区别,主要体现在:不能改变输入的类型(例如,不能将字符串转换为因子)、变量的名称;不能创建行名称;可以在 tibble 中将在 R 中无效的变量名称(即不符合语法的名称)作为列名称。列名称可以不以字母开头,可以包含特殊字符,如空格。要想引用这样的变量,需要使用反引号"`"将它们括起来。

4.3　基于 tidyr 包的数据整形

4.3.1　使用 seperate()和 unite()函数拆分与合并数据

separate()函数可将一列拆分为多列,一般用于日志数据或日期时间型数据的拆分,例如:

```
orders0 <- orders %>%
              separate(col = orderid,
                       into = c('center','year','product'),
                       sep  = '-',
                       remove = F)
```

这里用到了管道操作符%>%。%>%是 tidyverse 中的函数,功能是将一个函数的输出传递给下一个函数的第一个参数。注意,变量传递给下一个函数的第一个参数后,就不用再写第一个参数了。separate()函数的第一个参数是数据框;col 参数是数据框中要进行拆分的列;into 和 sep 表示 orderid 列(订单 id)以"-"为分隔符,被拆分为 center、year 和 product 三列;remove 参数是逻辑变量,若为真,则删除进行操作的列。

unite()函数的作用与 separate()函数相反,它将多列数据合并为一列。例如,我们将market(产品市场)和 area(区域)合并为一列:

```
unite(data, col, …, sep = "_", remove = TRUE)
orders1 <- orders %>%
              unite(marketarea, market, area, sep='-')
orders1['marketarea']
```

上述代码中的第一行是 unite()函数的一般调用形式,"…"指明了要合并的列,可以同时指定多列。

4.3.2 使用 gather( )和 spread( )函数实现长宽数据转换

直观来说,使用 gather( )和 spread( )函数处理数据会改变数据框的长度和宽度,这也就是所谓的长宽转换。但从本质上讲,这两个函数改变的是数据表之间的连接关系,在某些情况下,这种改变有助于更好地理解数据。

gather( )函数类似于 Excel 中数据透视的功能,它能把一个变量名含有变量的二维表转换成一个规范的二维表,我们可结合如下示例进行理解:

```
orders2 <- orders %>%
  select(sales:shipcost) %>%
  gather(attribute, value, sales:shipcost)
orders2
## # A tibble: 256,450 x 2
##     attribute value
##       <chr>    <dbl>
##  1 sales      13.1
##  2 sales      252.
##  3 sales      193.
##  4 sales      35.4
##  5 sales      71.6
##  6 sales      56.1
##  7 sales      56.1
##  8 sales      345.
##  9 sales      97.4
## 10 sales      342.
## # ... with 256,440 more rows
```

为了使数据更加直观,需要先将要转换的列筛选出来。select( )函数是 dplyr 包的重要函数,用于选取数据框的列,后面会有相关介绍。上述代码的含义是:选取 sales 列到 shipcost 列的 5 列数据,并将其转换为 attribute,value 两列。sales 在原数据中作为变量名,但是转换之后成了 attribute 列的变量,这就是前面提到的变量名含有变量的情况。需要注意的是,并不是所有变量进行长宽转换都具有实际意义,要具体问题具体分析。仔细观察代码块可以发现,%>%使代码变得十分简洁,读者可以思考一下,若不使用管道操作符,上述代码应怎样编写?

细心的读者会发现,gather( )函数转化之后的数据比原数据具有更多的行,那么代码框中的 gather( )是如何起到作用的呢? 观察下面的代码和代码输出的结果:

```
orders3 <- orders %>%
  select(sales:shipcost) %>%
  gather(attribute, value, sales:shipcost)
orders3
## # A tibble: 256,450 x 2
##     attribute value
##       <chr>    <dbl>
##  1 sales      13.1
##  2 sales      252.
##  3 sales      193.
##  4 sales      35.4
```

```
## 5 sales      71.6
## 6 sales      56.1
## 7 sales      56.1
## 8 sales      345.
## 9 sales      97.4
## 10 sales     342.
## # ... with 256,440 more rows
```

我们可以在 RStudio 中使用 View(orders3)命令查看完整的数据框。可以发现的是,数据框中其他列的数据被保存,并且进行了复制,以适应数据框的长度变化。

gather()函数可将宽数据转换为长数据,而 spread()函数则将长数据转换为宽数据。例如,使用 spread()函数将刚刚合并的 attribute 列和 value 列拆分为原数据,具体代码如下:

```
orders4 <- orders3 %>%
          spread(attribute, value)
```

4.4 基于 dplyr 包的数据描述性统计

本节学习 dplyr 包的基本操作和 6 个 dplyr 包的核心函数,它们可以解决在数据处理中遇到的大部分问题。下面结合 global-superstore 数据集进行详细介绍。

4.4.1 dplyr 包的基本操作

1. 随机选择 N 行

sample_n()函数可从数据框(或表)中随机选择行,它的第二个参数表示 R 要选择的行数,随机选择 N 行的代码如下:

```
sample_n(orders, 3)
## # A tibble: 3 x 24
##       id orderid purchasedate    shipdate            shipway custid
##    <dbl><chr>   <dttm>          <dttm>              <chr>   <chr>
## 1     68 MX-201~ 2011-05-31 00:00:00 2011-06-05 00:00:00 标准级  PB-19~
## 2 13549 IT-201~ 2013-01-16 00:00:00 2013-01-21 00:00:00 标准级  SB-20~
## 3 16100 ES-201~ 2014-03-10 00:00:00 2014-03-14 00:00:00 标准级  AS-10~
## # ... with 18 more variables: custname <chr>, segment <chr>, city <chr>,
## #   state <chr>, country <chr>, zipcode <lgl>, market <chr>, area <chr>,
## #   productid <chr>, type <chr>, subtype <chr>, productname <chr>,
## #   sales <dbl>, quantity <dbl>, discount <dbl>, profit <dbl>,
## #   shipcost <dbl>, priority <chr>
```

2. 随机选择总行的 N%

sample_frac()函数可随机返回数据集 N%的行。例如,我们随机选择数据集 10%的行:

```
sample_frac(orders, 0.1)
## # A tibble: 5,129 x 24
##       id  orderid purchasedate    shipdate            shipway custid
##    <dbl><chr>   <dttm>          <dttm>              <chr>   <chr>
```

```
## 1 36384   CA-201～ 2012-03-05 00:00:00 2012-03-09 00:00:00 标准级   KN-16～
## 2  1846   US-201～ 2014-05-19 00:00:00 2014-05-23 00:00:00 标准级   CP-12～
## 3 47817   RS-201～ 2012-06-15 00:00:00 2012-06-17 00:00:00 二级      JS-56～
## 4  6192   MX-201～ 2014-09-29 00:00:00 2014-09-29 00:00:00 当日      MC-17～
## 5 29301   ID-201～ 2012-08-10 00:00:00 2012-08-17 00:00:00 标准级   JM-16～
## 6  3090   MX-201～ 2011-11-15 00:00:00 2011-11-15 00:00:00 当日      BS-11～
## 7 49047   EG-201～ 2012-09-06 00:00:00 2012-09-12 00:00:00 标准级   CM-21～
## 8 49258   NI-201～ 2013-12-23 00:00:00 2013-12-30 00:00:00 标准级   LS-72～
## 9  4617   US-201～ 2012-12-02 00:00:00 2012-12-06 00:00:00 标准级   TZ-21～
## 10 38455  CA-201～ 2013-03-29 00:00:00 2013-04-01 00:00:00 二级      CC-12～
## # ... with 5,119 more rows, and 18 more variables: custname <chr>,
## #   segment <chr>, city <chr>, state <chr>, country <chr>, zipcode <lgl>,
## #   market <chr>, area <chr>, productid <chr>, type <chr>, subtype <chr>,
## #   productname <chr>, sales <dbl>, quantity <dbl>, discount <dbl>,
## #   profit <dbl>, shipcost <dbl>, priority <chr>
```

3. 基于所有变量删除重复行

distinct()函数用于消除数据集中的重复行,但是当数据集中没有重复行时,则会返回和原数据相同的行数,具体代码如下:

```
dplyr::distinct(orders)
## # A tibble: 51,290 x 24
##      id orderid purchasedate          shipdate                shipway custid
##   <dbl> <chr>   <dttm>                <dttm>                  <chr>   <chr>
## 1    1 MX-201～ 2014-10-02 00:00:00 2014-10-06 00:00:00 标准级   SC-20～
## 2    2 MX-201～ 2012-10-15 00:00:00 2012-10-20 00:00:00 标准级   KW-16～
## 3    3 MX-201～ 2012-10-15 00:00:00 2012-10-20 00:00:00 标准级   KW-16～
## 4    4 MX-201～ 2012-10-15 00:00:00 2012-10-20 00:00:00 标准级   KW-16～
## 5    5 MX-201～ 2012-10-15 00:00:00 2012-10-20 00:00:00 标准级   KW-16～
## 6    6 MX-201～ 2012-10-15 00:00:00 2012-10-20 00:00:00 标准级   KW-16～
## 7    7 MX-201～ 2013-09-27 00:00:00 2013-10-01 00:00:00 标准级   DP-13～
## 8    8 MX-201～ 2013-09-27 00:00:00 2013-10-01 00:00:00 标准级   DP-13～
## 9    9 MX-201～ 2013-09-27 00:00:00 2013-10-01 00:00:00 标准级   DP-13～
## 10   10 MX-201～ 2013-09-27 00:00:00 2013-10-01 00:00:00 标准级   DP-13～
## # ... with 51,280 more rows, and 18 more variables: custname <chr>,
## #   segment <chr>, city <chr>, state <chr>, country <chr>, zipcode <lgl>,
## #   market <chr>, area <chr>, productid <chr>, type <chr>, subtype <chr>,
## #   productname <chr>, sales <dbl>, quantity <dbl>, discount <dbl>,
## #   profit <dbl>, shipcost <dbl>, priority <chr>
```

4. 基于变量删除重复行

我们还可以在选择数据框中某列或多列的基础上删除重复行。如选择国家,可以看到返回值中有 147 行,这说明公司的产品销往 147 个不同的地区,在下面的第二行代码中还选择了地区,这说明公司产品销往 119 个地区。keep_all 参数用于保存数据框其他列的数据,具体代码如下。

```
dplyr::distinct(orders,country, .keep_all = TRUE)
dplyr::distinct(orders,state,country, .keep_all = TRUE)
## # A tibble: 147 × 24
```

```
## #      id orderid purchasedate        shipdate             shipway custid
## #   <dbl><chr>   <dttm>               <dttm>               <chr>   <chr>
## # 1     1 MX-201~ 2014-10-02 00:00:00 2014-10-06 00:00:00 标准级   SC-20~
## # 2     2 MX-201~ 2012-10-15 00:00:00 2012-10-20 00:00:00 标准级   KW-16~
## # 3     7 MX-201~ 2013-09-27 00:00:00 2013-10-01 00:00:00 标准级   DP-13~
## # 4    12 MX-201~ 2013-03-05 00:00:00 2013-03-12 00:00:00 标准级   TB-21~
## # 5    17 US-201~ 2013-06-26 00:00:00 2013-07-01 00:00:00 标准级   HE-14~
## # 6    22 MX-201~ 2013-10-29 00:00:00 2013-11-02 00:00:00 二级     TB-21~
## # 7    28 US-201~ 2013-05-24 00:00:00 2013-05-31 00:00:00 标准级   SC-20~
## # 8    38 MX-201~ 2014-07-04 00:00:00 2014-07-07 00:00:00 二级     SC-20~
## # 9    41 MX-201~ 2014-12-09 00:00:00 2014-12-11 00:00:00 二级     AR-10~
## # 10   77 US-201~ 2014-06-25 00:00:00 2014-06-29 00:00:00 标准级   LR-16~
## # ... with 137 more rows, and 18 more variables: custname <chr>,
## #   segment <chr>, city <chr>, state <chr>, country <chr>, zipcode <lgl>,
## #   market <chr>, area <chr>, productid <chr>, type <chr>, subtype <chr>,
## #   productname <chr>, sales <dbl>, quantity <dbl>, discount <dbl>,
## #   profit <dbl>, shipcost <dbl>, priority <chr>
## # A tibble: 1,119 × 24
## #      id orderid purchasedate        shipdate             shipway custid
## #   <dbl><chr>   <dttm>               <dttm>               <chr>   <chr>
## # 1     1 MX-201~ 2014-10-02 00:00:00 2014-10-06 00:00:00 标准级   SC-20~
## # 2     2 MX-201~ 2012-10-15 00:00:00 2012-10-20 00:00:00 标准级   KW-16~
## # 3     7 MX-201~ 2013-09-27 00:00:00 2013-10-01 00:00:00 标准级   DP-13~
## # 4    12 MX-201~ 2013-03-05 00:00:00 2013-03-12 00:00:00 标准级   TB-21~
## # 5    15 MX-201~ 2014-10-18 00:00:00 2014-10-23 00:00:00 标准级   JK-15~
## # 6    17 US-201~ 2013-06-26 00:00:00 2013-07-01 00:00:00 标准级   HE-14~
## # 7    21 MX-201~ 2013-12-19 00:00:00 2013-12-25 00:00:00 标准级   JE-15~
## # 8    22 MX-201~ 2013-10-29 00:00:00 2013-11-02 00:00:00 二级     TB-21~
## # 9    25 US-201~ 2012-09-26 00:00:00 2012-09-29 00:00:00 一级     SJ-20~
## # 10   28 US-201~ 2013-05-24 00:00:00 2013-05-31 00:00:00 标准级   SC-20~
## # ... with 1,109 more rows, and 18 more variables: custname <chr>,
## #   segment <chr>, city <chr>, state <chr>, country <chr>, zipcode <lgl>,
## #   market <chr>, area <chr>, productid <chr>, type <chr>, subtype <chr>,
## #   productname <chr>, sales <dbl>, quantity <dbl>, discount <dbl>,
## #   profit <dbl>, shipcost <dbl>, priority <chr>
```

4.4.2 使用 filter()函数筛选行数据

filter()函数可以基于观测值筛选出一个观测子集,例如,利用 filter()函数可以筛选出 type(订单类型)为办公用品并且 subtype(细分类型)为装订机的行,具体代码如下:

```
filter(orders,type == '办公用品'&subtype == '装订机')
## # A tibble: 6,152 × 24
## #      id orderid purchasedate        shipdate             shipway custid
## #   <dbl><chr>   <dttm>               <dttm>               <chr>   <chr>
## # 1     4 MX-201~ 2012-10-15 00:00:00 2012-10-20 00:00:00 标准级   KW-16~
## # 2    11 MX-201~ 2013-09-27 00:00:00 2013-10-01 00:00:00 标准级   DP-13~
## # 3    24 US-201~ 2014-10-03 00:00:00 2014-10-08 00:00:00 标准级   DW-13~
## # 4    28 US-201~ 2013-05-24 00:00:00 2013-05-31 00:00:00 标准级   SC-20~
```

```
## 5      64 MX-201~ 2014-03-14 00:00:00 2014-03-17 00:00:00 一级      BT-11~
## 6      65 MX-201~ 2014-03-14 00:00:00 2014-03-17 00:00:00 一级      BT-11~
## 7      75 MX-201~ 2012-02-17 00:00:00 2012-02-22 00:00:00 标准级    FM-14~
## 8      91 MX-201~ 2012-12-28 00:00:00 2013-01-01 00:00:00 标准级    SC-20~
## 9     134 US-201~ 2014-09-29 00:00:00 2014-10-04 00:00:00 标准级    TT-21~
## 10    137 MX-201~ 2014-10-29 00:00:00 2014-11-03 00:00:00 标准级    FW-14~
## # ... with 6,142 more rows, and 18 more variables: custname <chr>,
## #   segment <chr>, city <chr>, state <chr>, country <chr>, zipcode <lgl>,
## #   market <chr>, area <chr>, productid <chr>, type <chr>, subtype <chr>,
## #   productname <chr>, sales <dbl>, quantity <dbl>, discount <dbl>,
## #   profit <dbl>, shipcost <dbl>, priority <chr>
```

在 filter()函数中,第一个参数是数据框名称,第二个以及随后的参数是用来筛选数据框中的行的表达式。第一行代码会返回一个新的数据框,如果想保存结果,那么需要对这行代码赋值。R 要么输出结果,要么将结果保存在一个变量中,如果想同时完成这两种操作,可以用括号将赋值语句括起来:

```
(order_filter <- filter(orders,type == '办公用品'&subtype == '装订机'))
```

这行代码使用了比较运算符和逻辑运算符。R 中提供了标准的比较运算符和逻辑运算符,读者可详见第 3 章。

4.4.3 使用 arrange()函数对观测值排序

arrange()函数的工作方式与 filter()函数非常相似,但前者不是选择行,而是改变行的顺序。例如,按照 sales(销售量)进行排序。为了更加直观地展示数据,首先将排序的部分列筛选出来:

```
orders4 <- orders %>%
    select(type:profit) %>%
    arrange(sales)
orders4
## # A tibble: 51,290 × 7
##    type      subtype productname          sales  quantity  discount profit
##    <chr>     <chr>   <chr>                <dbl>   <dbl>     <dbl>    <dbl>
## 1 办公用品~ 电器    Hoover Replacement Belt f~ 0.444   1         0.8      -1.11
## 2 办公用品~ 装订机  Acco Suede Grain Vinyl Ro~ 0.556   1         0.8      -0.945
## 3 办公用品~ 装订机  Avery Durable Slant Ring ~ 0.836   1         0.8      -1.34
## 4 办公用品~ 装订机  Avery Round Ring Poly Bin~ 0.852   1         0.7      -0.596
## 5 办公用品~ 装订机  Acco 3-Hole Punch          0.876   1         0.8      -1.40
## 6 办公用品~ 装订机  Avery Non-Stick Binders    0.898   1         0.8      -1.57
## 7 办公用品~ 装订机  Avery Triangle Shaped She~ 0.984   2         0.8      -1.48
## 8 技术      配件    Maxell 4.7GB DVD-R 5/Pack  0.99    1         0        0.436
## 9 办公用品~ 装订机  Acco Economy Flexible Pol~ 1.04    1         0.8      -1.83
## 10 办公用品~ 装订机  Wilson Jones Easy Flow II~ 1.08    3         0.8      -1.73
## # ... with 51,280 more rows
```

arrange()函数接受两个输入参数:一个是数据框名称;另一个是用于排序的列名(或更为复杂的列名组合)。如果输入参数的列名超过两个(含),那么,在第一个列名排序的基础上,后面的列名继续排序直至排序结束。另外，arrange()函数默认进行升序排列，使用 desc()可以降序排列：

```
orders4 <- orders %>%
    select(type:profit) %>%
    arrange(desc(profit))
orders4
## # A tibble: 51,290 × 7
##     type    subtype productname                sales quantity discount profit
##     <chr>   <chr>   <chr>                      <dbl>    <dbl>    <dbl>  <dbl>
##  1 技术     复印机   Canon imageCLASS 2200 Ad~ 17500.       5        0  8400.
##  2 技术     复印机   Canon imageCLASS 2200 Ad~ 14000.       4        0  6720.
##  3 技术     复印机   Canon imageCLASS 2200 Ad~ 10500.       3        0  5040.
##  4 办公用品~ 装订机   GBC Ibimaster 500 Manual~  9893.      13        0  4946.
##  5 办公用品~ 装订机   Ibico EPK-21 Electric Bi~  9450.       5        0  4630.
##  6 办公用品~ 电器     Hoover Stove, Red          7959.      14        0  3979.
##  7 技术     复印机   Canon imageCLASS 2200 Ad~ 11200.       4      0.2  3920.
##  8 办公用品~ 装订机   Fellowes PB500 Electric ~  6355.       5        0  3177.
##  9 技术     电话     Samsung Smart Phone, VoIP  6999.      11        0  2939.
## 10 技术     电话     Apple Smart Phone, with ~  5752.       9        0  2818.
## # ... with 51,280 more rows
```

4.4.4　使用 select()函数选择列数据

在大数据时代，数据集有几百甚至几千个变量。在这种情况下，找出真正有用的变量是经常要面临的挑战。通过基于变量名的操作，select()函数可快速生成需要的变量子集。在下面的例子中，数据集只有 24 个字段，使用 select()函数的效果不是非常明显，但是可以通过该数据集了解 select()函数的用法。

```
orders4 <- orders %>%
    filter(type == "办公用品", subtype == "装订机") %>%
    select(type, subtype)
orders4
## # A tibble: 6,152 × 2
##     type    subtype
##     <chr>   <chr>
##  1 办公用品 装订机
##  2 办公用品 装订机
##  3 办公用品 装订机
##  4 办公用品 装订机
##  5 办公用品 装订机
##  6 办公用品 装订机
##  7 办公用品 装订机
##  8 办公用品 装订机
##  9 办公用品 装订机
## 10 办公用品 装订机
## # ... with 6,142 more rows
```

select()函数接受两个参数：第一个为数据框，第二个则为要筛选的变量。select()函数可以一次筛选多个变量,变量之间用逗号分隔,也可以使用 type:profit 的形式筛选 type 到 profit 之间的所有变量。另外,还可以使用"-(type:profit)"筛选 type 到 profit 的所有变量,具体代码如下:

```
select(orders,-(type:profit))
## # A tibble: 51,290 × 17
##      id orderid purchasedate        shipdate             shipway custid
##   <dbl> <chr>   <dttm>              <dttm>               <chr>   <chr>
## 1      1 MX-201~ 2014-10-02 00:00:00 2014-10-06 00:00:00 标准级  SC-20~
## 2      2 MX-201~ 2012-10-15 00:00:00 2012-10-20 00:00:00 标准级  KW-16~
## 3      3 MX-201~ 2012-10-15 00:00:00 2012-10-20 00:00:00 标准级  KW-16~
## 4      4 MX-201~ 2012-10-15 00:00:00 2012-10-20 00:00:00 标准级  KW-16~
## 5      5 MX-201~ 2012-10-15 00:00:00 2012-10-20 00:00:00 标准级  KW-16~
## 6      6 MX-201~ 2012-10-15 00:00:00 2012-10-20 00:00:00 标准级  KW-16~
## 7      7 MX-201~ 2013-09-27 00:00:00 2013-10-01 00:00:00 标准级  DP-13~
## 8      8 MX-201~ 2013-09-27 00:00:00 2013-10-01 00:00:00 标准级  DP-13~
## 9      9 MX-201~ 2013-09-27 00:00:00 2013-10-01 00:00:00 标准级  DP-13~
## 10    10 MX-201~ 2013-09-27 00:00:00 2013-10-01 00:00:00 标准级  DP-13~
## # ... with 51,280 more rows, and 11 more variables: custname <chr>,
## #   segment <chr>, city <chr>, state <chr>, country <chr>, zipcode <lgl>,
## #   market <chr>, area <chr>, productid <chr>, shipcost <dbl>,
## #   priority <chr>
```

select()函数还可以与一些辅助函数结合使用,其常用辅助函数及功能如表 4-13 所示。例如:select()和 starts_with('abc')或 ends_with('abc')配合,可以匹配以'abc'开头或结尾的变量名;select()和 contains()配合,可以筛选变量名包含某些字段的变量名;select()和 matches()配合,可以实现正则表达式匹配变量名。

表 4-13　常用辅助函数及功能

函数	功能
starts_with(…)	筛选变量名以…开头的变量
ends_with(…)	筛选变量名以…结尾的变量
contains(…)	筛选变量名包含…的变量
matches()	正则匹配
num_range()	筛选选定区间的列

我们还可以使用 everything()将所有数据保存,将选中的变量移动到数据框的开头,具体代码如下:

```
select(orders,type:profit,everything())
## # A tibble: 51,290 × 24
##    type     subtype productname sales quantity discount profit    id orderid
##    <chr>    <chr>   <chr>       <dbl>    <dbl>    <dbl> <dbl> <dbl> <chr>
## 1 办公用品~ 标签    Hon File F~  13.1        3        0  4.56     1 MX-201~
## 2 家具      用具    Tenex Cloc~ 252.        8        0 90.7      2 MX-201~
## 3 家具      书架    Ikea 3-She~ 193.        2        0 54.1      3 MX-201~
## 4 办公用品~ 装订机  Cardinal B~  35.4        4        0  4.96     4 MX-201~
```

```
##  5 办公用品～ 美术        Sanford Ca～  71.6      2    0 11.4     5 MX-201～
##  6 办公用品～ 信封        GlobeWeis ～  56.1      2    0 21.3     6 MX-201～
##  7 办公用品～ 信封        GlobeWeis ～  56.1      2    0 21.3     7 MX-201～
##  8 技术      设备        Konica Car～  345.      3    0 165.     8 MX-201～
##  9 办公用品～ 用品        Elite Box ～  97.4      4    0 19.4     9 MX-201～
## 10 技术      配件        Enermax Ro～  342.      2    0 13.6    10 MX-201～
## # ... with 51,280 more rows, and 15 more variables: purchasedate <dttm>,
## #   shipdate <dttm>, shipway <chr>, custid <chr>, custname <chr>,
## #   segment <chr>, city <chr>, state <chr>, country <chr>, zipcode <lgl>,
## #   market <chr>, area <chr>, productid <chr>, shipcost <dbl>,
## #   priority <chr>
```

4.4.5　使用 mutate()函数新增变量字段

在数据分析中,分析两变量或者多变量之间的函数关系是我们经常要进行的操作。mutate()函数可以对现有列进行函数操作,并将结果保存为新的变量。例如,若想获得单位商品的价格,就需要 sales(销量)列除以 quanlity(商品数量)列,具体代码如下:

```
orders5 <- orders %>%
    mutate(unitprice = sales/quantity ) %>%
    select(sales,quantity, unitprice)
orders5
## # A tibble: 51,290 × 3
##    sales quantity unitprice
##    <dbl>    <dbl>     <dbl>
## 1  13.1        3      4.36
## 2  252.        8      31.5
## 3  193.        2      96.6
## 4  35.4        4      8.86
## 5  71.6        2      35.8
## 6  56.1        2      28.1
## 7  56.1        2      28.1
## 8  345.        3      115.
## 9  97.4        4      24.3
## 10 342.        2      171.
## # ... with 51,280 more rows
```

因为 mutate()函数默认将新增列添加到数据框末尾,所以 select()函数对 sales,quantity,unitprice 三列数据进行了筛选。mutate()接受两个参数:数据框和新增变量。其中,新增变量可以有多个,且新增变量在创建之后就可以使用。例如,如果在获取价格之后想要获取成本,那么可通过以下代码实现:

```
orders5 <- orders %>%
    mutate(unitprice = sales/quantity,
    unitcost = unitprice-(profit/quantity)) %>%
    select(sales,quantity, unitprice,unitcost)
orders5
## # A tibble: 51,290 × 4
##     sales quantity unitprice unitcost
```

```
# #      <dbl>     <dbl>     <dbl>     <dbl>
# #  1   13.1      3         4.36      2.84
# #  2   252.      8         31.5      20.2
# #  3   193.      2         96.6      69.6
# #  4   35.4      4         8.86      7.62
# #  5   71.6      2         35.8      30.1
# #  6   56.1      2         28.1      17.4
# #  7   56.1      2         28.1      17.4
# #  8   345.      3         115.      59.7
# #  9   97.4      4         24.3      19.5
# # 10   342.      2         171.      164.
# # # ... with 51,280 more rows
```

上述代码块选择了操作的变量和新增变量,如果只需保存新增变量,我们可以使用 transmute()函数,具体如下:

```
transmute(orders,unitprice = sales/quantity,
          unitcost = unitprice-(profit/quantity))
# # # A tibble: 51,290 × 2
# #    unitprice unitcost
# #        <dbl>    <dbl>
# #  1      4.36     2.84
# #  2     31.5     20.2
# #  3     96.6     69.6
# #  4      8.86     7.62
# #  5     35.8     30.1
# #  6     28.1     17.4
# #  7     28.1     17.4
# #  8    115.      59.7
# #  9     24.3     19.5
# # 10    171.     164.
# # # ... with 51,280 more rows
```

4.4.6 使用 group_by()函数对数据分组

如果需要将数据集中的数据按照某个变量分组,可以使用 group_by()函数来实现。该函数不会改变数据集,只在与 dplyr 包中的其他函数结合使用时才能展现分组的作用。例如,将数据集中的订单按区域分组并使用 tally()函数统计订单量,对应代码如下:

```
orders5 <- orders %>%
    group_by(area) %>%
    tally()
orders5
# # # A tibble: 13 × 2
# #    area        n
# #    <chr>    <int>
# # 1 EMEA      5029
# # 2 北部      4785
```

```
##    3 北亚       2338
##    4 大洋洲     3487
##    5 东部       2848
##    6 东南亚     3129
##    7 非洲       4587
##    8 加勒比海   1690
##    9 加拿大      384
## 10 南部       6645
## 11 西部       3203
## 12 中部      11117
## 13 中亚       2048
```

group_by()函数的参数设置如下：第一个参数为指定分组的数据框对象；第二个参数为指定分组的变量。通过使用管道操作符%>%，可以快速实现不同区域订单量的统计。需要特别注意的是，group_by()函数很少单独使用，只有与其他函数组合使用时，才能发挥其强大功能。

4.4.7　使用 summarise()函数汇总数据

summarise()函数可以将数据框折叠成一行，对应代码如下：

```
summarise(orders,avg_sales = mean(sales))
## # A tibble: 1×1
##    avg_sales
##       <dbl>
## 1     246.
```

summarise()函数通常与 group_by()函数一起使用。group_by()函数可以将整个数据集划分为不同的组，接下来，在分组后的数据框上使用 summarise()函数时，它们会自动对每个组进行操作。summarise()返回值一般为一个新的数据框，且该数据框一般情况下和原始的数据框长度不同，列数应该是"group_by 参数＋summarise 参数"，例如：

```
orders5 <- orders %>%
    group_by(type) %>%
    summarise(avg_sales = mean(sales)) %>%
    head()
orders5
## # A tibble: 3×2
##    type      avg_sales
##    <chr>        <dbl>
## 1 办公用品      121.
## 2 技术          468.
## 3 家具          416.
```

我们还可以使用 summarise_at()函数选择多个变量同时进行汇总。例如，计算订单销售数量、利润平均值和中位数的对应代码如下：

```
summarise_at(orders, vars(quantity, profit), funs(n(), mean, median))
## # A tibble: 1×6
```

```
# #    quantity_n profit_n quantity_mean profit_mean quantity_median
# #        <int>     <int>        <dbl>       <dbl>          <dbl>
# # 1      51290     51290         3.48        28.6              3
# # # ... with 1 more variable: profit_median <dbl>
```

根据变量的不同类型,我们也可以使用 summarise_if( )函数对其进行分类总结。例如,根据数值变量类型进行筛选的对应代码如下:

```
summarise_if(orders, is.numeric, funs(n(),mean,median))
# # # A tibble: 1×18
# #    id_n sales_n quantity_n discount_n profit_n shipcost_n id_mean
# #   <int>   <int>      <int>      <int>    <int>      <int>   <dbl>
# # 1 51290   51290      51290      51290    51290      51290  25646.
# # # ... with 11 more variables: sales_mean <dbl>, quantity_mean <dbl>,
# # #   discount_mean <dbl>, profit_mean <dbl>, shipcost_mean <dbl>,
# # #   id_median <dbl>, sales_median <dbl>, quantity_median <dbl>,
# # #   discount_median <dbl>, profit_median <dbl>, shipcost_median <dbl>
```

4.5   数据整形及处理示例

前面章节已对 tidyr 包和 dplyr 包的主要函数进行了说明,接下来将用之前所学的知识对数据集进行简单的数据分析。本节以某家跨国公司的全球销售订单数据集为例,通过对其进行分析,了解不同市场、产品的销售情况,从而指导销售策略。

首先,我们需要加载需要用到的包:

```
library(ggplot2)
library(tidyverse)
library(ggthemes)
```

该跨国公司的全球销售订单数据集有若干个细分的销售区域,我们可以将数据集按照销售区域进行分组,然后求出各个市场的总销售额,从而对其进行排序,对应代码如下:

```
orders %>% group_by(market) %>%
        summarise(totalsales = sum(sales)) %>%
        arrange(desc(totalsales))
# # # A tibble: 7×2
# #   market    totalsales
# #   <chr>          <dbl>
# # 1 亚太地区     3585744.
# # 2 欧盟         2938089.
# # 3 美国         2297201.
# # 4 拉丁美洲     2164605.
# # 5 EMEA          806161.
# # 6 非洲          783773.
# # 7 加拿大         66928.
```

上面的结果或许不够直观,我们可以使用 ggplot2 包配合 ggthemes 包的方法,将分组求和后的数据可视化,具体代码如下。各市场销售额统计如图 4-1 所示。

```
orders %>% group_by(market) %>%
          summarise(totalsales = sum(sales)) %>%
          ggplot(., mapping = aes(x = market, y = totalsales)) +
          geom_bar(stat ='identity') +
          xlab('市场') + ylab('总销售额/美元') +
          theme_economist()
## Saving 7×5 in image
```

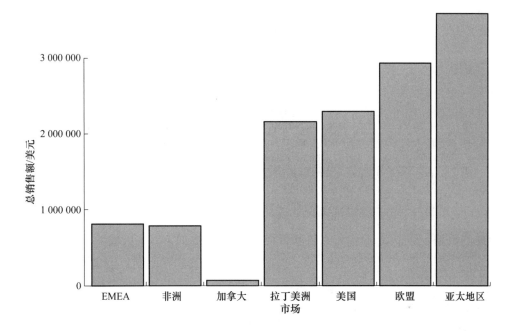

图 4-1　各市场销售额统计

从图 4-1 可以看出,亚太地区是最大的销售市场,其次是美国、欧盟等发达地区。另外,由图 4-1 还可以看出,加拿大市场销售额很低,这或许是一个需要开辟的区域。我们还可以在此基础上进一步统计各个地区不同类别细分市场的销量,对应代码如下:

```
orders %>% group_by(market,type,segment) %>%
          summarise(totalqty = sum(quantity))
orders
## # A tibble: 63×4
## # Groups:   market, type [21]
##    market type   segment   totalqty
##    <chr>  <chr>  <chr>      <dbl>
## 1  EMEA   办公用品 公司        2238
## 2  EMEA   办公用品 家庭办公室   1414
## 3  EMEA   办公用品 消费者      3826
## 4  EMEA   技术    公司         692
## 5  EMEA   技术    家庭办公室    333
## 6  EMEA   技术    消费者      1234
```

```
##   7  EMEA    家具       公司          585
##   8  EMEA    家具       家庭办公室      384
##   9  EMEA    家具       消费者        811
## 10  非洲    办公用品    公司          1967
## # ... with 53 more rows
## # A tibble: 51,290 × 24
##        id orderid purchasedate         shipdate              shipway custid
##     <dbl> <chr>   <dttm>               <dttm>                <chr>   <chr>
##  1     1 MX-201~ 2014-10-02 00:00:00 2014-10-06 00:00:00  标准级   SC-20~
##  2     2 MX-201~ 2012-10-15 00:00:00 2012-10-20 00:00:00  标准级   KW-16~
##  3     3 MX-201~ 2012-10-15 00:00:00 2012-10-20 00:00:00  标准级   KW-16~
##  4     4 MX-201~ 2012-10-15 00:00:00 2012-10-20 00:00:00  标准级   KW-16~
##  5     5 MX-201~ 2012-10-15 00:00:00 2012-10-20 00:00:00  标准级   KW-16~
##  6     6 MX-201~ 2012-10-15 00:00:00 2012-10-20 00:00:00  标准级   KW-16~
##  7     7 MX-201~ 2013-09-27 00:00:00 2013-10-01 00:00:00  标准级   DP-13~
##  8     8 MX-201~ 2013-09-27 00:00:00 2013-10-01 00:00:00  标准级   DP-13~
##  9     9 MX-201~ 2013-09-27 00:00:00 2013-10-01 00:00:00  标准级   DP-13~
## 10    10 MX-201~ 2013-09-27 00:00:00 2013-10-01 00:00:00  标准级   DP-13~
## # ... with 51,280 more rows, and 18 more variables: custname <chr>,
## #   segment <chr>, city <chr>, state <chr>, country <chr>, zipcode <lgl>,
## #   market <chr>, area <chr>, productid <chr>, type <chr>, subtype <chr>,
## #   productname <chr>, sales <dbl>, quantity <dbl>, discount <dbl>,
## #   profit <dbl>, shipcost <dbl>, priority <chr>
```

单纯的数据不够直观,我们可以将其可视化,对应代码如下。各区域细分市场销售数量统计如图 4-2 所示。

```
y_axis_formatter = function(x){
  return(paste(x/1000,'K',sep = ""))
}
ggplot(orders, aes(x = segment, y = quantity)) +
    geom_bar(stat ='identity') +
    facet_grid(type ~ market) +
    scale_y_continuous(labels = y_axis_formatter) +
    xlab("细分市场") +
    ylab("数量") +
    coord_flip()
## # A tibble: 63 × 4
## # Groups: market, type [21]
##    market type   segment    totalqty
##    <chr>  <chr>  <chr>        <dbl>
##  1 EMEA   办公用品 公司          2238
##  2 EMEA   办公用品 家庭办公室      1414
##  3 EMEA   办公用品 消费者        3826
##  4 EMEA   技术    公司          692
##  5 EMEA   技术    家庭办公室      333
##  6 EMEA   技术    消费者        1234
##  7 EMEA   家具    公司          585
##  8 EMEA   家具    家庭办公室      384
##  9 EMEA   家具    消费者        811
## 10 非洲   办公用品 公司          1967
```

```
## # ... with 53 more rows
## Saving 7 × 5 in image
```

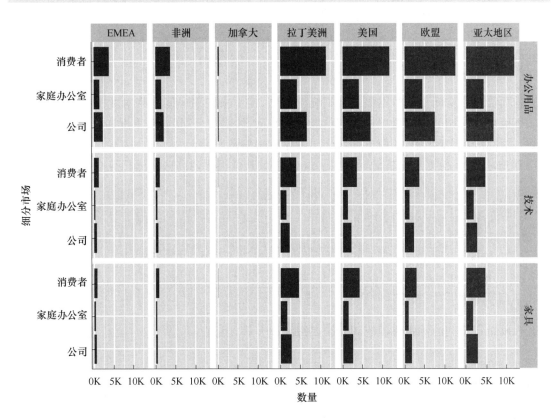

图 4-2　各区域细分市场销售数量统计

我们接下来统计客户的采购情况,并分别找出采购量最大和最小的 5 个客户,从而分析采购量大或者采购量小的原因,制定不同的销售策略,对应代码如下:

```
# 采购量最大的五个客户
orders %>% group_by(custname) %>%
            summarise(totalsales = sum(sales)) %>%
            top_n(5, totalsales)
# 采购量最小的五个客户
orders %>% group_by(custname) %>%
            summarise(totalsales = sum(sales)) %>%
            top_n(5,-totalsales)
## # A tibble: 5 × 2
##    custname totalsales
##    <chr>        <dbl>
## 1 贺鹏         40475.
## 2 黄丽         51928.
## 3 吕欢悦       38365.
## 4 唐婉         40488.
## 5 田谙         50732.
## # A tibble: 5 × 2
```

```
##    custname totalsales
##    <chr>       <dbl>
## 1 程德          4115.
## 2 方蔓楚        5461.
## 3 秦黎明        5325.
## 4 熊宣          5328.
## 5 余雯          3892.
```

前面已经在空间上对数据集进行了统计汇总,接下来按照时间序列对数据集进行统计分析。下面以该跨国公司的全球销售订单数据集为例,绘制该公司的年、季度和月份销售额变化曲线,并计算同比变化率,从而了解该公司的年度销售情况。

首先,按照年份汇总销售量,使用 ggplot2 包对其可视化,对应代码如下:

```
orders %>% mutate(year = lubridate::year(purchasedate)) %>%
    group_by(year) %>%
    summarise(totalsales = sum(sales)) %>%
    ggplot(., aes(x = year, y = totalsales)) +
      geom_line() +
    xlab("年份") +
    ylab("总销售额/美元")
```

代码运行得到的年销售额统计曲线如图 4-3 所示。

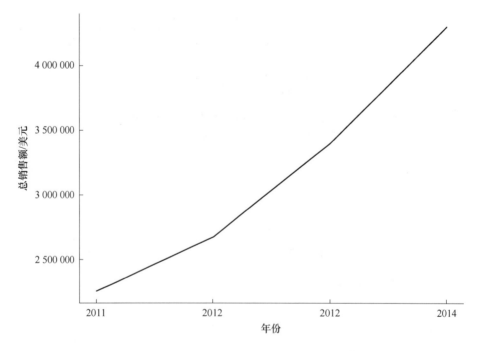

图 4-3　年销售额统计曲线

从图 4-3 可以看出,该公司的年销售额随着年份逐年递增,由此可知,该公司的销售策略是非常正确的。那么,每一季度的销售额又是如何变化的呢?我们可以通过如下代码实现对每一季度销售额的分析:

```
orders%>% mutate( year = lubridate::year(purchasedate),
                  quarter = lubridate::quarter(purchasedate)
                  )%>%
        group_by(year,quarter) %>%
        summarise(totalsales = sum(sales)) %>%
          ggplot(., aes(x = year, y = totalsales)) +
          geom_line() +
          facet_grid( . ~ quarter) +
        xlab("年份") +
        ylab("总销售额/美元")
```

代码运行得到的不同季度销售额统计曲线如图 4-4 所示。

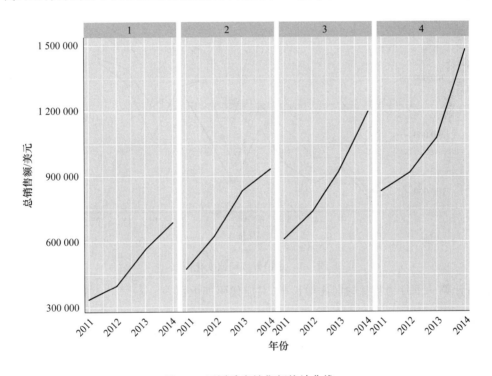

图 4-4　不同季度销售额统计曲线

读者可以自行思考月销售额统计曲线的绘制方法。同比增长率是经济分析中经常用到的指标,那么该公司的月同比增长率是怎样变化的呢?通过如下代码可以实现对该公司月销售额的分析:

```
orders%>% mutate( year = lubridate::year(purchasedate),
                  month = lubridate::month(purchasedate)
                  )%>%
        group_by(year,month) %>%
        summarise(totalsales = sum(sales)) %>%
          ggplot(., aes(x = month, y = totalsales,
```

```
            colour = factor(year))) +
        geom_line() +
        scale_x_continuous(breaks = 1:12) +
    xlab("月份") +
    ylab("总销售额/美元")
```

代码运行得到的月销售额同比变化曲线如图 4-5 所示。

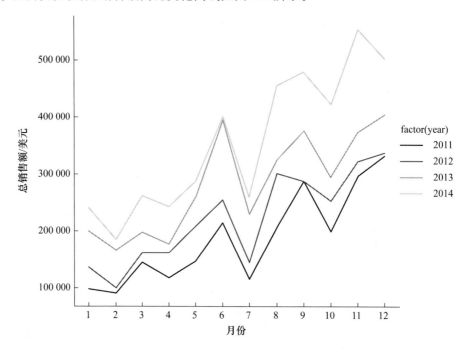

图 4-5　月销售额同比变化曲线

最后计算一下月销售额的同比增长率,对应代码如下:

```
orders %>% mutate ( year = lubridate::year(purchasedate),
            month = lubridate::month(purchasedate)
            ) %>%
        group_by(month,year) %>%
        summarise(totalsales = sum(sales)) %>%
        mutate(ratio = (totalsales -
                    lag(totalsales))/lag(totalsales)) %>%
        ggplot(., aes(x = month, y = ratio, colour = factor(year))) +
        geom_line() +
        scale_x_continuous(breaks = 1:12) +
    xlab("月份") +
    ylab("增速/%")
```

代码运行得到的月销售额同比增长率如图 4-6 所示。

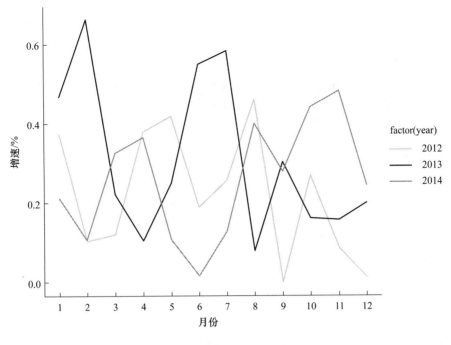

图 4-6　月销售额同比增长率

4.6　本 章 小 结

本章首先介绍了整洁数据和 tibble 数据格式的特征。其次,讲解如何使用 tidyr 包和 dplyr 包进行数据整形和探索性分析,为此,我们需要重点掌握 separate() 和 unite() 函数对数据的拆分与合并,gather() 和 spread() 函数对数据的长宽转换。最后,介绍 dplyr 包的 6 个核心函数的使用场景与基本功能:filter() 函数用于行筛选,返回满足条件的观测值;arrange() 函数用于观测值排序;select() 函数可用于列筛选,但只保留选择的变量,还可与其他函数配合使用;mutate() 函数用于列操作,可以新增一个变量字段,也可以对已有变量运算衍生一个新变量字段;group_by() 函数用于数据分组以及分组之后的 dplyr 操作;summarise() 函数用于汇总数据,相当于 Excel 中的数据透视表功能。

第5章 数据建模及分析

本章在第 3 章数据操作与控制和第 4 章数据整形及处理的基础上,进一步介绍 R 语言环境下数值型数据常用的建模分析方法(如多元线性回归分析、logistic 回归分析等)与相应的 R 包,帮助读者厘清常见问题情境下,如何基于常用的 R 包选择相适用的数据建模方法。本章主要以回归分析介绍为主,首先给出不同类型因变量对应的回归分析方法,如图 5-1 所示,让读者了解常用回归分析的典型适用情境;其次,分别介绍多元线性回归、logistic 回归、probit 回归、多类别回归、多类别定序回归、泊松回归和负二项回归等 7 种回归分析的数据建模步骤、R 包操作技巧。通过本章的学习,读者应该掌握以下几点。

- 数值型数据常用的建模分析方法(以回归分析为主)与适用情境。
- 7 种回归分析选用的 R 包及主要函数的使用方法。
- 7 种回归分析方法的基本原理、R 包代码及其使用技巧。

因变量		分析方法
连续变量,服从正态分布		多元线性回归
类别变量	0-1变量	logistic回归
		probit回归
	多类别变量	多类别回归
	多类别有序变量	多类别定序回归
计数数据		泊松回归
		负二项回归

图 5-1 不同类型因变量对应的回归分析方法

5.1 多元线性回归分析

多元线性回归分析是一种处理因变量与多个自变量之间关系的方法,指的是在相关变量中将一个变量视为因变量,将其他一个或多个变量视为自变量,建立多个变量之间线性或非线性数学模型并利用样本数据进行分析的统计分析方法。例如,通过经济学知识可知,商品需求量不仅与商品价格 x_1 有关,还与替代品价格 x_2、互补品价格 x_3、消费者收入 x_4 等因素有关,对于这样的问题,就需要讨论多元线性回归分析。

5.1.1 多元线性回归模型的一般形式

多元线性回归模型可以用来描述变量 y 与多个变量 x 的线性关系,可以用来处理因变量是连续变量的情况,该模型的一般形式为

$$y = \beta_0 + \beta_1 x_1 + \beta_2 x_2 + \cdots + \beta_p x_p + \varepsilon \tag{5.1}$$

其中，y 是因变量；$x_1, x_2, \cdots, x_p$ 是自变量；β_0 是常数项；$\beta_1, \beta_2, \cdots, \beta_p$ 是回归系数；ε 是误差项。

对于一个实际问题，如果对变量进行 n 次观测，可以得到 n 组观测数据 $(x_{i1}, x_{i2}, \cdots, x_{ip}; y_i)$ $(i = 1, 2, \cdots, n)$，其多元线性回归模型可以表示为

$$\begin{cases} y_1 = \beta_0 + \beta_1 x_{11} + \beta_2 x_{12} + \cdots + \beta_p x_{1p} + \varepsilon_1 \\ y_2 = \beta_0 + \beta_1 x_{21} + \beta_2 x_{22} + \cdots + \beta_p x_{2p} + \varepsilon_2 \\ \qquad\qquad\qquad \cdots \\ y_n = \beta_0 + \beta_1 x_{n1} + \beta_2 x_{n2} + \cdots + \beta_p x_{np} + \varepsilon_n \end{cases} \tag{5.2}$$

也可以使用矩阵形式表示为：

$$\boldsymbol{y} = \boldsymbol{X}\boldsymbol{\beta} + \boldsymbol{\varepsilon} \tag{5.3}$$

其中，

$$\boldsymbol{y} = \begin{pmatrix} y_1 \\ y_2 \\ \vdots \\ y_n \end{pmatrix}; \boldsymbol{X} = \begin{pmatrix} 1 & x_{11} & x_{12} & \cdots & x_{1p} \\ 1 & x_{21} & x_{22} & \cdots & x_{2p} \\ \vdots & \vdots & \vdots & & \vdots \\ 1 & x_{n1} & x_{n2} & \cdots & x_{np} \end{pmatrix}; \boldsymbol{\beta} = \begin{pmatrix} \beta_0 \\ \beta_1 \\ \vdots \\ \beta_p \end{pmatrix}; \boldsymbol{\varepsilon} = \begin{pmatrix} \varepsilon_1 \\ \varepsilon_2 \\ \vdots \\ \varepsilon_n \end{pmatrix}$$

5.1.2 多元线性回归模型的基本假设

对于多元线性回归模型(5.2)有如下基本假设。

(1) $x_1, x_2, \cdots, x_p$ 是非随机的变量，并且 $\mathrm{rank}(\boldsymbol{X}) = p + 1 < n$，即参与分析的自变量之间不相关。

(2) 随机误差项均值为 0 且等方差，并且在不同样本点之间不相关，即

$$\begin{cases} E(\varepsilon_i) = 0, i = 1, 2, \cdots, n \\ \mathrm{cov}(\varepsilon_i, \varepsilon_j) = \begin{cases} \sigma^2, i = j, i, j = 1, 2, \cdots, n \\ 0, i \neq j, i, j = 1, 2, \cdots, n \end{cases} \end{cases}$$

(3) 在正态分布假定下，随机误差项的条件为

$$\begin{cases} \varepsilon_i \sim N(0, \sigma^2), i = 1, 2, \cdots, n \\ \varepsilon_1, \varepsilon_2, \cdots, \varepsilon_n \text{ 相互独立} \end{cases}$$

5.1.3 多元线性回归分析涉及的主要函数

在基础的 R 包中即可开展多元线性回归分析，使用的主要函数如下。

(1) lm()函数：构建线性回归方程。

```
lm < - lm(y~x,data = data)
```

(2) summary()函数：汇总并给出回归模型的计算结果。

```
summary(lm)
```

(3) confint()函数：计算参数的置信区间。

```
confint(lm,level = 0.95)
```

（4）predict()函数：进行点预测和区间预测。

```
predict(lm,newdata = newdata,interval = "prediction",level = 0.95)
```

5.1.4　多元线性回归模型的应用

前面已经介绍了多元线性回归模型的一些基本知识和常用的 R 函数。本小节将结合一个实例详细介绍多元线性回归模型的应用过程。

计量经济学涉及多学科知识，是一门比较难的学科。某大学老师想要探究学生计量经济学考试成绩与其他影响因素之间的关系。根据初步的分析，他认为微积分成绩、线性代数成绩、统计学成绩、大学计算机基础成绩和西方经济学成绩是影响计量经济学成绩的主要因素，并随机抽样了 30 个学生的成绩，如表 5-1 所示。其中，y 表示计量经济学成绩；x_1 表示微积分成绩；x_2 表示线性代数成绩；x_3 表示统计学成绩；x_4 表示大学计算机基础成绩；x_5 表示西方经济学成绩。

表 5-1　随机抽样得到的 30 个学生的考试成绩

y	x_1	x_2	x_3	x_4	x_5
83	85	86	85	89	79
83	82	84	90	89	75
90	92	88	87	92	80
78	70	76	73	85	90
88	74	83	82	91	88
88	82	93	90	88	80
77	83	84	80	90	86
69	68	75	66	85	80
75	80	78	78	86	83
50	62	76	55	85	78
60	78	83	63	80	75
95	90	87	92	90	85
66	70	74	65	88	85
81	85	81	80	86	73
78	84	82	73	90	83
47	60	65	63	86	78
76	80	81	75	80	75
88	85	82	86	85	80
82	80	81	86	87	90
83	76	79	80	80	92
90	85	90	88	88	91
65	75	73	68	82	80
74	80	72	78	80	83

y	x_1	x_2	x_3	x_4	x_5
80	82	71	83	76	76
84	80	78	87	80	82
70	86	85	78	84	89
79	75	67	85	75	82
86	83	80	88	80	85
62	78	65	60	85	88
87	80	83	85	78	83

多元线性回归模型的应用步骤如下。

（1）确定因变量和自变量，并收集相关数据，如表 5-1 所示。

（2）对因变量与自变量进行相关分析，设定理论模型。用 R 中的 cor() 函数计算增广相关系数矩阵，代码如下：

```
data <- read.csv("score.csv",header = FALSE,
                 col.names = c("y","x1","x2","x3","x4","x5"),
                 encoding = "utf-8")
cor <- cor(data)
cor
```

代码输出结果如图 5-2 所示。

```
            y          x1         x2         x3         x4         x5
y  1.0000000  0.73961373 0.63302834 0.91879967 0.15635092 0.23352864
x1 0.7396137  1.00000000 0.63674066 0.72115830 0.18635309 0.03038544
x2 0.6330283  0.63674066 1.00000000 0.58206821 0.48400388 0.06253764
x3 0.9187997  0.72115830 0.58206821 1.00000000 0.07591884 0.13051067
x4 0.1563509  0.18635309 0.48400388 0.07591884 1.00000000 0.15279376
x5 0.2335286  0.03038544 0.06253764 0.13051067 0.15279376 1.00000000
```

图 5-2　相关分析输出结果

从相关分析输出结果可以看到，y 与 x_1、x_2、x_3 的相关系数都在 0.6 以上，这说明自变量与因变量是比较相关的，用当前的自变量与因变量进行多元线性回归分析是合理的。y 与 x_4、x_5 的相关系数较小，分别为 0.16 和 0.23 左右，通过计算，其 P 值均为 0.9 以上，这说明计算机基础成绩和西方经济学成绩对计量经济学成绩无显著影响。然而，仅凭相关系数的大小并不能决定相关变量的取舍，因此，在初步建模时也应该包含 x_4 和 x_5。

（3）使用 R 中的 lm() 函数进行多元线性回归分析，构建回归方程，对应代码如下：

```
lm <- lm(y~x1 + x2 + x3 + x4 + x5,data = data)
summary(lm)
```

代码输出结果如图 5-3 所示。

```
Residuals:
      Min       1Q    Median       3Q       Max
  -11.0800   -1.8034   -0.4895    2.9995    6.4103

Coefficients:
             Estimate Std. Error t value  Pr(>|t|)
(Intercept) -44.85042   19.81309  -2.264    0.0329 *
x1            0.20255    0.17678   1.146    0.2632
x2            0.17598    0.18527   0.950    0.3516
x3            0.86719    0.12764   6.794 0.0000005 ***
x4            0.01444    0.21900   0.066    0.9480
x5            0.27752    0.16308   1.702    0.1017
---
Signif. codes:  0 '***' 0.001 '**' 0.01 '*' 0.05 '.' 0.1 ' ' 1

Residual standard error: 4.464 on 24 degrees of freedom
Multiple R-squared:  0.879,     Adjusted R-squared:  0.8538
F-statistic: 34.88 on 5 and 24 DF,  p-value: 0.0000000002985
```

图 5-3　多元线性回归模型输出结果

（4）回归诊断。

① 通过输出结果可知，回归方程为

$$\hat{y} = -44.85 + 0.203x_1 + 0.176x_2 + 0.867x_3 + 0.014x_4 + 0.278x_5 \tag{5.4}$$

② 通过输出结果可知，决定系数 $R^2 = 0.879$，因此，得出的回归方程是高度显著的。

③ 通过输出结果可知，回归模型整体方差检验值 $F = 34.88$，检验显著性值 $P = 2.985 \times 10^{-10}$，这表明回归方程整体上高度显著。

④ 回归系数显著性检验结果表明，只有 x_3 对 y 有显著影响，但是不能简单认为其他变量对自变量没有影响，因此，在实际分析中应该进一步讨论。

（5）模型应用。

给定因变量 $x_1 = 80, x_2 = 60, x_3 = 90, x_4 = 75, x_5 = 88$，利用上述回归模型对 y 进行预测，代码如下：

```
preds <- data.frame(x1 = 80, x2 = 60, x3 = 90, x4 = 75, x5 = 88)
predict(lm, newdata = preds, interval = "prediction", level = 0.95)
```

得到的点预测和区间预测结果如下：

```
      fit      lwr       upr
1  85.46409  73.293   97.63519
```

代码中的 interval＝"prediction"表示需要给出区间预测，level＝0.95 表示置信区间为 95%。计算结果表明，点预测值为 85.464，区间预测结果为 [73.293, 97.635]。

5.2　因变量为二分类变量的回归模型

第 5.1 节介绍了多元线性回归模型的基本概念和应用，它有一个重要的假定就是因变量必须是连续型变量，并且通常假定该变量服从正态分布。但是在现实情况中，这种假定并不一定合理。以下面几种情况为例。

（1）因变量为类别变量。类别变量包括：二分类变量（例如：购买/不购买，成功/失败等）；多类别变量（例如：春/夏/秋/冬等）；多类别有序变量（例如：一年级/二年级/三年级，不及格/及格/良好/优秀等）。

（2）因变量为计数变量。计数变量指的是有限的离散整数（例如：某餐厅每天就餐的顾客数量/某人的年龄/某地一周发生交通事故的数目等）。

在本章后续章节中，我们会继续探讨以上情况适用的模型。

5.2.1 logistic 回归模型

在许多实际问题中，因变量只有两个可能结果，也就是上面提到的二分类变量。这样的因变量在分析过程中可以使用虚拟变量来表示，一般取值为 0 或 1。例如，在分析某企业客户流失情况时，可以把流失的客户记为 1，未流失的客户记为 0，针对这种因变量为二分类变量的情况，可以使用 logistic 回归模型进行分析。

logistic 回归模型的基本形式如下：

$$P(Y=1|x_1,x_2,\cdots,x_k)=\frac{\exp(\beta_0+\beta_1x_1+\beta_2x_2+\cdots+\beta_kx_k)}{1+\exp(\beta_0+\beta_1x_1+\beta_2x_2+\cdots+\beta_kx_k)} \tag{5.5}$$

但是在实际应用该模型时，往往不直接对 P 进行回归，而是先定义单调连续概率函数 π，令

$$\pi=P(Y=1|x_1,x_2,\cdots,x_k), \quad 0<\pi<1 \tag{5.6}$$

因此，logistic 回归模型可以变形为

$$\ln\frac{\pi}{1-\pi}=\beta_0+\beta_1x_1+\beta_2x_2+\cdots+\beta_kx_k, \quad 0<\pi<1 \tag{5.7}$$

在 R 中可以使用 glm() 函数对 0-1 型变量进行 logistic 回归分析，示例如下：

```
glm(counts ~ outcome + treatment, family = binomial(link = "logit"))
```

其中，"family = binomial()"表明分布族服从二项分布，连接函数"link = "logit""表明要构建 logistic 回归模型。

5.2.2 logistic 回归模型的应用

本小节介绍 logistic 回归模型的应用，以调查得到的 180 个不同年龄的人对同一部影片的观点为例，如表 5-2 所示。其中，No 表示样本编号，x 表示观众的年龄，y 表示观众对该影片的观点（y 为二分类变量，1 和 0 分别表示肯定和否定观点）。以观众对影片的观点 y 为因变量，观众的年龄 x 为自变量，构建 logistic 回归模型，并估计年龄为 25 岁的观众对该影片持肯定观点的可能性。

表 5-2　不同年龄的观众对某影片的观点

No	x	y	No	x	y	No	x	y
1	16	1	61	20	1	121	38	0
2	17	1	62	20	1	122	40	0
3	18	1	63	20	1	123	41	0

No	x	y	No	x	y	No	x	y
4	18	1	64	20	1	124	43	0
5	18	1	65	20	0	125	44	0
6	18	0	66	20	1	126	45	0
7	19	1	67	21	1	127	46	0
8	19	1	68	21	0	128	48	1
9	19	1	69	22	1	129	50	0
10	19	0	70	22	0	130	51	0
11	20	1	71	22	1	131	52	0
12	20	1	72	23	0	132	56	0
13	20	0	73	24	0	133	57	0
14	21	1	74	24	1	134	61	0
15	21	1	75	25	1	135	66	0
16	22	1	76	25	1	136	18	1
17	23	1	77	36	0	137	16	1
18	23	1	78	38	0	138	18	1
19	23	0	79	39	1	139	16	1
20	24	1	80	40	1	140	18	1
21	24	1	81	40	0	141	18	0
22	25	0	82	43	0	142	19	1
23	25	1	83	44	0	143	19	1
24	26	0	84	45	0	144	19	1
25	32	0	85	47	0	145	19	0
26	33	0	86	48	1	146	20	1
27	35	1	87	50	0	147	20	1
28	35	0	88	51	0	148	21	1
29	36	0	89	53	0	149	21	1
30	36	0	90	54	0	150	20	1
31	38	0	91	55	0	151	28	1
32	39	1	92	49	0	152	20	1
33	40	1	93	58	0	153	20	1
34	40	0	94	16	1	154	26	0
35	42	0	95	17	1	155	27	1
36	43	0	96	17	1	156	21	1
37	44	0	97	18	0	157	21	0
38	45	0	98	19	1	158	22	1
39	46	0	99	19	1	159	22	0
40	47	0	100	19	0	160	22	1

No	x	y	No	x	y	No	x	y
41	48	1	101	20	1	161	23	0
42	50	0	102	20	0	162	24	0
43	51	0	103	21	1	163	24	1
44	54	0	104	21	1	164	25	1
45	55	0	105	22	1	165	25	1
46	60	0	106	22	1	166	36	0
47	63	0	107	23	1	167	38	0
48	18	1	108	23	1	168	40	1
49	18	1	109	24	1	169	40	0
50	18	1	110	24	1	170	42	0
51	18	1	111	25	0	171	43	0
52	18	0	112	25	1	172	44	0
53	19	1	113	26	0	173	46	0
54	19	1	114	30	1	174	47	0
55	19	0	115	32	0	175	48	1
56	20	1	116	33	0	176	50	0
57	20	1	117	35	1	177	55	0
58	20	0	118	35	0	178	54	0
59	21	1	119	36	0	179	60	0
60	21	1	120	36	0	180	59	0

logistic 回归模型的应用步骤如下。

（1）确定自变量和因变量，本例中 x 为自变量，y 为因变量。

（2）使用 R 中的 glm()函数拟合 logit 回归模型、估算回归系数，并对模型的回归系数进行显著性检验，代码如下：

```
data5.2.1 <- read.csv("data5.2.1.csv")
logistic <- glm(y ~ x,family = binomial(link = "logit"),data = data5.2.1)
summary(logistic)
```

运行上述代码，可得到 logistic 回归模型的输出结果，如图 5-4 所示。通过输出结果发现，回归系数对应的 P 值均在 0.1% 的水平上显著，这里需要注意的是，回归系数对应的 P 值越小，统计性越显著，一般认为 P 值小于 0.05 是显著的。在结果中，"＊"表示在 5% 水平上显著；"＊＊"表示在 1% 水平上显著；"＊＊＊"表示在 0.1% 水平上显著。

因此，本例的回归模型为 $\ln \dfrac{\pi}{1-\pi} = 3.634 - 0.123x$。

（3）使用 predict()函数和回归模型，估计年龄为 25 岁的观众对该影片持肯定观点的可能性，代码如下：

```
Call:
glm(formula = y ~ x, family = binomial(link = "logit"), data = data5.2.1)

Deviance Residuals:
    Min       1Q   Median       3Q      Max
-1.8100  -0.6999  -0.1655   0.7736   2.1743

Coefficients:
             Estimate Std. Error z value   Pr(>|z|)
(Intercept)   3.63422    0.54239   6.700 0.0000000000208 ***
x            -0.12290    0.01841  -6.675 0.0000000000247 ***
---
Signif. codes:  0 '***' 0.001 '**' 0.01 '*' 0.05 '.' 0.1 ' ' 1

(Dispersion parameter for binomial family taken to be 1)

    Null deviance: 249.51  on 179  degrees of freedom
Residual deviance: 177.42  on 178  degrees of freedom
AIC: 181.42

Number of Fisher Scoring iterations: 5
```

图 5-4　logistic 回归模型输出结果

```
predict <- predict(logistic,data.frame(x = 25))
exp(predict)/(1 + exp(predict))
```

运行上述代码,得到的结果如下:

```
        1
0.6368503
```

由运行结果可知,当 $x = 25$ 时,$y = 1$ 的概率约为 0.636 9,因此,年龄为 25 岁的观众对该影片持肯定观点的可能性约为 63.69%。

5.2.3　probit 回归模型

probit 回归与 logistic 回归相似,也可以用来解决因变量为二分类变量的问题。probit 回归模型的回归函数如下:

$$\Phi^{-1}(\pi) = \beta_0 + \beta_1 x_1 + \beta_2 x_2 + \cdots + \beta_k x_k \tag{5.8}$$

用样本比例 p 代替 π,将式(5.8)表示为样本回归模型,如下所示:

$$\Phi^{-1}(p) = \beta_0 + \beta_1 x_1 + \beta_2 x_2 + \cdots + \beta_k x_k + \varepsilon \tag{5.9}$$

在 R 中仍然可以使用 glm() 函数对 0-1 型变量进行 probit 回归分析,示例如下:

```
glm(counts ~ outcome + treatment, family = binomial(link = "probit"))
```

其中,"family = binomial()"表明分布族服从二项分布,连接函数"link = "probit""表明要构建 probit 回归模型。

5.2.4　probit 回归模型的应用

现利用表 5-2 的数据,构建 probit 回归模型,并估计年龄为 25 岁的观众对该影片持肯定观点的可能性。

probit 回归模型的应用步骤如下。

（1）确定自变量和因变量，本例中 x 为自变量，y 为因变量。

（2）使用 R 中的 glm() 函数进行回归系数的估计，并对模型的回归系数进行显著性检验，代码如下：

```
probit <- glm(y ~ x,family = binomial(link = "probit"),data = data5.2.1)
summary(probit)
```

运行上述代码，可得到 probit 回归模型的输出结果，如图 5-5 所示。通过输出结果发现，回归系数对应的 P 值均在 0.1% 的水平上显著。因此，本例的 probit 回归模型为 $p = \Phi(2.166 - 0.073x)$。

```
Call:
glm(formula = y ~ x, family = binomial(link = "probit"), data = data5.2.1)

Deviance Residuals:
    Min      1Q   Median       3Q      Max
-1.8073  -0.7229  -0.1098   0.7775   2.1774

Coefficients:
            Estimate Std. Error z value     Pr(>|z|)
(Intercept)  2.16555    0.30290   7.149 0.000000000000872 ***
x           -0.07261    0.00998  -7.276 0.000000000000345 ***
---
Signif. codes:  0 '***' 0.001 '**' 0.01 '*' 0.05 '.' 0.1 ' ' 1

(Dispersion parameter for binomial family taken to be 1)

    Null deviance: 249.51  on 179  degrees of freedom
Residual deviance: 177.43  on 178  degrees of freedom
AIC: 181.43

Number of Fisher Scoring iterations: 4
```

图 5-5　probit 回归模型输出结果

（3）使用 predict() 函数和回归模型，估计年龄为 25 岁的观众对该影片持肯定观点的可能性，代码如下：

```
predict(probit,data.frame(x = 25),type = "response")
```

运行上述代码，得到结果如下：

```
        1
0.6368954
```

由结果可知，当 $x = 25$ 时，$y = 1$ 的概率约为 0.636 9，因此，年龄为 25 岁的观众对该影片持肯定观点的可能性约为 63.69%。

5.3　多类别回归

5.3.1　多类别回归模型

上一节介绍了 logistic 回归模型和 probit 回归模型，这两种模型适用于因变量为二分类变量的情况，但当因变量有两个以上的类别时，这两种模型便不再适用。在这种情况下，可以使用多类别回归模型（Multinomial Regression Model）进行分析，多类别回归模型是 logistic 回归模型的推广。假设因变量 y 有 N 个可能取值 $1, 2, \cdots, N$，对于因变量 y 的不同取值，对应的自变量记为 $\boldsymbol{x} = (1, x_1, \cdots, x_p)^{\mathrm{T}}$，相应的参数向量记为 $\boldsymbol{\beta}_n = (\beta_{n0}, \beta_{n1}, \cdots, \beta_{np})^{\mathrm{T}}$，$n = 2, 3, \cdots, N$，则多类别回归模型如下：

$$P(y = n) = \frac{\exp(\boldsymbol{x}^{\mathrm{T}} \boldsymbol{\beta}_n)}{1 + \sum\limits_{k=2}^{N} \exp(\boldsymbol{x}^{\mathrm{T}} \boldsymbol{\beta}_k)}, \quad n = 2, 3, \cdots, N \tag{5.10}$$

则

$$P(y = 1) = 1 - \sum_{k=2}^{N} P(y = k) = \frac{1}{1 + \sum\limits_{k=2}^{N} \exp(\boldsymbol{x}^{\mathrm{T}} \boldsymbol{\beta}_k)} \tag{5.11}$$

在 R 中进行多类别回归分析时，既可以使用 nnet 包中的 multinom( ) 函数，也可以使用 mlogit 包中的 mlogit( ) 函数。接下来通过一个实例介绍多类别回归模型的应用。

5.3.2　多类别回归模型的应用

本小节介绍多类别回归模型的应用，以调查得到的某城市 48 个家庭的购房意愿及现状为例，如表 5-3 所示。其中，$x1$ 表示家庭年收入，$x2$ 表示家庭是否有孩子（1 表示有孩子，0 表示没有孩子），y 表示家庭购房意愿及现状（y 为分类变量，1 表示没有购房打算，2 表示已经购房但仍然在还房贷，3 表示已经购房且无房贷）。以 y 为因变量，$x1$、$x2$ 为自变量，构建多类别回归模型，并估计家庭年收入为 30 万元且家里有孩子的家庭分别为以上 1、2、3 情况的可能性。

表 5-3　家庭购房意愿及现状调查

$x1$/万元	$x2$	y	$x1$/万元	$x2$	y
20	1	2	28	1	2
30	1	3	31	0	2
10	0	1	8	0	1
22	0	2	19	1	1
8	0	1	66	1	3
30	1	2	25	0	2
16	0	1	16	1	2
26	0	2	33	1	2
42	1	3	12	1	1
36	0	2	35	0	3
7	0	1	9	1	1
54	1	3	38	1	3
60	0	3	10	1	1
21	1	2	22	0	2
18	0	2	24	0	2
50	1	3	9	0	1

$x1$/万元	$x2$	y	$x1$/万元	$x2$	y
25	0	3	15	1	1
12	0	1	28	1	2
30	1	2	30	0	3
15	0	2	6	0	1
47	1	3	23	0	1
22	0	2	26	1	2
9	0	1	10	0	1
26	0	2	36	1	3

多类别回归模型的应用步骤如下。

(1) 确定自变量和因变量,本例中 $x1$、$x2$ 为自变量,y 为因变量。

(2) 使用 nnet 包中的 multinom() 函数构建多类别回归模型,代码如下:

```
data5.3 <- read.csv("data5.3.csv")
mlog <- multinom(y ~ x1 + x2,data = data5.3)
summary(mlog)
```

运行上述代码,可得到多类别回归模型输出结果,如图 5-6 所示。

```
Call:
multinom(formula = y ~ x1 + x2, data = data5.3)

Coefficients:
   (Intercept)        x1          x2
2   -7.443892  0.4329375  -0.06789653
3  -17.378522  0.7438569  -0.57429520

Std. Errors:
   (Intercept)        x1          x2
2    2.570338  0.1396282  1.246013
3    4.447730  0.1861238  1.704516

Residual Deviance: 37.79579
AIC: 49.79579
```

图 5-6 多类别回归模型输出结果

(3) 应用多类别回归模型,估计家庭年收入为 30 万元且家里有孩子的家庭出现上述三种情况的可能性,代码如下:

```
predict(mlog,data.frame(x1 = 30,x2 = 1),type = "p")
```

运行上述代码,得到结果如下:

```
          1             2            3
0.003140176   0.750407293   0.246452531
```

由结果可知,当 $x1=30$,$x2=1$ 时,$y=1$ 的概率约为 0.003 1,$y=2$ 的概率约为 0.750 4,

$y=3$ 的概率约为 0.246 5,因此,对于家庭年收入为 30 万元并且有孩子的家庭,目前没有购房打算的可能性约为 0.31%;已经购房但仍然在还房贷的可能性约为 75.04%;已经购房且无房贷的可能性约为 24.65%。

5.4 多类别定序回归

5.4.1 多类别定序回归模型

在实际情况中,我们通常还会遇到多分类变量,也就是定序变量,如不及格/及格/良好/优秀、不满意/比较满意/非常满意等。定序变量是一种特殊的多类别变量,类别之间有相对次序,能够互相比较。如果将定序变量单纯地作为多类别变量,直接使用第 5.3 节中的多类别回归模型去分析,那么数据内在的排序就会被无视,从而导致排序信息丢失,统计效率降低。因此,对于定序变量,需要采用相应的模型来分析,最常用的就是多类别定序回归(Ordinal Regression)模型。

因变量 y 取值于每个类别的概率仍与一组自变量 $x_1,x_2,\cdots,x_p$ 有关,对于样本数据$(x_{i1}, x_{i2},\cdots,x_{ip};i=1,2,\cdots,n)$,多类别定序回归模型主要有位置结构模型和规模结构模型两种。

(1)位置结构模型

$$\text{link}(\gamma_{ij})=\theta_j-(\beta_1 x_{i1}+\beta_2 x_{i2}+\cdots+\beta_p x_{ip}) \tag{5.12}$$

其中,link(·)是联系函数;$\gamma_{ij}=\pi_{i1}+\cdots+\pi_{ij}$ 是第 i 个样本小于等于 j 的累积概率;θ_j 是类别界限值。由于 $\gamma_{ik}=1$,因此式(5.12)只针对 $i=1,2,\cdots,n,j=1,2,\cdots,k-1$ 的情况。

(2)规模结构类型

$$\text{link}(\gamma_{ij})=\frac{\theta_j-(\beta_1 x_{i1}+\beta_2 x_{i2}+\cdots+\beta_p x_{ip})}{\exp(\tau_1 z_{i1}+\tau_2 z_{i2}+\cdots+\tau_m z_{im})} \tag{5.13}$$

其中,$(z_{i1},z_{i2},\cdots,z_{im})$ 是 $(x_{i1},x_{i2},\cdots,x_{ip})$ 的一个子集,可作为规模结构的解释变量。

在 R 中,可以使用 MASS 包里的 polr()函数进行定序回归分析,该函数中使用的是位置结构模型,函数格式如下:

```
polr(formula, data, weights,
    method = c("logistic", "probit", "loglog", "cloglog", "cauchit"))
```

其中,method 对应的 5 种类型分别对应 5 种联系函数,如表 5-4 所示。

表 5-4　联系函数主要类型

联系函数类型	形式	适用场景
Logistic	$\ln(\gamma/(1-\gamma))$	各类别均匀分布
Probit	$\Phi^{-1}(\gamma)$	正态分布
Negative log-log	$-\ln(-\ln(\gamma))$	低层类别出现概率大
Complementary log-log	$\ln(-\ln(1-\gamma))$	高层类别出现概率大
Cauchit (inverse Cauchy)	$\tan(\pi(\gamma-0.5))$	两端的类别出现概率大

5.4.2　多类别定序回归模型的应用

在多类别定序回归模型的应用中，我们使用 MASS 包自带的 housing 数据集（部分），如图 5-7 所示。

```
         Sat    Infl       Type Cont Freq
1       Low     Low       Tower  Low   21
2    Medium     Low       Tower  Low   21
3      High     Low       Tower  Low   28
4       Low  Medium       Tower  Low   34
5    Medium  Medium       Tower  Low   22
6      High  Medium       Tower  Low   36
7       Low    High       Tower  Low   10
8    Medium    High       Tower  Low   11
9      High    High       Tower  Low   36
10      Low     Low  Apartment  Low   61
```

图 5-7　housing 数据集（部分）

housing 数据集为哥本哈根住房情况的调查数据，共有 72 条，本小节只选取其中的一部分。其中，Sat 为定序变量，表示居民对目前住房的满意程度（Low、Medium、High）；Infl 表示居民认为物业管理的影响程度（Low、Medium、High）；Type 表示居民住房的类型（Tower、Apartment、Atrium、Terrace）；Cont 表示居民与其他住户的沟通程度（Low、High）；Freq 表示每条数据对应的居民人数。

接下来，对上述数据进行多类别定序回归分析。多类别定序回归模型的应用步骤如下。

（1）确定自变量和因变量，本例以 Sat 为因变量，以 Infl、Type、Cont 为自变量。由于 Freq 表示每条数据对应的居民个数，因此在分析中将 Freq 作为权重。

（2）使用 MASS 包中的 polr()函数构建多类别定序回归模型，代码如下：

```
library(MASS)
order_logit <- polr(Sat ~ Infl + Type + Cont,weights = Freq,data = housing)
summary(order_logit)
```

运行上述代码，可得到多类别定序回归模型输出结果，如图 5-8 所示。

```
Call:
polr(formula = Sat ~ Infl + Type + Cont, data = housing, weights = Freq)

Coefficients:
                 Value Std. Error t value
InflMedium      0.5664    0.10465   5.412
InflHigh        1.2888    0.12716  10.136
TypeApartment  -0.5724    0.11924  -4.800
TypeAtrium     -0.3662    0.15517  -2.360
TypeTerrace    -1.0910    0.15149  -7.202
ContHigh        0.3603    0.09554   3.771

Intercepts:
              Value   Std. Error t value
Low|Medium    -0.4961  0.1248    -3.9739
Medium|High   0.6907   0.1255     5.5049

Residual Deviance: 3479.149
AIC: 3495.149
```

图 5-8　多类别定序回归模型输出结果

（3）接下来进行显著性检验，代码如下：

```
drop1(order_logit,test = "Chi")
```

运行上述代码，可得到显著性检验结果，如图 5-9 所示。

```
Single term deletions

Model:
as.ordered(Sat) ~ Infl + Type + Cont
       Df    AIC     LRT             Pr(>Chi)
<none>       3495.1
Infl    2  3599.4  108.239  < 0.00000000000000022  ***
Type    3  3545.1   55.910    0.000000000004391    ***
Cont    1  3507.5   14.306          0.0001554       ***
---
Signif. codes:  0 '***' 0.001 '**' 0.01 '*' 0.05 '.' 0.1 ' ' 1
```

图 5-9 显著性检验结果

显著性检验结果表明，3 个变量对居民满意度的影响在 0.1% 水平上显著。

（4）应用回归模型，输出有序变量的预测值，并与真实值进行比较，代码如下：

```
predict(order_logit) % > %
  bind_cols(housing[,1])
```

运行上述代码，可得到预测值与真实值的对比结果，如表 5-5 所示。

表 5-5 预测值与真实值对比结果

预测值	真实值	预测值	真实值	预测值	真实值
Low	Low	High	Low	High	Low
Low	Medium	High	Medium	High	Medium
Low	High	High	High	High	High
High	Low	Low	Low	High	Low
High	Medium	Low	Medium	High	Medium
High	High	Low	High	High	High
High	Low	Low	Low	Low	Low
High	Medium	Low	Medium	Low	Medium
High	High	Low	High	Low	High
Low	Low	High	Low	High	Low
Low	Medium	High	Medium	High	Medium
Low	High	High	High	High	High
Low	Low	High	Low	High	Low
Low	Medium	High	Medium	High	Medium
Low	High	High	High	High	High
High	Low	High	Low	Low	Low
High	Medium	High	Medium	Low	Medium
High	High	High	High	Low	High
Low	Low	High	Low	Low	Low

预测值	真实值	预测值	真实值	预测值	真实值
Low	Medium	High	Medium	Low	Medium
Low	High	High	High	Low	High
High	Low	Low	Low	High	Low
High	Medium	Low	Medium	High	Medium
High	High	Low	High	High	High

由对比结果可知,构建的多类别定序回归模型的预测准确率约为 33.3%,效果并不理想。

5.5　泊　松　回　归

5.5.1　泊松回归模型

如果因变量不是连续型数据,而是计数数据(Count Data),即数据为$(0,+\infty)$的正整数,那么就不能应用之前介绍的回归分析,而需要采用面向计数数据的泊松回归或负二项回归。设因变量 y 服从参数为 λ 的泊松分布,则 $\mu = E(y) = \lambda$。由于 $E(y)$ 非负,因此可以假设 $E(y) = \lambda = \exp(\boldsymbol{X\beta})$,两边取对数,可得泊松回归模型如下:

$$\ln \lambda = \beta_0 + \beta_1 x_1 + \beta_2 x_2 + \cdots + \beta_p x_p \tag{5.14}$$

在 R 中,仍然可以使用 glm()函数对计数型变量进行泊松回归分析,示例如下:

```
glm(y ~ x1 + x2 + x3, family = poisson(link = "log"),data = data)
```

其中,"family = poisson()"表明分布族服从泊松分布。

5.5.2　泊松回归模型的应用

本小节介绍泊松回归模型的应用,以调查得到的某城市 60 个家庭的每年外出旅游次数为例,如表 5-6 所示。其中,No 表示样本编号,$x1$ 表示家庭年收入,$x2$ 表示家庭是否有汽车(1 表示有汽车,0 表示没有汽车),y 表示家庭每年外出旅游的次数。以 y 为因变量,$x1$、$x2$ 为自变量,构建泊松回归模型。

表 5-6　某城市家庭每年外出旅游次数

No	$x1$/万元	$x2$	y	No	$x1$/万元	$x2$	y
1	10	0	2	31	15	1	3
2	11	0	2	32	20	1	5
3	9	0	1	33	13	1	3
4	11	0	1	34	21	1	6
5	12	0	3	35	18	1	5
6	8	0	1	36	16	1	7
7	10	0	2	37	15	1	6

No	$x1$/万元	$x2$	y	No	$x1$/万元	$x2$	y
8	11	0	3	38	21	1	5
9	12	0	3	39	22	1	6
10	10	0	1	40	24	1	7
11	9	0	1	41	20	1	7
12	12	0	3	42	11	1	4
13	13	0	4	43	18	1	6
14	13	0	4	44	10	1	5
15	14	0	3	45	11	1	6
16	10	0	3	46	15	1	6
17	11	0	2	47	27	1	8
18	8	0	1	48	20	1	6
19	9	0	3	49	11	1	5
20	11	0	2	50	28	1	4
21	11	0	3	51	23	1	6
22	10	0	1	52	10	1	4
23	10	0	2	53	13	1	5
24	10	0	3	54	21	1	6
25	12	0	2	55	26	1	9
26	10	0	2	56	9	1	4
27	9	0	1	57	12	1	6
28	12	0	3	58	25	1	5
29	11	0	4	59	22	1	6
30	13	0	4	60	12	1	4

泊松回归模型的应用步骤如下。

(1) 确定自变量和因变量,本例中 $x1$、$x2$ 为自变量,y 为因变量。

(2) 使用 glm()函数构建泊松回归模型,代码如下:

```
data5.5 <- read.csv("data5.5.csv")
poisson <- glm(y ~ x1 + x2, family = poisson(link = "log"),data = data5.5)
summary(poisson)
```

运行上述代码,可得到泊松回归模型输出的结果,如图 5-10 所示。由图 5-10 可以看出,$x1$ 和 $x2$ 的系数都是显著的,说明家庭的年收入和家庭是否有汽车对家庭每年外出旅游的次数影响统计显著。

由结果可得回归模型为 $\ln \hat{y} = 0.548 + 0.028x_1 + 0.656x_2$。

本例中家庭年收入 $x1$ 的回归系数是 0.028,其含义为:在保持其他变量不变的情况下,家庭年收入增加 1 万元,家庭外出旅游次数的对数均值将增加 0.028,即 $\ln \hat{y}$ 增加0.028,因此家庭外出旅游的次数将增加 $\exp(0.028) \approx 1.028$ 次。

```
Call:
glm(formula = y ~ x1 + x2, family = poisson(link = "log"), data = data5.5)

Deviance Residuals:
     Min        1Q    Median        3Q       Max
-1.31792  -0.28238  -0.02022   0.40880   0.97977

Coefficients:
            Estimate Std. Error z value Pr(>|z|)
(Intercept)  0.54798    0.19085   2.871 0.004088 **
x1           0.02772    0.01374   2.017 0.043655 *
x2           0.65596    0.17736   3.698 0.000217 ***
---
Signif. codes:  0 '***' 0.001 '**' 0.01 '*' 0.05 '.' 0.1 ' ' 1

(Dispersion parameter for poisson family taken to be 1)

    Null deviance: 63.153  on 59  degrees of freedom
Residual deviance: 19.554  on 57  degrees of freedom
AIC: 211.77

Number of Fisher Scoring iterations: 4
```

图 5-10　泊松回归模型输出结果

5.6　负二项回归

5.6.1　负二项回归模型

在泊松回归中,隐含着一个重要假设,即 $E(y)=\mathrm{Var}(y)=\lambda$,但是如果 y 的方差明显大于期望值,该假设将不再适用,因此,我们需要引入负二项回归来解决这个问题。在泊松回归的基础上,负二项回归增加了一个 ε 来捕捉个体不可观测的部分,具体如下:

$$\ln \lambda = \beta_0 + \beta_1 x_1 + \beta_2 x_2 + \cdots + \beta_p x_p + \varepsilon \tag{5.15}$$

在 R 中,可以使用 MASS 包中的 glm.nb() 函数对计数型变量进行负二项回归分析,示例如下:

```
glm.nb(y ~ x1 + x2 + x3, data = data)
```

其中,参数 y 指因变量;$x1$、$x2$ 和 $x3$ 为自变量;data 是待分析的数据集。由于 glm.nb() 函数专门用于负二项回归分析,因此不需要专门设置 family 参数。

5.6.2　负二项回归模型的应用

本例使用 MASS 包中自带的 quine 数据集,部分数据如图 5-11 所示。

quine 数据集为澳大利亚威尔士州的儿童某一学年缺课天数的调查数据,共有 146 条,本例仅选取了其中一部分。其中,字段 Eth 表示是否为原住居民(A 指原住居民,N 代表不是原住居民);Sex 表示性别;Age 表示年龄组别(F0、F1、F2、F3);Lrn 表示儿童的学习状态(AL 指常规儿童,SL 指学习较慢的儿童);Days 表示儿童该学年的缺课天数。接下来,使用上述数据集进行负二项回归分析。

```
   Eth Sex Age Lrn Days
1   A   M   F0  SL   2
2   A   M   F0  SL  11
3   A   M   F0  SL  14
4   A   M   F0  AL   5
5   A   M   F0  AL   5
6   A   M   F0  AL  13
7   A   M   F0  AL  20
8   A   M   F0  AL  22
9   A   M   F1  SL   6
10  A   M   F1  SL   6
```

图 5-11　quine 数据集(部分)

负二项回归模型的应用步骤如下。

(1) 确定自变量和因变量。本例以 Days 为因变量,其他变量为自变量,构建负二项回归模型。

(2) 使用 MASS 包中的 glm.nb()函数构建负二项回归模型,代码如下:

```
library(MASS)
quine.nb1 <- glm.nb(Days ~ Sex + Age + Eth + Lrn, data = quine)
summary(quine.nb1)
```

运行上述代码,可得到负二项回归模型的输出结果如图 5-12 所示。

```
Call:
glm.nb(formula = Days ~ Sex + Age + Eth + Lrn, data = quine,
    init.theta = 1.274892646, link = log)

Deviance Residuals:
    Min      1Q   Median      3Q     Max
-2.7918  -0.8892  -0.2778   0.3797   2.1949

Coefficients:
            Estimate Std. Error z value            Pr(>|z|)
(Intercept)  2.89458    0.22842  12.672 < 0.0000000000000002 ***
SexM         0.08232    0.15992   0.515            0.606710
AgeF1       -0.44843    0.23975  -1.870            0.061425 .
AgeF2        0.08808    0.23619   0.373            0.709211
AgeF3        0.35690    0.24832   1.437            0.150651
EthN        -0.56937    0.15333  -3.713            0.000205 ***
LrnSL        0.29211    0.18647   1.566            0.117236
---
Signif. codes:  0 '***' 0.001 '**' 0.01 '*' 0.05 '.' 0.1 ' ' 1

(Dispersion parameter for Negative Binomial(1.2749) family taken to be 1)

    Null deviance: 195.29  on 145  degrees of freedom
Residual deviance: 167.95  on 139  degrees of freedom
AIC: 1109.2

Number of Fisher Scoring iterations: 1


          Theta:  1.275
      Std. Err.:  0.161

 2 x log-likelihood:  -1093.151
```

图 5-12　负二项回归模型输出结果

由输出结果可知,本例中是否为原住居民的回归系数在 0.1% 水平上显著,这表明是否是原住居民会对学生缺课天数造成显著影响;但其他变量的回归系数并不显著,这表明其他变量对学生缺课天数可能并没有太大影响,但实际分析时还需要结合其他因素进一步考察。

5.7 本章小结

本章重点介绍了 R 语言环境下针对不同数值型数据常用的回归建模分析方法,包括多元线性回归、logistic 回归、probit 回归、多类别回归、多类别定序回归、泊松回归和负二项回归等。同时,在每种模型的统计原理后,都附有真实数据集和 R 代码操作分析,不仅能帮助读者熟悉 7 种回归模型用到的 R 包和相应函数,也能帮助其了解每类回归模型代码应用的操作细节,从而加深对回归建模分析方法的理解与应用。

第6章 文本分析概要

从本章开始,数据分析的视角将从数值数据转向文本数据。本章将为不熟悉文本数据分析的读者做导入介绍,首先,简要介绍文本分析的概念和重要性以及与数值数据的异同点;其次,介绍文本分析的基本流程;最后介绍文本预处理、文本特征提取以及不同粒度文本分析的常用方法。通过本章的学习,读者应该掌握以下几点。

- 文本数据与数值数据的异同点。
- 文本分析的基本流程。
- 中英文文本数据预处理的常用方法。
- 文本特征提取的常用方法。
- 不同粒度文本分析的常用方法和工具。

6.1 文本分析简介

1. 文本数据与数值数据的比较

数值数据是指按数字尺度测量的观测值,如学生的年龄、工人的工资等。数值数据可以进行排序、计算等操作,并且一般是结构化数据,存储在关系型数据库中,易于处理。与数值数据明显不同的是,文本作为数据具有四大特点:一是数据来源、发布主体(个人、企业、政府等)、发布形式(博客、微博、论坛等)都更加多样;二是文本数据通常是高维数据,承载的信息密度高,而数值数据多为2维、3维的低维数据,承载的信息有限;三是隐性显性兼并,文本数据不仅有显性的形式和内容,也具有潜藏的隐性特征;四是文本数据依赖语义情境,文本的形式、对象各异,其传递的信息在不同情境下有着不同的内涵,这属于语言学中语用学常常探讨的范畴。

2. 文本分析的内涵

文本分析,也称为文本挖掘,是从非结构化文本中提取有用信息和知识的过程。文本分析能够通过计算机技术从海量的、非结构化的文本数据中自动化提取有价值的信息,并解决特定领域的问题。文本分析所使用的文本数据既可以来源于传统媒体,如书籍、报纸,也可以来源于新兴媒体,如数字杂志、网络等。常见的文本分析任务包括词频(Term Frequency,TF)分析、主题分析、情感分析、相似性分析、文本可视化等,这些任务的实现一般需要借助于自然语言处理技术和机器学习等方法。

3. 文本分析的重要性

我们可以从应用驱动和必要性两个角度来探讨文本分析的重要性。

从应用驱动方面来讲,人们希望对文本数据进行分析的原因在于,这些数据蕴含着有价值的信息,能够帮助人们解决问题、创造价值。例如,我们平时接触的淘宝、京东等电商平台都有发布评论的功能，电商平台可借此对大量用户评论进行分析，从而改善其服务。

从必要性上来讲，在大数据时代背景下，个人、团体、公司、政府等不同组织形态的主体深深嵌入互联网世界中，留下了大量的文本材料，即使在一个相对较小的领域，我们也能搜索到帖子、评论等不同形式的文本材料。这些文本材料综合了各行业从业人员的认知，通常蕴含着有价值的信息，社会学、管理学等不同学科都可以通过研究这些文本材料探索新的研究对象和研究领域，因此，数据科学家需要构建完善的文本分析框架来对这些文本进行分析。

综上所述，从应用驱动的角度来讲，文本蕴含着有价值的信息，对海量的文本数据进行分析能够解决现实问题。从必要性的角度来讲，在大数据时代背景下，数据量大且结构复杂，我们需要对文本分析予以重视。

6.2 文本分析的基本流程

虽然不同文本分析任务的工作流程有所差异，但是其总体框架基本是一致的。文本分析的基本流程如图 6-1 所示。

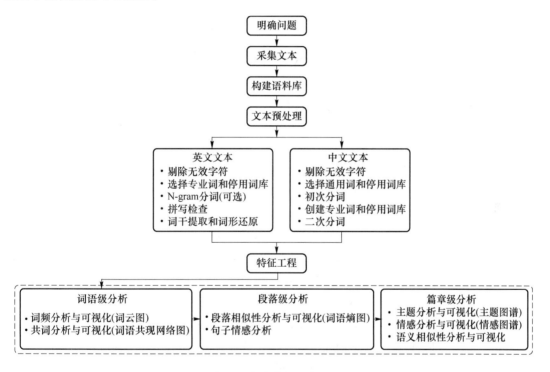

图 6-1 文本分析基本流程

文本分析基本流程的详细讲解如下。

（1）明确问题。文本分析任务的进行，通常都是为了解决现实中的问题，因此，我们首先需要明确想要解决的问题。

（2）采集文本并构建语料库。在明确业务问题后，我们需要依据问题采集文本数据。在这一步中，我们需要知道应该提取什么样的数据以及怎样提取这些数据，并保证数据的质量，从而确保后续分析高效率、高质量地进行。例如，医院需要采集患者的电子病历信息，但是不同医生的用语规范等习惯不同，这就给后续的文本分析带来了挑战，为了便于后续工作的开展，医院可以制定相应的规范并统一使用。采集的文本按统一格式存储,即构建了文本语料库。

（3）文本预处理。文本数据作为一种典型的非结构化数据,通常难以直接对其进行分析,因此需要对获取的原始数据进行预处理,将其转化成文本分析工作可以处理的形式。在文本预处理步骤中,中英文文本的处理有较大的差异。常见的文本预处理的任务包括分词、去除停用词、拼写检查、词干提取和词形还原等。其中,中文文本分词比英文文本分词更加复杂,需要使用适当的分词算法完成分词任务。词干提取和词形还原则是英文文本预处理的一个重要特点。

（4）特征工程。对文本进行预处理之后,往往需要进一步对数据做特征工程,提炼文本属性或语义特点。例如,我们在进行情感分析时,需要提取文本数据中的情感词以做进一步分析,利用情感词典提取文本数据中情感词的过程就属于特征工程的一部分。

（5）文本分析。我们可以利用各种统计建模、机器学习等方法对数据进行分析,提取面向特定领域问题的知识,并对结果进行解读。这一步骤有时可以一步到位,如汇总计数等;有时则需要多次尝试,调试相应模型的参数,以寻求更优的结果。我们可以依据不同语言粒度对文本进行分析,在词语层面上,常见的分析方法包括词频分析和共词分析;在段落层面上,常见的分析方法包括段落相似性分析和句子情感分析;在篇章层面上,常见的分析方法包括主题分析、情感分析和语义相似性分析等。

6.3　文本数据的预处理

通常来说,文本数据属于非结构化的数据,包含标点符号、数字与特定符号等,在正式分析之前,往往需要对文本进行预处理,过滤或删除无关的噪声或干扰,以确保分析语料高质量,从而达到更好的分析效果。

在文本预处理的过程中,中英文文本数据的处理有很多不同的地方,其中两个重要的区别如下。第一,英文文本以单词作为最小的语义单元,单词与单词之间由空格分隔,因此除了一些领域的专业术语之外,英文文本数据基本不需要分词。而中文文本虽然也是以词语作为最小的语义单元,但是中文词语与词语之间没有空格分隔,所以不能直接像英文文本那样直接使用空格和标点符号完成分词的任务,因此,通常需要使用分词算法来完成分词。第二,英文文本中同一个单词可能会有词形的变化,如名词的单复数变化、动词的时态变化、形容词的比较级变化等,因此,在分词后,往往还需要对单词进行词干提取和词形还原。而中文文本则存在领域术语或专有名词由多个字/词构成的情况,通常需要根据具体语境发现、识别并提取这些领域术语或专有名词,以确保对不同粒度的文本正式展开分析时,不丢失领域特征信息。

下面分别介绍中英文文本数据预处理的过程和常用方法。

6.3.1　英文文本数据的预处理

英文文本数据预处理主要有 7 个方面:剔除标点-P、剔除数字-N、大小写一致-L、词干提取和词形还原-S、去除停用词-W、多词提取-3、剔除低频词-I。常用的英文文本数据预处理通常按照"N-L-S-3-I"的步骤操作。

1. 剔除标点-P

在处理文本数据时,首先需要决定将哪类文本作为有效文本参与分析,最具有包容性的做法是对包括数字、标记在内的所有文本进行处理,但在许多情境下,标点符号不含有效信息,因此,在处理文本时可以选择剔除标点符号。一般情况下,我们可以使用正则表达式对标点符号进行剔除,正则表达式的具体使用方法可以参考第7.2节。

2. 剔除数字-N

与标点符号的处理类似,文本中的数字在一些情境下也不能反映有价值的信息,因此,我们可以依据问题分析的需求决定是否去除文本中的数字。一般情况下,我们也可以使用正则表达式对数字进行剔除,正则表达式的具体使用方法可以参考第7.2节。

3. 大小写一致-L

在对英文文本数据进行处理时,我们可以将所有单词大小写统一。这是因为一般情况下字母大小写不影响单词本身的含义,如"Car"和"car",它们含义相同,统一大小写后更便于分析。在R中,tolower()函数可以将文本统一为小写,toupper()函数可以将文本统一为大写。

4. 词干提取和词形还原-S

词干提取和词形还原是英文文本数据预处理的特色,两者都是要找到单词的原始形式。在英文文本中,同一个词干可以与不同的后缀组合成不同的单词。词干提取就是将单词简化为词干的过程,如"cars"通过词干提取可简化为"car"。然而,在寻找词干的时候,得到的结果可能不是有意义的单词,如"imaging"通过词干提取可能得到"imag"。词形还原类似于词干提取,但是它表现得更为保守,一般只对能够还原成一个正确单词的词进行处理,其最终一定能够获得一个有意义的英文单词。

在R中,可以使用SnowballC包进行词干提取,使用udpipe包进行词形还原。

5. 去除停用词-W

去除停用词是指删除无法提供实质性语义的单词。连接词、介词和冠词等是常见的停用词,它们出现在大多数文档中,但通常没有重要意义,如"a"和"the"等。因此,在分词的时候可能会选择删除这些单词。需要注意的是,停用词并非一成不变,需要根据文本数据分析的具体问题进行选择,在不同的情况下,停用词表可能会有所差别。

常见的文本挖掘工具大多包含了一些停用词的预定义列表,在使用时可以按照需求对这些停用词表进行修改。例如,对某电影评论语料库去除停用词时,可考虑将无实质语义的一些语气助动词、虚词添加到停用词表中。当然,如果在文本分析时,我们不仅对文本内容感兴趣,还对文本的写作风格感兴趣,那么删除停用词有可能会丢失体现文本写作风格的特有信息。

6. 多词提取-3

分词指的是把词语作为文本分析单元的分割方法,英文文本的分词非常便捷,因为英文文本每个单词之间都有一个空格,我们可以直接对英文文本进行分割。但是在应用过程中,也需要利用多词提取来识别多个单词构成的词组。在R中,可以使用tokenizers包的tokenize_ngrams()函数进行多词提取。

7. 剔除低频词-I

在预处理的过程中,除了可以去除常见的停用词之外,我们也可以删除在语料库预处理中很少出现或与分析问题无关的术语,其原因主要有两点。第一,如果对文本中的高频术语感兴趣,那么低频术语就难以提供有价值的信息;第二,剔除不常用的术语可以提高文本分析的效率。根据经验,一般可以选择剔除在语料库中频率低于$0.5\%\sim1\%$的术语。

6.3.2 中文文本数据的预处理

中文文本数据预处理与英文文本数据预处理有些不同，它不需要考虑词干提取、大小写一致等问题，但是对于分词却有较高的要求。中文文本数据预处理主要有 4 个方面：剔除无效字符-C、初次分词-O、创建专业词库和停用词库-W、二次分词-T。常用的中文文本数据预处理通常按照"C-O-W-T"的步骤操作。

1. 剔除无效字符-C

与英文文本剔除标点、数字等类似，我们可以使用正则表达式剔除无效字符，具体可以参考第 7.2 节。

2. 初次分词-O

我们可以通过中文分词工具对文本数据进行初次分词，目前比较常用的中文分词工具是结巴分词，初次分词时会自动引入通用词和停用词。然而，观察分词结果可以发现，初次分词的效果并不理想，一些词语如网络用语、领域内的专有词语等无法正确切分，因此还需要依据初次分词的结果和专业知识进一步处理。

3. 创建专业词库和停用词库-W

随着社会的发展，新的词语不断出现，如"锦鲤""内卷"等，分词效果越来越难以保证，而且在不同的背景下，语言的使用也有所不同，因此在对中文进行词语切分时，需要通过初次分词的结果、研究背景以及研究领域内的专业知识，对专业词库和停用词库进行适当的增加和修改，如此才能提高分词的质量。

4. 二次分词-T

将创建的专业词库和停用词库应用于二次分词中。我们可以使用 jiebaR 包中的 worker 函数的 user 参数引入专业词库，使用 stop_word 参数引入停用词库。

6.4 文本特征提取

文本特征提取属于特征工程的范畴，一般在文本预处理之后进行。特征工程指的是利用领域内的专业知识从原始的数据资料中提取有价值的信息的过程。文本数据作为一种典型的非结构化数据，难以直接使用计算机进行处理，因此，通常需要将其转换成计算机可以处理的数字信息。文本特征既包括词语、标点数量，也包括对特定词语的词频统计或 TF-IDF 统计结果，还可以包括更深层次的词语共现关系向量。

6.4.1 基本特征提取

文字通常包含丰富的信息，除了文本内容本身以外，其展现形式往往也蕴含着有价值的信息，如文本字符的数量、句子的数量、标点符号的数量等，这些都是文本的基本特征。在 R 语言中，textfeatures 包可以实现文本数据基本特征的提取。

6.4.2 基于 TF-IDF 的特征提取

对文本进行分词后可以发现，某些词语出现的频次较高，对词频进行统计往往能够反映该词语的重要程度,因此,词频(Term Frequency,TF)统计的分析方法具有重要意义。但是在实际应用中可以发现,有些词语虽然常用但并不包含有价值的信息,如中文文本中的"的""了"等,因此,为了降低这类词语的重要程度,便提出了逆文档频率(Inverse Document Frequency,IDF)的概念,当某个词语在语料库的多个文档中都出现时,这个词语的 IDF 就会相应降低。

TF-IDF(Term Frequency-Inverse Document Frequency)就是 TF 与 IDF 的乘积,其基本思想是:词语的重要性与它在文本中出现的次数成正比,与它在语料库中出现的频率成反比。TF-IDF 可以有效过滤出高频但对分析内容贡献不高的词语。

6.4.3 词嵌入

词嵌入是文本向量化的一种方法,是指自然语言处理把维数为所有文本单元数量的高维空间嵌入维数更低的连续向量空间中的过程。基于词袋模型的文本向量化,在处理文本时会产生巨大的稀疏矩阵,该稀疏矩阵含有大量的 0 元素,这会导致存储效率低,丢失词语先后顺序的记录。而词嵌入技术则可以通过减少向量的维度,利用数值向量对词语进行表征,计算不同词语之间的相互关系。利用词嵌入模型,可以找到与目标词上下文语义相近的词语,也可以找到与目标词上下文语义相反的词语。同时,词嵌入模型还能够计算词语之间的距离,帮助读者更好地理解不同词语之间的关联性。

目前有很多工具能够实现词嵌入算法,如 R 中的 text2vec 包、word2vec 包,Python 中的 gensim 包等。

6.5　文本分析的基本任务和方法

6.5.1 词频分析

词频分析是对文本中重要词汇出现的次数进行统计分析的方法,侧重于文本显性特征的提取,常用于基本的文本数据分析。在词频分析中,词语的频次反映词语的重要程度,从而可以通过对词频的分析把握文本的基本特征。

虽然词频被广泛应用于基本的文本数据分析,但是在实际使用中,通常存在一些常用但没有实际意义的词语,这样的词语出现的频次很高,往往会影响结果的分析。为了降低这些词语的权重,目前常采用的方法是 TF-IDF。逆文档频率就是指当某一个词语在多个文档中出现时,这个词语的重要性会降低。

在 R 中,可以使用 quanteda、tidytext 等程序包进行词频分析,具体可以参考第 7.3 节和7.5 节。

6.5.2 共词分析

共词分析是对文本数据中的词语或短语共现情况进行分析,进而提示它们之间关联强度的一种文本定量分析方法。该方法的前提假设是:两对共现词语在文本中出现频次越多,其内在语义关系越紧密。因此,通过统计共现词语出现的频率,可以形成一个词语共现网络,网络内节点之间的远近便可反映主题内容的亲疏关系。例如,通过统计文献集中关键词的共现情况,可以探索这些词语所代表的学科领域热点。

在 R 中,可以使用 quanteda.textstats 包进行共词分析,具体可以参考第 7.5 节。

6.5.3 主题分析

在对自然语言进行语义理解时,可以通过词语、句子、段落、文章等不同层次来提取文本的含义。在段落、文章这一层次上,分析文章的语义主题是理解文本含义的重要方式。主题建模就是指在文档集合中学习、识别和提取这些主题的过程,它不仅有助于识别文本的语义主题,还有助于加深分析人员对文本内容的理解。

文本主题模型基于词袋假设,通过发现文本中词项与词项之间的内在关联关系来生成潜在的语义主题——一组共同出现的词,它们的共现代表着更高层次的语义构念,这种构念不是由研究者预先定义的,而是由主题模型算法识别生成的。潜在狄利克雷分配(Latent Dirichlet Allocation,LDA)模型是应用较多的基础主题模型,它是建立在文档—主题(隐含语义)—词语之上的三层贝叶斯概率模型,通过对模型参数进行估算,能够输出文档集合的主题构成情况(如主题数量以及每个主题下的热词)。LDA 是一种生成概率模型,其生成思想可以描述为:一篇文章中的词语可以被认为以一定的概率隶属于某个潜在的主题,而不同的潜在主题也以不同的概率隶属于该文章。

由于主题的选择仅基于统计方法,主题数量的选择和某些主题的解释是需要重点关注的问题,因此,在选择主题数量时,既要结合统计方法,也要依据专业经验。

在 R 中,可以使用 LDA、topicmodels 等程序包进行主题分析,使用 LDAvis 包对主题分析的结果进行可视化,具体可以参考第 8.2 节和 8.3 节。

6.5.4 情感分析

文本情感分析,也称为意见挖掘、倾向性分析,是利用自然语言处理、数据挖掘等技术对带有情感色彩的主观性文本材料进行分析的过程。例如,对一段文本的两极情绪进行判断,“我很开心”可以被判断为积极的情绪,“我很难过”可以被判断为消极的情绪。文本情感分析也可以对不同的情感词进行打分,从而对文本反映的情绪进行更细致的判断。目前,互联网各类平台上产生了大量用户参与的评论信息,如关于某一政策的评论、关于某一产品的评论等。这些评论信息能够传达用户的情绪,如喜、怒、哀、乐等,通过这些评论,信息的发布者可以了解用户对于某一政策、产品等的态度。

在 R 中,可以使用 tidytext、text2vec、RSentiment、sentimentr 等程序包进行文本情感分析,具体可以参考第 8.2 节和 8.4 节。

6.5.5 相似性分析

相似性分析在文本分析中有着重要作用,例如,我们可以通过相似性分析探索不同文本之间的相似性,也可以基于文本相似性对文本进行分类等。对文本进行相似性分析,需要先将文本内容转换为向量空间模型,然后把文本内容相似性度量简化为向量空间中的向量运算,并且以空间上的相似度表征语义上的相似度。

在 R 中,text2vec、quanteda 等程序包可以完成文本相似性分析的任务,具体可以参考第 8.2 节。

6.5.6 文本可视化

文本可视化能够将信息进行图形化展示，这有助于我们快速完成大量文本的分析工作，从中获取重要的信息。常见的文本可视化方法有词云图、词语共现网络图、主题图谱、情感图谱等。

在 R 中，可以使用 ggplot2、wordcloud2、ggraph、igraph、LDAvis 等程序包实现文本可视化，具体可以参考第 7.5 节和 8.3 节。

6.6 文本数据分析工具

数值数据有商用成熟且一键式操作的分析工具，而文本数据因文本的上下文语境以及特定领域的语用差异，尚无一键式操作的分析工具。目前主流的文本数据分析工具以 R 和 Python 下开发的开源软件包为主，这些软件包或者能完成文本文件的导入、预处理工作，或者擅于文本词语级、段落级乃至篇章级的语义分析。在选择文本数据分析工具时，需要根据要解决的问题、文本使用场景来选择适用的工具软件。下面分别介绍 Python 和 R 环境下的分析工具，以方便读者了解并选用。

1. 基于 Python 的文本分析包

众所周知，Python 是一种使用广泛的解释型、面向对象的编程语言，能够跨平台使用，几乎可以在所有操作系统上运行。Python 提供了大量的第三方库，其包含的功能非常丰富。在海量数据分析领域中，尤其是机器学习和深度学习领域中，Python 有其独特的优势。几种基于 Python 的常用的第三方库如表 6-1 所示。

表 6-1 基于 Python 的常用的第三方库

名称	功能
NLTK	数据预处理、词频统计、词性标注、命名实体识别等
Gensim	词嵌入、主题分析等
scikit-learn	主题分析、文本分类、文本聚类等
Shifterator	绘制词熵移图
Matplotlib	可视化
Seaborn	可视化

以上第三方库的简要介绍如下。

（1）NLTK

NLTK 的全称是 Natural Language Toolkit，它是自然语言处理领域中常用的一个 Python 库，提供适用于英文文本的自然语言处理基本功能，如预处理、词频统计等。相关文档可以参考网址 http://www.nltk.org/。

（2）Gensim

Gensim 提供了从文本中自动提取语义主题的主流算法，包括但不限于 LSI 模型、LDA 模型、LDAseq 模型、HDP 模型等。此外，Gensim 也提供了多种词嵌入算法，如 Word2vec、fasttext、Poincare 等。相关文档可以参考网址 https://radimrehurek.com/gensim/。

（3）scikit-learn

scikit-learn 是一个知名的开源机器学习算法包,提供从数值数据到文本数据的分类、聚类、预测等功能。相关文档可以参考网址 http://scikit-learn.org/stable/。

（4）Shifterator

Shifterator 能够实现词语熵移图的绘制,可以通过可视化的方式量化哪些词语导致了两个文本之间的差异。相关文档可以参考网址 https://shifterator.readthedocs.io/en/latest/。

（5）Matplotlib

Matplotlib 可以在 Python 中创建静态、动态图表以及其他更为复杂的交互式图表。相关文档可以参考网址 https://matplotlib.org/。

（6）Seaborn

Seaborn 是一个基于 Matplotlib 的 Python 数据可视化库,它提供了一个高级界面,可用于绘制具有吸引力且信息丰富的统计图形。相关文档可以参考网址 http://seaborn.pydata.org/。

2. 基于 R 的文本分析包

近年来,基于 R 的文本分析包发展较快,涵盖计算语言和自然语言处理的词语、句法、语义和语用等多个层面,便于学术界人士接触并调用领域前沿的新算法,这方面的最新动态可以查看网址 https://mirrors.tuna.tsinghua.edu.cn/CRAN/。基于 R 的常用文本分析工具包如表 6-2 所示。

表 6-2　基于 R 的常用文本分析工具包

名称	主要功能
jiebaR	中文分词、关键词提取、词性标注等
quanteda	词频分析、相似性分析、主题分析、情感分析等
text2vec	词嵌入、主题分析、相似性分析等
topicmodels	主题分析
ggplot2	可视化
wordcloud2	绘制词云图
ggraph	绘制网络图

以上工具包的简要介绍如下。

（1）jiebaR

jiebaR 是一款常用的中文分词工具,具有中文分词、关键词提取、词性标注等功能。相关文档可以参考网址 https://mirrors.tuna.tsinghua.edu.cn/CRAN/web/packages/jiebaR/index.html。

（2）quanteda

quanteda 是由伦敦政治经济学院肯尼思·比诺特(Kenneth Benoit)教授团队开发的量化文本分析框架,该框架对之前仅完成单一任务、对新用户不友好的 R 包进行了功能整合,能够帮助用户完成从文本文件导入、预处理、分析建模到可视化的整个过程。quanteda 能简化文本输入和元数据关系,方便文本数据预处理,并且能将文档转化为文档-词项矩阵(Document-Term Matrix, DTM)。同时,quanteda 能够实现词频统计、文本相似性分析、主题建模等功能。相关文档可以参考网址 https://mirrors.tuna.tsinghua.edu.cn/CRAN/web/packages/

quanteda/index. html。此外，若读者对 quanteda 感兴趣，可参考网址 https：//tutorials. quanteda. io/。

（3）text2vec

text2vec 提供了多种文本分析的框架，包括 LDA 算法、词嵌入算法 Glove 等，其核心代码用 C++ 编写，封装运行速度快。相关文档可以参考网址 https：//mirrors. tuna. tsinghua. edu. cn/CRAN/web/packages/text2vec/index. html。

（4）topicmodels

topicmodels 提供了 LDA 和 CTM 算法模型拟合结果的可视化输出。相关文档可以参考网址 https：//mirrors. tuna. tsinghua. edu. cn/CRAN/web/packages/topicmodels/index. html。

（5）ggplot2

ggplot2 是一个绘制可视化图形的 R 包，它在作图时采用多个图层叠加的方式，能将常见的统计变换融入到绘图中，使用更加灵活。相关文档可以参考网址 https：//mirrors. tuna. tsinghua. edu. cn/CRAN/web/packages/ggplot2/index. html。

（6）wordcloud2

wordcloud2 是一个能够绘制精美词云图的 R 包。相关文档可以参考网址 https：//mirrors. tuna. tsinghua. edu. cn/CRAN/web/packages/wordcloud2/vignettes/wordcloud. html。

（7）ggraph

ggraph 是一个能够绘制网络图的 R 包，它通过节点、边、布局数据来实现网络图的绘制。相关文档可以参考网址 https：//mirrors. tuna. tsinghua. edu. cn/CRAN/web/packages/ggraph/index. html。

在文本数据分析工具中，R 和 Python 的应用更为广泛，两者的功能有重叠的部分。由于两者的发展根源和背景不同，因此两者在某些方面各有优缺点。例如：当涉及深度学习内容时，Python 更有优势；而面向特定学科的文本研究时，R 更有优势。因此，面对不同任务时，要选择相适应的工具。

6.7 本章小结

本章首先介绍了数值数据与文本数据的异同、文本分析的重要性及特点；其次，介绍了文本分析的基本流程、中英文文本数据的预处理、文本特征提取；最后介绍了不同粒度的文本数据分析的常用方法以及 R 和 Python 中常用的文本分析工具包等。通过本章的学习，希望读者能够对文本数据分析及其常用工具有初步了解，以便后续学习。

第7章 字符处理及词语分析

本章在第 6 章文本数据分析的基础上,重点介绍如何基于 R 语言完成中文文本的预处理、中文文本分词、词频分析以及共现词频分析等。本章首先介绍如何在 R 语言环境中导入不同格式的文本文件,以及如何对原始数据进行预处理;然后介绍如何完成中文文本分词,以及如何对单个高频热词和多个高频共现热词进行词频统计分析。通过本章的学习,读者应该掌握以下几点。

- readtext 包导入不同格式文本文件的方式。
- stringr 包常用函数和正则表达式的使用方法。
- 使用 jiebaR 包、quanteda 包对中文文本进行分析。
- 使用 wordcloud2 包绘制词云图。
- 使用 shifterator 包绘制词语熵移图。

7.1 文本数据导入

文本数据大多以 txt、json、csv、xml、pdf、doc 等多种格式文件存储,要将这些来源复杂、结构不一的数据文件读入 R 环境并转换成可以处理的变量,需要借助于具有较强灵活性和较简单功能的 R 包。R 语言中能够导入文本数据的第三包数量众多,本书重点以 readtext 包为例讲解如何导入多种格式的文本数据。该包由伦敦政治经济学院肯尼思·比诺特(Kenneth Benoit)教授等人开发,不仅可以接受不同的文件编码格式,加载读入多种格式的原始文本文件,还可以记录文档元数据,方便批量文档的分析。

7.1.1 readtext 包简介

readtext 包是一个专门用于读取文本文件及相关文档元数据的 R 第三方包,它不仅能够处理 txt、json、csv、xml、pdf、doc 等多种格式文本文件,还可以同时批量处理多个文件。即便这些文本文件的编码格式不同,readtext 包也能够指定每个文件的编码类型,确保读入的文本文件不出现乱码的情况。

安装加载 readtext 包的方式如下:

```
install.packages("readtext")
library(readtext)
```

readtext 包自带数据集,下面将使用这些数据集展示如何使用 readtext 包导入不同格式的文本文件。

7.1.2 多种格式文本文件的导入

在使用 readtext 包自带的数据集之前,需要先设置数据集所在的文件夹路径。通过 system. file 函数,我们可以获取数据所在的文件路径,对应代码如下,得到的 readtext 包示例数据如图 7-1 所示。

```
DATA_DIR <- system.file("extdata/",package = "readtext")
```

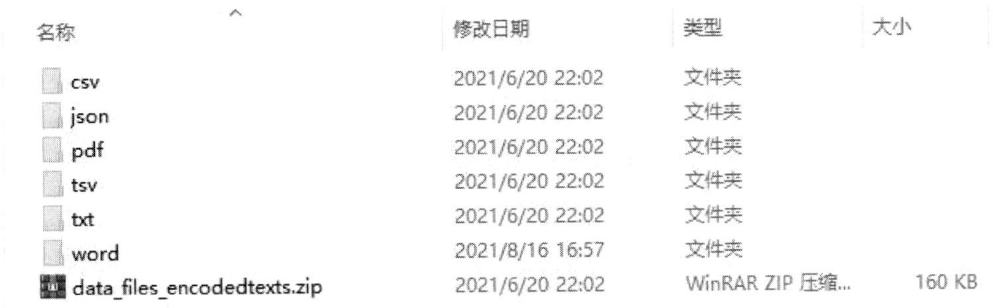

名称 ^	修改日期	类型	大小
csv	2021/6/20 22:02	文件夹	
json	2021/6/20 22:02	文件夹	
pdf	2021/6/20 22:02	文件夹	
tsv	2021/6/20 22:02	文件夹	
txt	2021/6/20 22:02	文件夹	
word	2021/8/16 16:57	文件夹	
data_files_encodedtexts.zip	2021/6/20 22:02	WinRAR ZIP 压缩...	160 KB

图 7-1　readtext 包示例数据

由图 7-1 可以看到,extdata 目录中有几个包含不同文本文件的子文件夹,在下面的示例中,我们需要加载其中的一个或者多个文件。

1. 读取 txt 格式的文件

在 txt 文件夹下有一个名为 UDHR 的文件夹,其中包含了 13 种语言的《世界人权宣言》,接下来我们尝试使用 readtext() 函数读取这 13 个文本文件,具体代码如下:

```
readtext(paste0(DATA_DIR, "/txt/UDHR/ * "),encoding = "UTF-8")
# # readtext object consisting of 13 documents and 0 docvars.
# # # Description: df [13 × 2]
# #   doc_id            text
# #   < chr >           < chr >
# # 1 UDHR_chinese.txt  "\"世界人权宣言\n 联合国\"..."
# # 2 UDHR_czech.txt    "\"V < U + 0160 > EOBECNá \"..."
# # 3 UDHR_danish.txt   "\"Den 10. de\"..."
# # 4 UDHR_english.txt  "\"Universal \"..."
# # 5 UDHR_french.txt   "\"Déclaratio\"..."
# # 6 UDHR_georgian.txt "\"FLFVBFYBC \"..."
# # # ... with 7 more rows
```

通过以上的运行结果可以发现,readtext() 函数的返回值是一个数据框,其中文档的元数据保存在 doc_id 中,文档的内容保存在 text 中。文件的名称往往包含文档的元数据,我们可以通过"docvarsfrom = "filename""在文件名中获取这些数据,示例如下:

```
readtext(paste0(DATA_DIR, "/txt/EU_manifestos/ * .txt"),
docvarsfrom = "filenames",
docvarnames = c("unit", "context", "year", "language", "party"),
dvsep = "_",
```

```
encoding = "ISO-8859-1")
## readtext object consisting of 17 documents and 5 docvars.
## # Description: df [17×7]
##    doc_id                        text            unit   context year language party
##    <chr>                         <chr>           <chr>  <chr>   <int> <chr>    <chr>
## 1 EU_euro_2004_de_PSE.txt "\"PES · PSE \"..."   EU     euro    2004  de       PSE
## 2 EU_euro_2004_de_V.txt   "\"Gemeinsame\"..."   EU     euro    2004  de       V
## 3 EU_euro_2004_en_PSE.txt "\"PES · PSE \"..."   EU     euro    2004  en       PSE
## 4 EU_euro_2004_en_V.txt   "\"Manifesto\n\"...~ EU     euro    2004  en       V
## 5 EU_euro_2004_es_PSE.txt "\"PES · PSE \"..."   EU     euro    2004  es       PSE
## 6 EU_euro_2004_es_V.txt   "\"Manifesto\n\"...~ EU     euro    2004  es       V
## # ... with 11 more rows
```

其中，docvarsnames 参数设置了元数据的列名称，dvsep 参数设置了分隔符。通过上述结果可以发现，每个文件名称分别按分隔符"_"分隔成了 5 个部分，即"unit""context""year""language""party"。

readtext()函数可以忽略子文件夹，即可以读取母文件夹下子文件夹里面的所有文本文件。以 txt/movie_reviews 文件夹为例，这个文件夹下有两个子文件夹，分别为 neg 和 pos，我们可以通过读取 movie_reviews 文件夹，直接提取 neg 和 pos 文件夹中所有的文本文件，示例如下：

```
readtext(paste0(DATA_DIR,"/txt/movie_reviews/ * "))
## readtext object consisting of 10 documents and 0 docvars.
## # Description: df [10×2]
##    doc_id                text
##    <chr>                 <chr>
## 1 neg_cv000_29416.txt "\"plot : two\"..."
## 2 neg_cv001_19502.txt "\"the happy \"..."
## 3 neg_cv002_17424.txt "\"it is movi\"..."
## 4 neg_cv003_12683.txt "\" \" quest f\"..."
## 5 neg_cv004_12641.txt "\"synopsis :\"..."
## 6 pos_cv000_29590.txt "\"films adap\"..."
## # ... with 4 more rows
```

2. 读取 csv/tsv 格式的文件

csv 文件以逗号作为分隔符，在使用 readtext()函数读取 csv 文件时，我们将文件中包含目标文本的列设为 text_field 参数的值，原始 csv 文件中的其他列则被视为文档级变量，示例如下：

```
readtext(paste0(DATA_DIR,"/csv/inaugCorpus.csv"),text_field = "texts")
## readtext object consisting of 5 documents and 3 docvars.
## # Description: df [5×5]
##    doc_id             text              Year President  FirstName
##    <chr>              <chr>             <int> <chr>      <chr>
## 1 inaugCorpus.csv.1 "\"Fellow-Cit\"..."  1789 Washington George
## 2 inaugCorpus.csv.2 "\"Fellow cit\"..."  1793 Washington George
## 3 inaugCorpus.csv.3 "\"When it wa\"..."  1797 Adams      John
## 4 inaugCorpus.csv.4 "\"Friends an\"..."  1801 Jefferson  Thomas
## 5 inaugCorpus.csv.5 "\"Proceeding\"..."  1805 Jefferson  Thomas
```

tsv 文件以制表符作为分隔符，tsv 文件的读取与 csv 文件读取的过程一致，如下所示：

```
readtext(paste0(DATA_DIR, "/tsv/dailsample.tsv"), text_field = "speech",encoding = "UTF-8")
## readtext object consisting of 33 documents and 9 docvars.
## # Description：df［33×11］
##    doc_id text   speechID memberID partyID constID title date   member_name
##    <chr>  <chr>  <int>    <int>    <int>   <int>  <chr><chr>  <chr>
## 1 dails~ "\"M~      1      977      22      158 1. C~ 1919~ Count Geor~
## 2 dails~ "\"I~      2     1603      22      103 1. C~ 1919~ Mr. Pádrai~
## 3 dails~ "\""~      3      116      22      178 1. C~ 1919~ Mr. Cathal~
## 4 dails~ "\"T~      4      116      22      178 2. C~ 1919~ Mr. Cathal~
## 5 dails~ "\"L~      5      116      22      178 3. A~ 1919~ Mr. Cathal~
## 6 dails~ "\"-~      6      116      22      178 3. A~ 1919~ Mr. Cathal~
## # ... with 27 more rows, and 2 more variables：party_name <chr>,
## #    const_name <chr>
```

3. 读取 json 格式的文件

json 是一种轻量级的数据交换格式，以键值对的形式存在，键值和键名之间通过冒号分隔，两个键值对之间使用逗号分隔，举例如下：

```
{ "Year":1797,"President":"Adams","FirstName":"John" }
```

在使用 readtext() 函数读取 json 文件时，也需要确定 text_field 参数的值，一旦目标文本的某个属性设置为 text_field 参数的值，那么该文本的其他属性值则被视为文档级变量读入，示例如下：

```
readtext(paste0(DATA_DIR, "/json/inaugural_sample.json"), text_field = "texts")
## readtext object consisting of 3 documents and 3 docvars.
## # Description：df［3×5］
##   doc_id                  text              Year President FirstName
##   <chr>                   <chr>             <int> <chr>    <chr>
## 1 inaugural_sample.json.1 "\"Fellow-Cit\"..."  1789 Washington George
## 2 inaugural_sample.json.2 "\"Fellow cit\"..."  1793 Washington George
## 3 inaugural_sample.json.3 "\"When it wa\"..."  1797 Adams     John
```

readtext() 函数将每个对象视为一个不同的文本，并通过 doc_id 进行标识。通过输出的结果可以发现，inaugural_sample.json 文件共有 3 个对象，即 3 条文本数据。

4. 读取 pdf 格式的文件

readtext() 函数也可以读取和转换 pdf 文件，我们可以通过 pdf/UDHR 文件夹下的 pdf 文件进行示例，代码和结果如下所示：

```
readtext(paste0(DATA_DIR, "/pdf/UDHR/*.pdf"),
              docvarsfrom = "filenames",
              docvarnames = c("document", "language"),
              sep = "_")
## readtext object consisting of 11 documents and 2 docvars.
## # Description：df［11×4］
##   doc_id       text                         document language
##   <chr>        <chr>                         <chr>    <chr>
```

```
## 1 UDHR_chinese.pdf  "\"世界人权宣言\n\n 联合\"..."  UDHR    chinese
## 2 UDHR_czech.pdf    "\"V < U + 0160 > EOBECNá \"..."  UDHR    czech
## 3 UDHR_danish.pdf   "\"Den 10. de\"..."              UDHR    danish
## 4 UDHR_english.pdf  "\"Universal \"..."              UDHR    english
## 5 UDHR_french.pdf   "\"Déclaratio\"..."              UDHR    french
## 6 UDHR_greek.pdf    "\"OIKOΥMENIK\"..."              UDHR    greek
## # ... with 5 more rows
```

5. 读取 doc/docx 格式的文件

doc 和 docx 是微软 Word 文件的两种扩展名，在 readtext 包中，使用 antiword 包来处理扩展名为 doc 的文件，使用 XML 包来处理扩展名为 docx 的文件。接下来，我们尝试使用 readtext()函数处理 docx 格式的文件，示例如下：

```
readtext(paste0(DATA_DIR, "/word/ * .docx"))
## readtext object consisting of 2 documents and 0 docvars.
## # Description：df [2 × 2]
##   doc_id                        text
##   <chr>                         <chr>
## 1 UK_2015_EccentricParty.docx "\"The Eccent\"..."
## 2 UK_2015_LoonyParty.docx     "\"The Offici\"..."
```

6. 读取 html 格式的文件

readtext()函数可以直接读取网页中的文本，这里我们使用 CRAN 上的 readtext 包的首页来进行示例，代码如下：

```
readtext("https://mirrors.tuna.tsinghua.edu.cn/CRAN/web/packages/readtext/index.html")
## readtext object consisting of 1 document and 0 docvars.
## # Description：df [1 × 2]
##   doc_id     text
##   <chr>      <chr>
## 1 index.html "\"readtext：\"..."
```

7. 读取压缩包内的文件

readtext()函数也可以直接读取压缩包内的文件，以 extdata 文件夹下的压缩包 data_files _encodedtexts.zip 为例，代码如下：

```
readtext(paste0(DATA_DIR, "/data_files_encodedtexts.zip"))
## readtext object consisting of 36 documents and 0 docvars.
## # Description：df [36 × 2]
##   doc_id                              text
##   <chr>                               <chr>
## 1 IndianTreaty_English_UTF-16LE.txt  "\"\uf8f5\ue81c\n\n\n\n\n\n\n\"..."
## 2 IndianTreaty_English_UTF-8-BOM.txt "\"锗緼 RTICLE 1\"..."
## 3 UDHR_Arabic_ISO-8859-6.txt         "\"卿详惹躺\n 漠 < U + FFFD > 闹 < U + FFFD >\"..."
## 4 UDHR_Arabic_UTF-8.txt              "\"丕鍕丿賷亘丕丕鍕\"..."
## 5 UDHR_Arabic_WINDOWS-1256.txt       "\"轻享惹躺\n 徒 < U + FFFD > 咔 < U + FFFD >\"..."
## 6 UDHR_Chinese_GB2312.txt            "\"世界人权宣言\n 联合国\"..."
## # ... with 30 more rows
```

由上述代码输出结果可知,读取的文本出现了乱码,无法查看确切的中文信息。观察之后不难发现,在这个压缩包中,不同文件使用了不同的编码方式,这就涉及了读入不同编码格式文件的问题。我们可以通过文件名称提取每个文件的编码方式,然后进一步提取文件中的信息,代码和结果如下:

```
# 首先,提取每个文件的编码方式
encoding <- readtext(paste0(DATA_DIR, "/data_files_encodedtexts.zip")) %>%
    mutate(prefix = str_remove(doc_id,".txt")) %>%
    mutate(encoding = sapply(prefix,function(x) (str_split(x,"_") %>% .[[1]]) %>% tail(1)))
%>%
    pull(encoding) # 提取不同文件的编码格式类型
##     IndianTreaty_English_UTF-16LE IndianTreaty_English_UTF-8-BOM
##                        "UTF-16LE"                  "UTF-8-BOM"
##             UDHR_Arabic_ISO-8859-6              UDHR_Arabic_UTF-8
##                      "ISO-8859-6"                        "UTF-8"
##          UDHR_Arabic_WINDOWS-1256           UDHR_Chinese_GB2312
##                    "WINDOWS-1256"                       "GB2312"
##                  UDHR_Chinese_GBK              UDHR_Chinese_UTF-8
##                             "GBK"                        "UTF-8"
##            UDHR_English_UTF-16BE           UDHR_English_UTF-16LE
##                        "UTF-16BE"                     "UTF-16LE"
##                UDHR_English_UTF-8        UDHR_English_WINDOWS-1252
##                           "UTF-8"                 "WINDOWS-1252"
##            UDHR_French_ISO-8859-1              UDHR_French_UTF-8
##                      "ISO-8859-1"                        "UTF-8"
##         UDHR_French_WINDOWS-1252         UDHR_German_ISO-8859-1
##                    "WINDOWS-1252"                   "ISO-8859-1"
##                 UDHR_German_UTF-8         UDHR_German_WINDOWS-1252
##                           "UTF-8"                 "WINDOWS-1252"
##               UDHR_Greek_CP1253            UDHR_Greek_ISO-8859-7
##                          "CP1253"                   "ISO-8859-7"
##                 UDHR_Greek_UTF-8               UDHR_Hindi_UTF-8
##                           "UTF-8"                        "UTF-8"
##                      "ISO-8859-1"                        "UTF-8"
##        UDHR_Icelandic_WINDOWS-1252           UDHR_Japanese_CP932
##                    "WINDOWS-1252"                        "CP932"
##          UDHR_Japanese_ISO-2022-JP           UDHR_Japanese_UTF-8
##                      "ISO-2022-JP"                        "UTF-8"
##          UDHR_Japanese_WINDOWS-936     UDHR_Korean_ISO-2022-KR
##                     "WINDOWS-936"                  "ISO-2022-KR"
##                UDHR_Korean_UTF-8        UDHR_Russian_ISO-8859-5
##                           "UTF-8"                   "ISO-8859-5"
##               UDHR_Russian_KOI8-R              UDHR_Russian_UTF-8
##                          "KOI8-R"                        "UTF-8"
##          UDHR_Russian_WINDOWS-1251              UDHR_Thai_UTF-8
##                    "WINDOWS-1251"                        "UTF-8"
# 重新读取文件
readtext(paste0(DATA_DIR, "/data_files_encodedtexts.zip"),encoding = encoding)
## readtext object consisting of 36 documents and 0 docvars.
## # Description: df [36 × 2]
```

```
##    doc_id                                text
##    <chr>                                 <chr>
## 1 IndianTreaty_English_UTF-16LE.txt     "\"WHEREAS, t\"..."
## 2 IndianTreaty_English_UTF-8-BOM.txt    "\"ARTICLE 1.\"..."
## 3 UDHR_Arabic_ISO-8859-6.txt            "\"<U+0627><U+0644><U+062F><U+064A><U+
0628><U+0627><U+062C><U+0629>\n<U+0644>\"..."
## 4 UDHR_Arabic_UTF-8.txt                 "\"<U+0627><U+0644><U+062F><U+064A><U+
0628><U+0627><U+062C><U+0629>\n<U+0644>\"..."
## 5 UDHR_Arabic_WINDOWS-1256.txt          "\"<U+0627><U+0644><U+062F><U+064A><U+
0628><U+0627><U+062C><U+0629>\n<U+0644>\"..."
## 6 UDHR_Chinese_GB2312.txt               "\"世界人权宣言\n联合国\"..."
## # ... with 30 more rows
```

由上述输出结果不难发现,乱码问题已经解决。

7.2 字符串的处理工具——stringr 包和正则表达式

数据的预处理是数据分析必不可少的环节,文本数据的预处理主要面向字符串进行处理,如剔除乱码或非正常显示的字符,剔除空格、换行符等。本节主要介绍 R 语言中处理字符串的两个重要工具:stringr 包和正则表达式。

7.2.1 使用 stringr 包处理字符串

stringr 包主要用于处理字符串,与 R 基础包中用于处理字符串的函数相比,stringr 包中的函数在效率和复用率上都有更好的表现。stringr 包中的函数形式统一,这些函数都以 str_作为函数的开头,后缀则是函数的功能,简单明了。加载 stringr 包的方式如下:

```
library(tidyverse)
library(stringr)
```

在 R 语言中,构造字符串非常简单,我们只需要将文本内容放在双引号或者单引号中即可。我们可以构造一个字符串并将它保存在 str 变量中,示例如下:

```
str <- "这是一段文本内容"
```

我们可以通过 str_length()函数来获取字符串的长度,代码如下:

```
str_length(str)
## [1] 8
```

如果需要合并两个或多个字符串,可以使用 str_c()函数:

```
str_c("one","two")
## [1] "onetwo"
str_c("o","n","e")
## [1] "one"
```

也可以通过 sep 参数来设置字符串之间的分隔符：

```
str_c("one","two",sep = "-")
# # [1] "one-two"
```

在 R 语言中，如果直接将字符串与缺失值合并会输出缺失值，从而不能得到需要的结果，这时可以使用 str_replace_na() 函数将 NA 转换为字符串"NA"后再进行合并，示例如下：

```
str <- c("one","two",NA)
str_c("-",str,"-")
# # [1] "-one-" "-two-" NA
str_c("-", str_replace_na(str), "-")
# # [1] "-one-" "-two-" "-NA-"
```

由上述输出结果可以发现，str_c() 函数可以对输入字符向量中的每个字符串进行遍历，并且能够循环使用长度较短的字符向量，但是该函数要求较长字符向量的长度是较短字符向量长度的整数倍。

如果想要将字符向量合并为字符串，可以使用 collapse 参数：

```
str <- c("one","two","three")
str_c(str,collapse = '-')
# # [1] "one-two-three"
```

如果想要复制字符串，可以使用 str_dup() 函数，该函数有两个输入参数，第一个参数设置复制的字符串对象，第二个参数设置复制字符串对象的次数，代码如下：

```
str_dup(c("copy2","copy3"), c(2, 3))
# # [1] "copy2copy2"      "copy3copy3copy3"
```

str_pad() 函数可以通过添加指定的字符来补齐字符串，示例如下：

```
str_pad("pad",width = 7,side = "both",pad = "#")
# # [1] "##pad##"
```

其中，width 参数控制输出字符串的长度；side 参数控制补齐字符串的位置；pad 参数控制补齐字符串的字符。

str_trim() 和 str_squish() 函数可以对字符串中的空格进行删除，示例如下：

```
str_trim(" wh i te ")
# # [1] "wh i te"
str_squish("  wh   i te ")
# # [1] "wh i te"
```

其中，str_trim() 函数可以删除字符串两侧的空格，str_squish() 函数可以删除字符串两侧的空格并把内部长度大于 1 的空格缩减为 1 个空格。

如果需要提取或修改字符串的内容，可以使用 str_sub 函数，示例如下：

```
# 提取后两位字符
str <- "text"
str_sub(str,3,4)
# # [1] "xt"
str_sub(str,-2,-1)
# # [1] "xt"
# 将最后一个字符修改为"T"
str_sub(str,4,4) <- "T"
str
# # [1] "texT"
```

　　stringr 包中还有许多有用的函数,在第 7.2.3 节还会重点加以介绍,读者也可以通过问号加方法名的方式或者 help()函数来查看其他函数的用法。

7.2.2　使用正则表达式匹配规则字符串

　　正则表达式是一种特殊的文本模式,能够使用单个字符串来描述、匹配一系列符合某个句法规则的字符串,进而替换、删除、提取该字符子串。在文本分析中,正则表达式通常可以配合一些模式匹配函数来对文本数据进行处理。

　　首先给出常用元字符及其含义描述,如表 7-1 所示。

表 7-1　常用元字符及其描述

元字符	描述
\	转义字符,可将下一个字符标记为特殊字符或一个原义字符。如"\n"匹配换行符,"\("匹配"("
ˆ	从字符串的开始位置匹配
$	从字符串的末尾位置匹配
*	匹配 0 次或多次"＊"前面的子表达式
+	匹配 1 次或多次"＋"前面的子表达式
?	匹配 0 次或 1 次"?"前面的子表达式
{n}	匹配 n 次{}前面的子表达式
{n,}	匹配至少 n 次{}前面的子表达式
{n,m}	匹配 n 到 m 次{}前面的子表达式
.	匹配除换行符外的任意单个字符
(xyz)	匹配与 xyz 完全相等的字符串
[xyz]	匹配[]所包含的任意一个字符
[ˆxyz]	匹配[]未包含的任意字符
x|y	匹配 x 或 y 字符
\d	匹配一个数字字符,相当于[0-9]
\D	匹配一个非数字字符,相当于[ˆ0-9]
\s	匹配空白字符
\S	匹配任何非空白字符
\w	匹配字母、数字、下划线,相当于[A-Za-z0-9]

接下来,结合 stringr 包中的 str_view 和 str_view_all 函数来介绍如何使用上述元字符。

1. 基础匹配

除元字符外,几乎所有可显示的字符都可以直接作为正则表达式匹配它们自身,如"a"可以匹配"a","0"可以匹配"0"等,我们可以通过字符本身来进行精确匹配,示例如下(结果如图 7-2 所示):

```
x <- c("apple","banana","peach","pear","(.)")
str_view(x,"e")
```

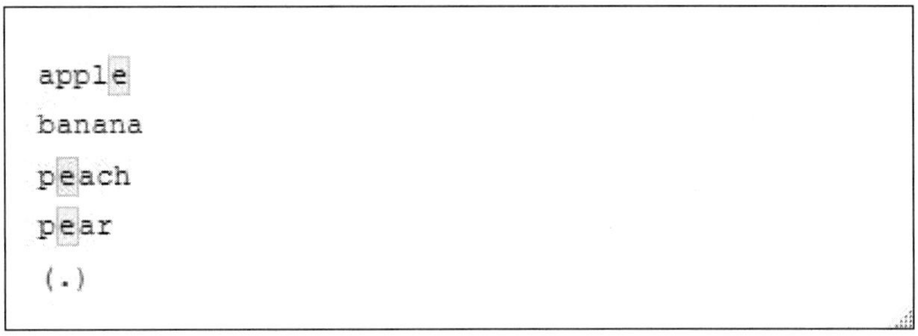

图 7-2　精确匹配

点运算符(.)可以匹配除换行符外的任意单个字符,示例如下(结果如图 7-3 所示):

```
str_view(x,".")
```

图 7-3　任意匹配

通过输出结果可以看到,"."匹配了每个字符串的第一个字母,但是并没有匹配"."本身,这是因为在正则表达式中这类字符已经被转义,故不再用来匹配它们自身。那么,如果想要匹配这类字符,应该怎样做呢?

在正则表达式中,需要使用转义字符来对这类有特殊含义的字符(正则表达式中的元字符)进行匹配。在 R 语言中,正则表达式也使用"\"来去除某些字符的特殊含义。因此,若需要匹配".",则需要使用"\."。然而,"\"也是元字符,也需要使用"\"对其进行转义,因此,在正则表达式中,需要使用"\\."来匹配".",示例如下(结果如图 7-4 所示):

```
str_view(x,"\\.")
```

图 7-4　匹配特殊字符

通过输出结果可以发现,我们已经成功匹配到了"."。如果需要匹配其他元字符,也需要注意转义字符的使用。

2. 匹配开头或结尾部分

正则表达式还可以指定匹配的位置,"^"表示在开头位置匹配,"$"表示在末尾位置进行匹配,示例如下(结果如图 7-5 所示):

```
x <- c("aabcc","bbc","abd")
# 匹配开头位置为 a 的字符串
str_view(x,"^a")
# 匹配末尾位置为 c 的字符串
str_view(x,"c$")
```

图 7-5　匹配开头和结尾部分

3. 匹配字符集

字符集可以用[]来表示,[^]表示否定字符集。例如,[abc]表示匹配 a、b、c 中任意一个字符,[^abc]表示匹配除 a、b、c 外的任意一个字符,示例如下(结果如图 7-6 所示):

```
x <- c("apple","bus","car")
# 匹配 a、b、c 中任意一个字符
str_view(x,"[abc]")
# 匹配除 a、b、c 外的任意一个字符
str_view(x,"[^abc]")
```

4. 重复匹配

正则表达式还可以进行重复匹配,其中,"?"表示匹配 0 次或 1 次,"+"表示匹配 1 次或多次,"*"表示匹配 0 次或多次。正则表达式默认采用贪婪匹配的模式,即匹配尽可能多的字符,如果需要采用惰性匹配的模式,可以在末尾加上问号,示例如下(结果如图 7-7 所示):

```
x <- "cccccb"
#贪婪匹配
str_view(x,"c + ")
#惰性匹配
str_view(x,"c?")
```

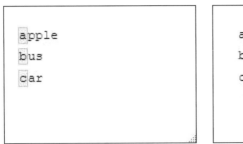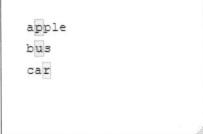

图 7-6 匹配字符集

(a) 贪婪匹配   (b) 惰性匹配

图 7-7 重复匹配

7.2.3 联合 stringr 包与正则表达式处理复杂字符串

stringr 包中的模式匹配函数可对字符串进行检测、定位、提取、匹配、替换和拆分等操作，各个操作对应的模式匹配函数如下。

- 检测:str_detect()函数
- 提取:str_extract()和 str_extract_all()函数
- 匹配:str_match()和 str_match_all()函数
- 替换:str_replace()和 str_replace_all()函数
- 拆分:str_split()函数

这些模式匹配函数都能与正则表达结合使用。本节将结合上述模式匹配函数和正则表达式来进一步学习如何对文本数据进行处理。

1. 检测

str_detect()函数能够检测字符串中是否存在符合给定模式的子串,并返回一个逻辑向量,示例如下:

```
x <- c("apple","banana","peach","pear")
str_detect(x,"ea")
## [1] FALSE FALSE  TRUE   TRUE
```

通过输出结果可以发现,前两个字符串不包含"ea",后两个字符串包含"ea"。我们也可以通过 str_detect()函数提取符合某种模式的字符串,示例如下:

```
x[str_detect(x,"ea")]
# # [1] "peach" "pear"
```

2. 提取

str_extract()函数提取第一个与给定模式匹配的字符,并返回一个字符向量,若未匹配成功,则返回 NA。str_extract_all()函数提取所有与给定模式匹配的字符,默认返回字符向量列表,其中 simplify 参数控制是否返回字符矩阵,若为 TRUE,则返回字符矩阵。示例如下:

```
x <- c("apple","banana","peach","pear")
str_extract(x,"ea")
# # [1] NA   NA   "ea" "ea"
str_extract_all(x,"a.")
# # [[1]]
# # [1] "ap"
# #
# # [[2]]
# # [1] "an" "an"
# #
# # [[3]]
# # [1] "ac"
# #
# # [[4]]
# # [1] "ar"
str_extract_all(x,"a.",simplify = TRUE)
# #      [,1] [,2]
# # [1,] "ap" ""
# # [2,] "an" "an"
# # [3,] "ac" ""
# # [4,] "ar" ""
```

3. 匹配

str_match()函数提取字符串中与给定模式匹配的字符,并以矩阵的形式返回,若未匹配成功,则返回 NA。示例如下:

```
x <- c("apple","banana","peach")
str_match(x,"p")
# #      [,1]
# # [1,] "p"
# # [2,] NA
# # [3,] "p"
```

当使用[a-z]进行匹配时,结果如下:

```
str_match(x,"[a-z]")
# #      [,1]
# # [1,] "a"
```

```
## [2,] "b"
## [3,] "p"
```

由输出结果可以发现,使用[a-z]匹配时,只匹配到了每个字符串的首字母,如果需要匹配尽可能多的字符,可以使用"＊"或者"＋"进行匹配,示例如下:

```
str_match(x,"[a-z]＊")
##         [,1]
## [1,] "apple"
## [2,] "banana"
## [3,] "peach"
str_match(x,"[a-z]＋")
##         [,1]
## [1,] "apple"
## [2,] "banana"
## [3,] "peach"
```

str_match_all()会依次匹配字符串中与给定模式匹配的字符,然后以矩阵的形式返回。示例如下:

```
str_match_all(x,"[a-z]")
## [[1]]
##         [,1]
## [1,] "a"
## [2,] "p"
## [3,] "p"
## [4,] "l"
## [5,] "e"
##
## [[2]]
##         [,1]
## [1,] "b"
## [2,] "a"
## [3,] "n"
## [4,] "a"
## [5,] "n"
## [6,] "a"
##
## [[3]]
##         [,1]
## [1,] "p"
## [2,] "e"
## [3,] "a"
## [4,] "c"
## [5,] "h"
```

4. 替换

str_replace()和 str_replace_all()函数可以用于数据的替换。在文本数据中,经常会出现一些没有意义,影响数据分析结果的符号,可以使用这两个函数对这些符号进行替换。这两个函数的区别在于,前者只会替换首次满足条件的子字符串,后者可以替换所有满足条件的子字符串。str_repalce()的使用示例如下:

```
str_replace(string, pattern, replacement)
```

其中,参数 replacement 是用于替换的字符;参数 string 指被替换的字符串;参数 pattern 指要替换的字符匹配模式,可以用正则表达式来表达匹配模式。

将字符串第一个出现的 a 或者 b 替换为空格,代码如下:

```
str <- c("abc", 123, "cba")
str_replace(str, "[ab]", " ")
## [1] " bc" "123" "c a"
```

或者使用 str_replace_all()将目标字符串的所有 a 和 b 替换为空格,代码如下:

```
str <- c("1a1b1", 123, "1b1a1")
str_replace_all(str, "[ab]", " ")
## [1] "1 1 1" "123"   "1 1 1"
```

5. 拆分

str_split()函数可以对字符串进行拆分,示例如下:

```
str_split(string, pattern, n = Inf, simplify = FALSE)
```

在这个函数中,string 参数是要处理的字符串对象;pattern 是分隔符,也可以是复杂的正则表达式;n 是指定切割的份数,默认所有符合条件的字符串都会被拆分开来;simplify 是逻辑值,表示是否返回字符串矩阵,默认以列表的形式返回。例如:

```
str_split(c('123456@qq.com','0311-6228xxxx'),'[@-]')
## [[1]]
## [1] "123456" "qq.com"
##
## [[2]]
## [1] "0311"     "6228xxxx"
```

7.3　中文分词及词频统计

一般而言,词语标记(Token)是文本数据分析最小的语义单元。不同于英文单词间有空格符分割,中文文本的最小单元是字,由字构成的词语通常没有自然的分割,因此,中文分词是中文文本数据分析初始的关键一步。概括而言,中文分词技术就是要将句子、段落等长文本分解成最小的语义单元,分词的结果可以进一步转化为计算机可以处理的向量形式。良好的中文分词就是要达到清晰切割中文文本语义最小单元的目的,分词结果不仅能提升词频统计的精度,也能为不同粒度(如句子、段落乃至篇章)文本的精准语义分析奠定基础。R 语言中能提供中文分词功能的第三方包的数量不少,其中以 jiebaR 包最为流行,接下来将以 jiebaR 包为例,重点讲解中文分词的过程及操作技巧。

7.3.1 基于 jiebaR 包的中文分词

1. jiebaR 包的安装与初始使用

首先安装并加载 jiebaR 包,可以使用 install. packages()函数安装 jiebaR 包,然后使用 library()函数对其进行加载,示例如下:

```
install.packages("jiebaR")
library(jiebaR)
```

我们也可以通过 pacman 包的 p_load()函数来加载 jiebaR 包。如果已经安装了 jiebaR 包,p_load()函数只会进行加载;如果没有安装 jiebaR 包,p_load()函数会先安装 jiebaR 包再进行加载。示例如下:

```
library(pacman)
p_load(jiebaR)
```

接下来,尝试使用 jiebaR 包进行分词,jiebaR 包提供了如下三种方式。
第一种方式示例如下:

```
text <- "R语言是一门用于数据分析的工具性语言"
worker <- worker()
segment(text,worker)
## [1] "R"        "语言"     "是"        "一门"     "用于"     "数据分析""的"
## [8] "工具性"   "语言"
```

第二,通过[]的方式来进行分词,示例如下:

```
text <- "R语言是一门用于数据分析的工具性语言"
worker <- worker()
worker[text]
## [1] "R"        "语言"     "是"        "一门"     "用于"     "数据分析""的"
## [8] "工具性"   "语言"
```

第三,通过<=的方式来进行分词,示例如下:

```
text <- "R语言是一门用于数据分析的工具性语言"
worker <- worker()
worker <= text
## [1] "R"        "语言"     "是"        "一门"     "用于"     "数据分析""的"
## [8] "工具性"   "语言"
```

因为在加载 jiebaR 包时并不会启动分词引擎,所以在分词之前,需要调用 worker()函数来启动。jiebaR 包提供了 7 种分词引擎,默认使用混合模型,通过 type 参数可以进行更改,但是一般情况下不需要。

2. 自定义词典

通过以上输出结果可以发现,"R 语言"被分成了"R"和"语言"两个词,改变了它本来的含义,这显然不是想要的结果。语言随着社会的发展在不断发生变化,新的词汇越来越多,像一些网络热词,如"干饭人""真香"等,无法被算法理解,因此在分词过程中无法直接通过算法将这些词语分离出来。在这种情况下,需要通过自定义词典的方式来告诉算法哪些词可以作为整体词汇予以保留,从而使分词达到更好的效果。jiebaR 包提供了这个功能,且添加自定义词典有如下两种方式:一种是使用 new_user_word()函数添加;另一种是使用 worker()函数的user 参数添加。

(1) 使用 new_user_word()函数添加

在 new_user_word()的参数中直接添加自定义词典,示例如下:

```
new_user_word(worker, c("R 语言"))
## [1] TRUE
segment(text,worker)
## [1] "R 语言"    "是"       "一门"     "用于"    "数据分析""的"       "工具性"
## [8] "语言"
```

(2) 通过 worker()函数的 user 参数添加

jiebaR 包自带用户词典,我们可以使用 show_dictpath()函数查看自定义词典的位置,具体如下:

```
show_dictpath()
## [1] "E:/R-4.1.0/library/jiebaRD/dict"
```

上述路径下的"user. dict. utf8"文件就是自定义词典,我们可以打开记事本对其进行修改,这里只需要补上词条"R 语言"即可。在实际操作过程中,可以用如图 7-8 所示的方式定义词典。

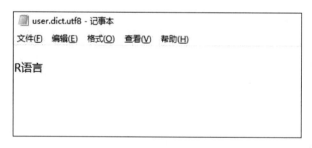

图 7-8　自定义词典

在编辑自定义词典时,可以用换行符将专有名词隔开,以便后续编辑。值得注意的是,词典第一行需要留空,以避免分词包加载自定义词典失效,这可能是一个未解决的漏洞。具体如下:

```
worker <- worker()
segment(text,worker)
## [1] "R"        "语言"     "是"       "一门"     "用于"     "数据分析"
## [7] "的"       "工具性"   "语言"
```

编辑完自定义词典后,直接运行 segment()函数,可以发现 R 语言依然被分词成了"R"和

"语言"两个词,这是因为自定义词典未加载成功,需要重新定义分词引擎。将自定义词典保存在工作目录下,保存方式为".utf8"文件,编码为"utf-8",然后将 worker()函数的 user 参数设置为自定义词典的文件名,示例如下:

```
worker <- worker(user = "user.dict.utf8")
segment(text,worker)
## [1]"R 语言"    "是"    "一门"    "用于"    "数据分析""的"
## [7]"工具性"   "语言"
```

通过输出结果可以发现,此时 R 语言被分成了一个词汇。

随着时代发展,语言也在不断发生改变,通用词库需要不断随之更新,以确保得到良好的分词效果。利用网上的资源可以定期更新通用词库,搜狗输入法在 https://pinyin.sogou.com/dict/ 上提供了各种专业类别的词库,读者可以自由下载使用。或者,读者也可以使用搜狗细胞词库在线提取转换工具 https://cidian.shinyapps.io/shiny-cidian/将下载的 scel 格式的文件转换成 txt 格式的文本文件并加入词库中。

3. 自定义/加载停用词表

除了自定义词典之外,jiebaR 包还提供了自定义停用词表的功能。在阅读中文文本时可以发现,中文文本中有许多感叹词、语气词、助词等,如"的""了""么""呢"等,这些语气词虽然常见但并没有实际的含义。在文本分析中,这类词不仅会影响分析的效率,还会影响文本分析的结果,因此需要将这些词汇作为停用词删掉。

停用词词库构建方式类同于自定义词库,但功能有别:停用词词库用于剔除无实质语义的词语;自定义词库用于增加领域专业术语。事实上,jiebaR 包中自带停用词库,可以将其复制到工作目录下直接使用。jiebaR 包不会直接加载停用词表,需要通过 worker()函数的 stop_word 参数添加,示例如下:

```
worker <- worker(user = "user.dict.utf8",stop_word = "stop_words.utf8")
segment(text,worker)
## [1]"R 语言"    "一门"    "用于"    "数据分析""工具性"    "语言"
```

4. 热词的词频统计

jiebaR 包中的 freq()函数可以用于词频统计,返回值为由分词和词频构成的数据框,示例如下:

```
worker <- worker(user = "user.dict.utf8")
freq(segment(text,worker))
##        char freq
## 1    语言    1
## 2      的    1
## 3  工具性    1
## 4    用于    1
## 5    一门    1
## 6      是    1
## 7 数据分析    1
## 8   R 语言    1
```

freq()函数的返回值可以直接作为 wordcloud2()函数的数据,这也为绘制词云图提供了便利。

5. 词语的词性标注

词语的词性对理解文本含义有很重要的意义,jiebaR 包提供了 tagging()函数,我们可以首先在 worker()函数中设置 type 参数,之后在 tagging()函数中引入 worker 对象,在分词的同时实现词性标注,示例如下:

```
text <- "R 语言是一门用于数据分析的工具性语言"
worker <- worker(user = "userdict. utf8", type = "tag")
tagging(text, worker)
##          eng          v          m          v          l          uj
##      "R 语言"        "是"      "一门"      "用于"    "数据分析"        "的"
##            n          n
##      "工具性"      "语言"
```

7.3.2 基于 quanteda 包的词频统计

完成中文文本分词后,接下来对文本进行词频分析。早期的 R 语言文本分析较多使用的是 tm 包,该包功能较为齐全,除了可以完成词频分析外,还可以实现文本的向量化转换。tm 包以切分的词语标记为基础,可将文本转换为文档-词项矩阵(Document-Term Matrix,DTM),用于后续更为复杂的分析任务。然而,tm 包有两个致命的缺点:一是处理大规模文本语料时速度不快,效率很低;二是由于其开发较早,更新维护不及时,代码的兼容性欠佳。

目前,R 语言下的文本分析通常推荐使用 quanteda 包。该包由伦敦政治经济学院的肯尼思·比诺特(Kenneth Benoit)教授及其团队开发并维护。quanteda 包从底层重新设计了从文本读入、预处理到不同粒度文本分析的流程与嵌入算法,不仅运行速度提升明显,主要函数语法的一致性也得到了优化,新用户上手也更为简单。总体而言,quanteda 包有以下优点:

(1)有稳定团队跟踪维护;

(2)语法简洁、功能强大、分析高效;

(3)内部使用 stringi 包作为字符处理工具,能够较好处理中文等 Unicode 字符,有利于中文文本分析的开展;

(4)核心函数基于 Rcpp、data. table 等包开发,处理速度快。

下面将基于 quanteda 包完成多样的文本分析。

首先,使用 install. packages()函数安装 quanteda 包:

```
install.packages("quanteda")
```

然后按照 quanteda 包官网(https://quanteda.io)的建议安装以下软件包,以便更好地支持和扩展 quanteda 包的功能。

- readtext:用于读取包含文本的文件以及相关的文档级元数据,并将这些文本文件导入 R 环境中,具体参考第 7.1 节。

- spacyr:调用 Python 中的 spaCy 库完成自然语言处理,包括标注词性、命名实体和依存语法。

- quanteda.corpora：用于 quanteda 包的附加文本数据集。
- LIWCalike：R 版语言探查与词频统计（Linguistic Inquiry and Word Count）软件。

后面两个包未在 CRAN 上开源，需要通过 github 工具下载：

```
devtools::install_github("quanteda/quanteda.corpora")
devtools::install_github("kbenoit/LIWCalike")
```

使用 quanteda 包进行文本分析的步骤为：导入文本；构建语料库；构建文档特征矩阵（Document Feature Matrix，DFM）；对文本进行不同粒度的分析。

readtext 包能够读取并导入不同格式的文本文件，之后返回一个数据框对象，该对象可以直接用于 quanteda 包中的 corpus()函数，进一步创建符合 quanteda 包格式的语料库对象。以 quanteda 包内置的 2010 年英国 9 个政党选举宣言的节选文本为例，对如何创建 quanteda 语料库进行说明，同时通过 summary()函数来查看语料库文本的情况，示例如下：

```
corp_uk <- corpus(data_char_ukimmig2010)
summary(corp_uk)
## Corpus consisting of 9 documents, showing 9 documents:
##
##          Text Types Tokens Sentences
##           BNP  1125   3280        88
##     Coalition   142    260         4
##  Conservative   251    499        15
##        Greens   322    677        21
##        Labour   298    680        29
##        LibDem   251    483        14
##            PC    77    114         5
##           SNP    88    134         4
##          UKIP   346    722        26
```

对于中文文本，构建文档特征矩阵需要先做好中文分词。quanteda 包也具有中文分词功能，调用 tokens()函数即可完成中文分词，示例如下：

```
library(quanteda)
tokens("中华人民共和国成立于 1949 年")
## tokens from 1 document.
## text1 :
## [1]"中华"  "人民"  "共和国""成立"  "于"     "1949"  "年"
```

quanteda 包继承了 tidyverse 包中的管道操作符，我们可以通过"%>%"对 token()函数加载停用词。quanteda 包的停用词词库来源于百度停用词，示例如下：

```
library(quanteda)
tokens("中华人民共和国成立于 1949 年。") %>%
    tokens_remove(stopwords("zh", source = "misc"))
## tokens from 1 document.
## text1 :
## [1]"中华"  "人民"  "共和国""成立"  "1949"  "。"
```

我们可以在 tokens()函数中设置 remove_punct 参数去除文本中的标点,还可以通过 remove_numbers 参数去除文本中的数字,示例如下:

```
library(quanteda)
tokens("中华人民共和国成立于 1949 年。") %>%
    tokens_remove(stopwords("zh", source = "misc")) %>%
    tokens(remove_punct = TRUE,remove_number = TRUE)
## tokens from 1 document.
## text1 :
## [1] "中华"   "人民"   "共和国" "成立"
```

分词只是一个中间结果,大多数用户都希望直接构建一个文档特征矩阵。quanteda 包提供的 dfm()函数可将所提取的特征归纳成文档特征矩阵。以 2021 年 3 月 5 日第十三届全国人民代表大会第四次会议上的政府工作报告为例,讲解如何建立文档特征矩阵,以及如何进行文本分析。

首先使用 readtext 包读取工作目录下的 txt 文本,对文本数据进行处理,对应代码如下:

```
library(readtext)
mytext <- readtext("example.txt",encoding = "utf-8")
corpus_text <- corpus(mytext)
tokens_text <- tokens(corpus_text) %>%
    tokens_remove(stopwords("zh", source = "misc")) %>%
    tokens(remove_punct = TRUE,remove_separators = TRUE, remove_numbers = TRUE)
```

然后使用 dfm()函数构建文档特征矩阵并使用 topfeatures()函数查看出现频次最高的特征,对应代码如下:

```
dfm_text <- dfm(tokens_text)
topfeatures(dfm_text,10)
## 发展 建设   化 经济 社会 推进 加强 市场 企业 服务
##  150   86   83   67   66   64   53   51   49   49
```

通过输出结果可以看到,"发展""建设"等词汇的出现频次排在前面的位置,在一定程度上能够展示本次政府工作报告的重点。

接下来使用 textplot_wordcloud()函数绘制 dfm 对象的词云图,这个函数将参数传递给 wordcloud 包的 wordcloud()函数,并且可以使用相同的参数对图进行美化。要使用 textplot_wordcloud()函数,需要先加载 quanteda.textplots 包,示例如下(结果如图 7-9 所示):

```
library(quanteda.textplots)
dfm_text_trim <- dfm_trim(dfm_text,min_termfreq = 20)
textplot_wordcloud(dfm_text_trim, min_count = 6, random_order = FALSE,
                   rot_per = .25, max_words = 100,
                   min_size = 1, max_size = 5.6,
                   rotation = 0, adjust = -0.25,
                   font = if (Sys.info()["sysname"] == "Darwin") "SimHei" else NULL,
                   color = RColorBrewer::brewer.pal(8,"Dark2"))
```

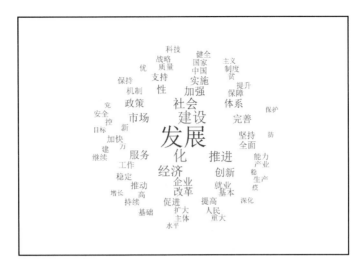

图 7-9　词云图

在上述示例中可以发现,quanteda 包的中文文本分词效果较差。在实际使用时,可以先用 jiebaR 包完成中文分词,再用 quanteda 包对分词后的中文文本进一步处理。

7.4　文本基本特征提取

文本作为信息的载体,除了内容包含有价值的信息外,它的形式往往也包含着有价值的信息,如字符、句子的数量,标点符号类型及数量等,这些都属于文本的基本特征。在 R 语言中,可以使用 textfeatures 包来提取这些基本特征。

接下来,通过一个实例来演示如何使用 textfeatures 包,代码如下:

```
library(textfeatures)
x <- c(
  "this is A! \t sEntence https://github.com about #rstats @github",
  "and another sentence here", "THe following list:\n- one\n- two\n- three\nOkay!?!"
)
textfeatures(x, verbose = FALSE)
## # A tibble: 3 × 36
##   n_urls n_uq_urls n_hashtags n_uq_hashtags n_mentions n_uq_mentions n_chars
##    <dbl>     <dbl>      <dbl>         <dbl>      <dbl>         <dbl>   <dbl>
## 1   1.15      1.15       1.15          1.15       1.15          1.15   0.243
## 2 -0.577    -0.577     -0.577        -0.577     -0.577        -0.577  -1.10
## 3 -0.577    -0.577     -0.577        -0.577     -0.577        -0.577   0.856
## # ... with 29 more variables: n_uq_chars <dbl>, n_commas <dbl>, n_digits <dbl>,
## #   n_exclaims <dbl>, n_extraspaces <dbl>, n_lowers <dbl>, n_lowersp <dbl>,
## #   n_periods <dbl>, n_words <dbl>, n_uq_words <dbl>, n_caps <dbl>,
## #   n_nonasciis <dbl>, n_puncts <dbl>, n_capsp <dbl>, n_charsperword <dbl>,
## #   sent_afinn <dbl>, sent_bing <dbl>, sent_syuzhet <dbl>, sent_vader <dbl>,
## #   n_polite <dbl>, n_first_person <dbl>, n_first_personp <dbl>,
## #   n_second_person <dbl>, n_second_personp <dbl>, n_third_person <dbl>, ...
```

以上结果中表头所代表的含义，可以查看网址 https://mirrors. tuna. tsinghua. edu. cn/CRAN/web/packages/textfeatures/textfeatures. pdf。需要注意的是，textfeatures 包目前只能用于英文文本。

7.5 文本的词频分析

7.5.1 词频分析与可视化

在文本分析中，词云图是文本可视化的一种重要方式。词云图可以通过字体大小和颜色等特征突出文本中出现频率较高的词汇，从而使人更直观地把握文本的关键内容。R 中有很多包可以绘制词云图，本节主要介绍 wordcloud2 包。

wordcloud2 包对 wordcloud 包进行了优化，其参数非常简单，可以绘制出精美的词云图，并且 wordcloud2 包绘制的词云图具有一定的交互性，在以网页形式展示的情况下，当鼠标停留在词汇上时会显示该词汇及相应的词频。wordcloud2()函数有几个重要参数：

```
wordcloud2(data, size, shape)
```

其中，data 为生成词云需要的数据，是由词汇和词频构成的一个数据框。size 为词云的大小，建议范围设置为 0.4～1。如果词云中词语频率差距太大，可以考虑对频率进行标准化处理，否则词频太大的词会无法显示。shape 为词云的形状，默认是"circle"，即圆形，此外，还可以选择 cardioid(苹果形或心形)、star(星形)、diamond(钻石)、triangle-forward(前向三角形)、triangle(三角形)、pentagon(五边形)。

接下来以 R 自带的数据为例绘制词云图。词云图是用来展示文本数据重点信息的，所以词云图中词的数量不宜太多，在绘制词云图时可以选择出现次数较多的词汇进行绘制。本例选择词频大于等于 6 的词汇绘制词云图，代码如下(结果如图 7-10 所示)：

```
library(wordcloud2)
mydemo <- demoFreq[which(demoFreq $ freq >= 6),]
wordcloud2(mydemo, size = 0.8)
```

图 7-10 英文词云图示例

另外，我们也可以绘制中文词云图，选择案例数据中词频大于 150 的词进行展示，代码如下（结果如图 7-11 所示）：

```
mydemo <- demoFreqC[which(demoFreqC $ V1 >= 150),]
wordcloud2(mydemo, size = 0.8, fontFamily = "微软雅黑",
          color = "random-dark")
```

图 7-11　中文词云图示例

fontFamily 参数可以指定词云的字体；color 可以指定词云的颜色，但是只能指定色系不能指定具体颜色。

接下来继续以 2021 年 3 月 5 日第十三届全国人民代表大会第四次会议上的政府工作报告为例，首先通过 jiebaR 包对报告文本进行分词，然后通过 freq() 函数得到一个由词汇和词频组成的数据框，选取词频前 100 的词汇绘制词云图，示例如下（结果如图 7-12 所示）：

```
worker <- worker(user = "user.dict.utf8",stop_word = "stop_words.utf8")
mytext <- readtext("example.txt",encoding = "UTF-8")
corpus_text <- corpus(mytext)
word_freq <- segment(corpus_text,worker) %>%
  freq() %>%
  arrange(desc(freq))
word_freq %>%
  slice(1:100) %>%
  wordcloud2(fontFamily = "微软雅黑",size = 0.8)
```

通过图 7-12 可以很直观地看出，"发展""建设""经济""就业""创新"等词是本次工作报告中提到的重点。

在上面的实例中，均使用词云图的方式对文本数据中的高频词语进行了可视化，但是词云图不能直观显示词语层面的权重，在比较两个文本数据之间的差异时，词云图难以发挥作用。因此，当需要对比两个文本之间的差异时，可以使用词语熵移图来量化哪些词语会导致两个文本之间的成对差异。Python 中的 shifterator 包能够绘制词语熵移图，接下来将举例进行说明。

图 7-12 政府工作报告词云图

首先,对文本数据进行分词,并构建词汇-词频表,代码如下:

```
# 导入数据处理需要的包
import pandas as pd
import collections
import jieba
import re
# 读取数据
reviews_df = pd.read_csv("F:/work_materials/service-product/Entropy Shifts/policy.csv")
# 去掉缺失值,否则分词时会报错
reviews_df = reviews_df.dropna()
# 选择东部地区的政策目标文本
texts_1 = reviews_df[reviews_df['地区'] == "东部地区"]['政策目标'].tolist()
# 选择中部地区的政策目标文本
texts_0 = reviews_df[reviews_df['地区'] == "中部地区"]['政策目标'].tolist()
# 定义分词函数
defclean_text(docs):
    jieba.load_userdict("F:/work_materials/service-product/Entropy Shifts/professiontext.txt")
    stop_words = open('F:/work_materials/service-product/Entropy Shifts/stopwords.txt', encoding =
'utf-8').read().split("\n")
    text = "".join(docs)
    text = "".join(re.findall("[\u4e00-\u9fa5]+",text))
    words = jieba.lcut(text)
    # 去除停用词
    words = [w for w in words if w not in stop_words]
    # 去除只有一个字的词
    words = [w for w in words iflen(w)>1]
    # 统计词频
    wordfreq_dict = collections.Counter(words)
    return wordfreq_dict
# 分词并返回词频列表
clean_texts_1 = clean_text(texts_1)
clean_texts_0 = clean_text(texts_0)
```

词汇-词频表构建完成后,就可以使用 shifterator 包绘制词语熵移图了。熵的计算方法不一，下面以 Shannon 熵为例，具体代码如下（结果如图 7-13 所示）：

```
# 导入绘制词云图需要的包
from shifterator import EntropyShift
import matplotlib
# 设置字体，使用中文字体，避免出现中文无法显示的情况
matplotlib.rc("font", family = 'YouYuan')
# 绘制迁移图香农(shannon)熵
entropy_shift = EntropyShift(type2freq_1 = clean_texts_1,
                            type2freq_2 = clean_texts_0,
                            base = 2)
entropy_shift.get_shift_graph(top_n = 50, system_names = ['东部地区', '中部地区'], filename = "F:/
work_materials/service-product/Entropy Shifts/Shannon-政策目标.png",width = 15)
```

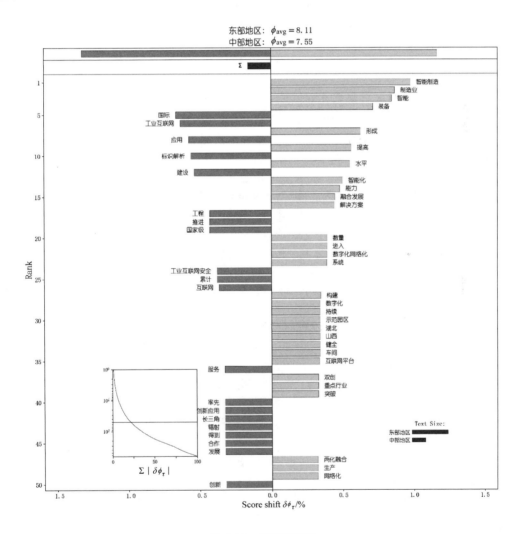

图 7-13　词语熵移图

本例使用 Shannon 熵的计算方法，绘制了词语熵移图，其通过垂直条形图的方式列示了东部地区和中部地区政策目标的前 50 个高频词汇的差异。由图 7-13 可以看到，东部地区政策目标中提到"互联网""工业互联网"等词居多，而中部地区政策目标中提到"智能制造""制造

业"等词居多。

图 7-13 左下角的曲线图是累积贡献图,水平线显示绘制的词语贡献与未绘制词语贡献的截止值。图 7-13 中的累积贡献图表明,大约 25% 的整体差异可以由前 50 个词语解释。

7.5.2　共现词语的词频分析

第 7.3 节介绍的高频热词分析,可以揭示单个词语的出现频次及热度分布特征,但无法分析多词共现(Multiword Expression,MWE)的情况。对于专业领域的文本语料,多词共现不仅可用于识别领域新名词或新术语,也能用于考察作者的遣词用语习惯。因此,在单个词语词频分析基础上开展多词共现分析,能扩大词语级文本分析的深度。

1. n 元词(n gram)的提取

在 quanteda.textstats 包中,可以使用 textstat_collocations() 函数对 n 元词进行提取。textstat_collocations() 函数有几个重要的参数,示例如下:

```
textstat_collocations(x,size = 2,min_count = 2)
```

其中,x 为字符向量、语料库对象或者 tokens 对象;size 为 n 元词组的长度;min_count 为词组出现的最小次数,小于最小次数的词组将不会显示。仍以 2021 年 3 月 5 日第十三届全国人民代表大会第四次会议上的政府工作报告为例,查看本次报告中出现频次大于等于 6 的 2 元词组,示例如下:

```
worker <- worker(user = "user.dict.utf8",stop_word = "stop_words.utf8")
mytext <- readtext("example.txt",encoding = "UTF-8")
corpus_text <- corpus(mytext)
token_data <- segment(corpus_text,worker) %>%
  list() %>%
  tokens()
textstat_collocations(token_data,min_count = 6) %>%
  arrange(desc(count))
##      collocation count count_nested length    lambda         z
## 8      新 发展    10            0      2    2.798008  7.622467
## 2     科技 创新     8            0      2    5.010622 10.324610
## 7    高质量 发展     8            0      2    4.153643  7.861762
## 1      目标 任务     7            0      2    6.415449 10.585188
## 9      中小 微      7            0      2   11.103226  6.635268
## 11   国内 生产总值   7            0      2    9.492884  6.305070
## 13    中国 特色     7            0      2    8.485400  5.744055
## 15      微 企业     7            0      2    7.962749  5.414869
## 16    实体 经济     7            0      2    7.906093  5.378317
## 3      疫情 防控     6            0      2    5.966978 10.166620
## 4      取得 新      6            0      2    4.845272  9.037581
## 5      深入 实施     6            0      2    5.054033  9.008867
## 6    特色 社会主义   6            0      2    7.914246  8.269612
## 10      常态 化     6            0      2   10.960276  6.525982
## 12  经济社会 发展    6            0      2    5.337615  5.865700
## 14    加快 发展     6            0      2    2.540865  5.650597
```

通过以上分析,我们可以识别并发现"新发展""科技创新""高质量发展""经济社会发展"等高频共现新词组。我们可以将这些高频共现新词组加入专业术语词库,为领域文本的高精度分词做准备。

2. 特征共现矩阵

quanteda 包中还提供了构建特征共现矩阵的函数 fcm(),示例如下:

```
fcm(x,context = c("document", "window"),window = 5L)
```

其中,x 为 tokens 对象或者 dfm 对象;context 指的是考虑共现词的上下文,如果 x 为 dfm 对象,context 的值只能设置为"document";windows 指的是目标特征两侧窗口大小,默认为 5,即目标特征前后 5 个单词。仍以 2021 年 3 月 5 日第十三届全国人民代表大会第四次会议上的政府工作报告为例,构建特征共现矩阵的代码如下:

```
fcm_data <- fcm(token_data,context = "window", window = 5L)
fcm_data
## Feature co-occurrence matrix of: 2,341 by 2,341 features.
##          features
## features 代表 现在 国务院 大会 报告 政府 工作 请予 审议 请
##    代表     2    2      3    2    2    1    1    0    0  0
##    现在     0    0      1    1    1    1    0    0    0  0
##    国务院   0    0      0    1    1    1    1    1    0  0
##    大会     0    0      0    0    1    1    1    1    1  0
##    报告     0    0      0    0    0    1    1    1    1  1
##    政府     0    0      0    0    0    2    3    1    1  1
##    工作     0    0      0    0    0    0    2    1    1  1
##    请予     0    0      0    0    0    0    0    1    1  1
##    审议     0    0      0    0    0    0    0    0    1  1
##    请       0    0      0    0    0    0    0    0    0  0
## [ reached max_feat ... 2,331 more features, reached max_nfeat ... 2,331 more features ]
```

通过 topfeatures()函数可查看与"发展""创新"共现频次较高的词汇,示例如下:

```
topfeatures(fcm_data["发展",])
## 发展  促进  建设  创新  支持  推动  推进  加快 高质量  区域
##   42    20    17    15    15    15    15    14    14    13
topfeatures(fcm_data["创新",])
## 科技 企业 创新 国家 完善 推动 促进 加快 中心 融合
##   14   12   10    6    5    5    4    4    4    4
```

由以上结果可以发现,对高频共现热词进行分析可使文本分析更加深入,有助于我们更好地理解文本内容。在文本分析时可以将高频词与高频共现热词结合进行分析。

7.6　本　章　小　结

本章首先介绍如何使用 readtext 包导入文本数据,以及如何使用 stringr 包和正则表达式对文本数据进行处理;其次,介绍如何使用 jiebaR 包进行中文分词;最后,介绍如何提取文本的基本特征以及如何进行高频热词分析和高频共现热词分析,并介绍了词云图与词语熵移图的绘制。另外,本章还重点介绍了 R 语言中一个具有强大文本分析功能的包——quanteda 包,它除了可用于词频分析外,还具有语义分析等众多功能,后续章节会继续学习。

本章有以下几点需要读者注意。

- 本章仅介绍了正则表达式的简单用法,对于复杂的正则表达式并未涉及,读者在实际使用中可以按照个人需求进一步学习正则表达式。
- jiebaR 包分词的效果在很大程度上取决于词库的质量,读者应定期更新自己的词库。
- 虽然 quanteda 包具有一定的分词功能,但是它对中文文本的分词效果相对较差。读者在使用 quanteda 包进行中文文本分析时,可以结合 jiebaR 包一起使用。

第8章　文本的语义和情感分析

文本的语义分析和情感分析大多面向句子、段落或篇章,前者旨在识别文本的主题、类别等语义信息,后者用于判断主观性文本的情感倾向。一般而言,文本语义分析包括文本分类、文本主题建模等,文本情感分析包括文本情感倾向分类和文本情感极性计算。在第7章字符串及词频分析的基础上,本章首先介绍文本的向量化以及基于词袋(Bag of Word)模型和词嵌入(Word Embedding)模型的向量化表征差异;其次,介绍基于词嵌入模型的分布式表征及应用;再次,讲解基于词袋模型的潜在狄利克雷分配(Latent Dirichlet Allocation,LDA)方法及其典型应用;最后介绍文本情感分析的常用方法。通过本章的学习,读者应该掌握以下几点。

- 两类典型的文本向量化表征方法及其异同点。
- 基于词袋模型的潜在狄利克雷分配方法及对应 R 包的应用技巧。
- 基于词嵌入模型的文本分布式向量表征方法及对应 Python 或 R 包的应用技巧。
- 基于词嵌入模型的文本相似性分析方法及对应 R 包的应用技巧。

8.1　文本的向量化与不同表征

文本数据一般属于非结构化的数据,若要让计算机对其进行一系列操作,需要将其转化为数值向量。将文本转换为高维空间的数值向量的这一过程被称为文本的向量化(Text Vectorization)。典型的文本向量化方法有两种:一种是传统的词袋模型表征;另一种是近年来较为流行的词嵌入分布式表征。

传统的词向量化是基于词袋模型的方法。词袋模型是在自然语言处理和信息检索下被简化的表达模型,顾名思义,也就是将文本材料中的词语装到一个"袋子"中进行表示。在词袋模型中,词与词之间相互独立,且该模型忽略了文本中的语法和语序。词袋模型会将文本中所有的词记录下来。例如,对于一个行是文档、列是单词的矩阵,其中的数值或者是单词在这个文档中出现的频次,或者是考虑词频和逆文档频率结合后的词频,数据映射如图 8-1 所示。

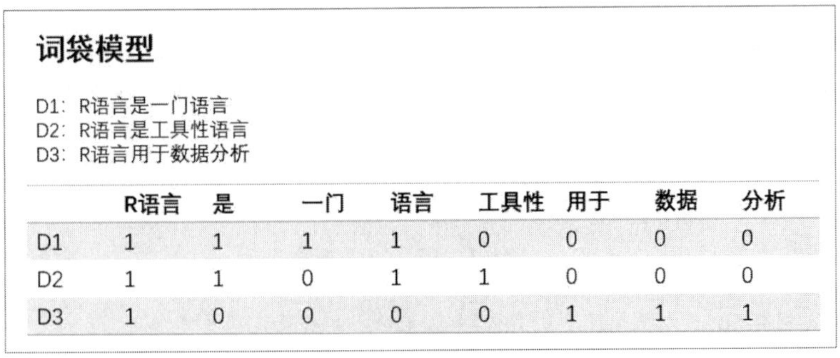

词袋模型

D1: R语言是一门语言
D2: R语言是工具性语言
D3: R语言用于数据分析

	R语言	是	一门	语言	工具性	用于	数据	分析
D1	1	1	1	1	0	0	0	0
D2	1	1	0	1	1	0	0	0
D3	1	0	0	0	0	1	1	1

图 8-1　数据映射

如果文本数量比较大,文本的重复性又比较弱,那么将会得到一个巨大的稀疏矩阵,从而导致存储效率和运算效率都很低。由于词袋模型忽略了文本中的语法和语序,对单词出现的顺序没有任何记录,因此"R 比 Python 效率高"和"Python 比 R 效率高"这两个短语,在词袋模型中被认为具有完全一样的意思。

在上面讨论的基础上,有学者提出了词嵌入(Word Embedding)模型。词嵌入是文本向量化的一种,从概念上而言,它是指把一个维数为所有词的数量的高维空间嵌入一个维数低得多的连续向量空间中的过程,每个单词或词组被映射为实数域上的向量。维度的确定需要根据词在句子中的位置和句子在文本中的位置。通过这种方式,向量化后的矩阵维度被控制在一个较低的范围内。通过这种方式还可以确定不同词在句子中的距离关系,从而计算不同词之间的相互关系。利用词嵌入模型,我们不仅可以找到意思相近的关键词,还可以找到一些词的反义词,同时,还能够计算词与词之间的距离。如果能够得到词向量,就可以轻易地进行这种计算,然后进行文本的理解。

one-hot 表示法是一种常见的文本向量化方法,目前常用的词嵌入方法有两种:word2vec和 GloVe,其中 word2vec 的应用更为广泛,word2vec 的基本思想是:先用向量代表各个词,然后通过神经网络模型在大量文本语料库上学习向量的参数。两者训练出来的文件都以文本格式呈现,区别在于 word2vec 包含向量的数量及其维度。word2vec 和 GloVe 的训练结果如图 8-2 所示。

```
94#这一行包含向量的数量及其维度
word1 0.123 0.134 0.532 0.152
word2 0.934 0.412 0.532 0.159
word3 0.334 0.241 0.324 0.188
...
word9 0.334 0.241 0.324 0.188
```
(a) word2vec词向量形式

```
word1 0.123 0.134 0.532 0.152
word2 0.934 0.412 0.532 0.159
word3 0.334 0.241 0.324 0.18
...
word9 0.334 0.241 0.324 0.188
```
(b) GloVe词向量形式

图 8-2　word2vec 和 GloVe 的训练结果

在 R 语言中,目前还没有成熟的封装包可以支持 word2vec 词向量化,这里以 Python 中的第三方包 gensim 为例进行介绍,使用 gensim 包之前,需要事先安装配置 Python 环境。若使用 GloVe 实现词向量化,可以借助于 R 中的 text2vec 包来完成。

8.1.1　使用 gensim 包实现文本分布式表征

在 Python 中,word2vec 封装在 gensim 包中,所以需要安装 gensim 包。应用 word2vec 需要对数据进行分词,Python 的中文分词包是 jieba,其原理与 R 相同,使用方式更加简单。

先进行准备工作:

```
from gensim.models import word2vec
import gensim
import jieba
#添加自定义词典,自定义词典可以从网上下载,jieba 中未封装词典
```

```
jieba.load_userdict('d:/work/词向量数据/userdict.txt')
import re
```

读取文本,并对文本进行清洗,如过滤停用词、标点等,然后对文本进行分词,并将分词的结果进行保存,同时建议将读取的原始文本备份。

接下来导入文本分词结果,调用 gensim 包训练模型,代码示例如下:

```
sentences = word2vec.Text8Corpus('d:/work/词向量数据/wordcut.txt')
model = gensim.models.Word2Vec(sentences,size = 100,window = 10,min_count = 2)
```

我们可以将模型保存到本地,便于以后使用:

```
model.save('d:/work/词向量数据/trainModel.model')
modeltest = word2vec.Word2Vec.load('d:/work/trainModel.model')
```

我们还可以将模型保存为文本文件,将其用到其他模型中或者进行查看:

```
model.wv.save_word2vec_format('d:/work/trainModel.model.txt',
                'd:/work/trainModel.vocab.txt',
                binary = False)
```

8.1.2 使用 text2vec 包实现文本分布式表征

text2vec 包为文本分析和自然语言处理提供了一个简单高效的 API 框架,其内核由 C++ 编写。text2vec 包使用流处理的方式处理数据,计算效率更高。text2vec 包是一个文本分析的生态系统,具有词向量化、GloVe 词嵌入、主题模型分析以及文本相似性分析等四大功能。

使用 text2vec 包进行文本分析的主要过程如下。

(1) 构建一个文档-词频矩阵(Document-Term Matrix,DTM)或者词频共现矩阵(Term-Co-Occurrence Matrix,TCM)。

(2) 在 DTM 基础上拟合模型,包括文本(情感)分类、主题模型、相似性度量等,并进行模型的调试和验证。

(3) 在新的数据上运用拟合好的模型。

8.2 基于 text2vec 包的文本词向量化与应用

8.2.1 基于 text2vec 包的文本情感分析

下面以 text2vec 包提供的影评数据为例,对 5 000 条电影评论进行情感分析(评论正面或者负面)。

1. 准备工作

首先加载 text2vec 包:

```
install.packages("text2vec")
library(text2vec)
library(data.table)
```

2. 数据准备

使用 data.table 包读取 text2vec 包自带的电影评论数据集：

```
data("movie_review")
setDT(movie_review)
```

将 id 设置为数据"主键"：

```
setkey(movie_review, id)
```

使用 set.seed()函数设定随机数,将数据划分为测试集和训练集。随机数的设定在于重现随机划分的测试集和训练集：

```
set.seed(2019L)
all_ids = movie_review $ id
train_ids = sample(all_ids, 4000)
test_ids = setdiff(all_ids, train_ids)
train = movie_review[J(train_ids)]
test = movie_review[J(test_ids)]
```

3. 文档向量化

文档向量化的目的是构建文档-词频矩阵,该矩阵包含不同文档、不同词出现的次数。文档-词频矩阵是稀疏矩阵,矩阵的表达有两种方式：一种是 n-grams；另外一种就是 Hashing 化。

首先使用 itoken()函数设置分词迭代器：

```
prep_fun = tolower
tok_fun = word_tokenizer
it_train = itoken(train $ review,
        preprocessor = prep_fun,
        tokenizer = tok_fun,
        ids = train $ id,
        progressbar = FALSE)
```

其中,tok_fun 代表分词器,指定了词语划分的程度,是否需要标点等；tolower 代表英文字符统一变成小写。

接下来进行分词,创建词典。因为案例是英文的,所以分词的设置相较于 jiebaR 包更加简单,对应代码如下：

```
vocab = create_vocabulary(it_train)
```

在分词时也可以设置停用词典，消除停用词，代码如下：

```
stop_words = c("i", "me", "my", "myself", "we", "our", "ours", "ourselves", "you", "your", "yours")
vocab = create_vocabulary(it_train, stopwords = stop_words)
```

然后使用 vocab_vectorizer()函数加载 vocab 对象，生成语料文件对象：

```
vectorizer = vocab_vectorizer(vocab)
```

使用语料文件构建 DTM 矩阵：

```
dtm_train = create_dtm(it_train, vectorizer)
```

需要注意的是，最后生成的文档顺序必须和 ID 一一对应，因为在操作过程中生成的 DTM 文档顺序会发生改变。identical()是检验两个值是否完全相等的函数，若相等，则返回 TRUE，具体代码如下：

```
identical(rownames(dtm_train), train $ id)
## [1] TRUE
```

4. 基于 logistics 的情感标注

logistics 是一种经典的、解释性比较强的机器学习算法。一般情况下，我们运用 glmnet 包中的 binomial()函数族进行 logistic 的情感标注。此处应用 glmnet 包中的 binomial()函数调用 logistics 算法完成文本的情感分类，同时，通过设置 alpha＝1 给出 L1 惩罚项参数。

首先加载 glmnet 包：

```
library(glmnet)
```

设置交叉验证的次数为 4，进行 logistic 的情感标注：

```
NFOLDS = 4
glmnet_classifier = cv.glmnet(x = dtm_train,
        y = train[['sentiment']],
        family = 'binomial',
        alpha = 1,
        type.measure = "auc",
        nfolds = NFOLDS,
        thresh = 1e-3,
        maxit = 1e3)
```

glmnet_classifier 是图形对象，可以使用 plot()函数将其绘制出来，代码如下（结果如图 8-3 所示）：

```
plot(glmnet_classifier)
```

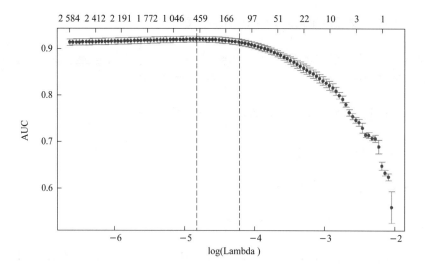

图 8-3　基于 logistics 的情感标注结果图

然后使用测试集验证模型的准确性：

```
it_test = test $ review %>%
          prep_fun %>%
          tok_fun %>%
          itoken(ids = test $ id,
                  progressbar = FALSE)
dtm_test = create_dtm(it_test, vectorizer)
preds = predict(glmnet_classifier, dtm_test,
                type = 'response')[,1]
glmnet:::auc(test $ sentiment, preds)
## [1] 0.9129629
```

8.2.2 GloVe 词向量化

使用 GloVe 的方式进行词向量化的主要步骤为：创建 TCM 词汇表；用 GloVe 对 TCM 进行因子分解；查找最近的词向量。

1. 创建 TCM 词汇表

在进行 GloVe 词向量化之前，需要先设定规则：“paris”→“france”，那么“germany”→？是使用 GloVe 词向量化需要获取的结果。下面以 Wikipedia 数据为语料进行展示。

首先读取数据，将数据下载到本地，然后手动或者使用下面的代码将数据解压到本地，设置工作路径，使用 readLines 读取数据。

```
text8_file = "./text8"
if (! file.exists(text8_file)) {
  download.file("http://mattmahoney.net/dc/text8.zip", "./text8.zip")}
unzip ("./text8.zip", files = "text8", exdir = "./text8")
#setwd("D:/work/test/text8")
wiki = readLines('text8', n = 1, warn = FALSE)
```

接下来创建词汇表，创建词汇表的方式和创建 DTM 的方式基本相同，具体步骤如下：使

124

用 itoken()设置分词器;使用 create_vocabulary()创建词典;创建 TCM 矩阵。

设置分词器及创建词典的代码如下:

```
tokens <- space_tokenizer(wiki)
it = itoken(tokens, progressbar = FALSE)
vocab <- create_vocabulary(it)
```

在创建 TCM 矩阵之前,为了提高准确率,可以通过设置 prune_vocabulary 参数将出现频率较小的词清洗掉,对应代码如下:

```
vocab <- prune_vocabulary(vocab, term_count_min = 10L)
```

使用 vocab_vectorizer()设置词汇向量化的参数,设置窗口长度为 5,创建 TCM 矩阵的代码如下:

```
vectorizer <- vocab_vectorizer(vocab,
                               grow_dtm = FALSE,
                               skip_grams_window = 5L)
tcm <- create_tcm(it, vectorizer)
```

2. 用 GloVe 对 TCM 进行因子分解

使用 GloVe 对 TCM 进行因子分解,创建词向量,对应代码如下:

```
glove = GlobalVectors $ new(word_vectors_size = 50, vocabulary = vocab, x_max = 10)
wv_main = glove $ fit_transform(tcm, n_iter = 10, convergence_tol = 0.01)
wv_context = glove $ components
word_vectors = wv_main + t(wv_context)
## INFO [2020-02-10 14:28:36] 2020-02-10 14:28:36 - epoch 1, expected cost 0.0876
## INFO [2020-02-10 14:28:58] 2020-02-10 14:28:58 - epoch 2, expected cost 0.0612
## INFO [2020-02-10 14:29:20] 2020-02-10 14:29:20 - epoch 3, expected cost 0.0541
## INFO [2020-02-10 14:29:42] 2020-02-10 14:29:42 - epoch 4, expected cost 0.0502
## INFO [2020-02-10 14:30:04] 2020-02-10 14:30:04 - epoch 5, expected cost 0.0476
## INFO [2020-02-10 14:30:25] 2020-02-10 14:30:25 - epoch 6, expected cost 0.0458
## INFO [2020-02-10 14:30:47] 2020-02-10 14:30:47 - epoch 7, expected cost 0.0444
## INFO [2020-02-10 14:31:09] 2020-02-10 14:31:09 - epoch 8, expected cost 0.0434
## INFO [2020-02-10 14:31:30] 2020-02-10 14:31:30 - epoch 9, expected cost 0.0425
## INFO [2020-02-10 14:31:52] 2020-02-10 14:31:52 - epoch 10, expected cost 0.0418
```

3. 查找最近的词向量

通过如下代码可以找到距离"paris - france + germany"最近的词向量。

```
berlin = word_vectors["paris", , drop = FALSE] -
         word_vectors["france", , drop = FALSE] +
         word_vectors["germany", , drop = FALSE]
cos_sim = sim2(x = word_vectors, y = berlin, method = "cosine", norm = "l2")
head(sort(cos_sim[,1], decreasing = TRUE), 5)
##     paris    berlin    munich     genoa   leipzig
## 0.7458840 0.7124383 0.7111723 0.6574792 0.6408929
```

8.2.3　LDA 主题模型

运用主题模型之前需要先构建 DTM 矩阵,构建 DTM 矩阵的方式前面已经讲过,这里使用管道操作符优化的代码构建 DTM 矩阵:

```
tokens = movie_review $ review %>%
        tolower %>%
        word_tokenizer
Mytoken = itoken(tokens, ids = movie_review $ id, progressbar = FALSE)
v = create_vocabulary(Mytoken) %>%
  prune_vocabulary(term_count_min = 10, doc_proportion_max = 0.2)
vectorizer = vocab_vectorizer(v)
dtm = create_dtm(Mytoken, vectorizer, type = "dgCMatrix")
    用 LDA 函数构建主题模型:
lda_model = LDA $ new(n_topics = 10, doc_topic_prior = 5,
                      topic_word_prior = 0.1)
doc_topic_distr = lda_model $ fit_transform(dtm, n_iter = 1000,
                          convergence_tol = 0.01, check_convergence_every_n = 10)
```

8.2.4　文本相似性分析

text2vec 提供了以下函数集来测量变量距离/相似性。

- sim2(x, y, method):分别计算 x * y 个向量的相似性。
- psim2(x, x, method):平行地求数据的 x 个相似性。
- dist2(x, y, method):跟 sim2 相反,分别计算 x * y 个向量的距离。
- pdist2(x, x, method):平行地求数据的 x 个距离。

以影评数据为例,计算文档相似性,取前 500 条数据进行代码演示:

```
library(stringr)
movie_review2 = movie_review[1:500, ]
prep_fun = function(x) {
    x %>%
    # 将字符串转换成小写
    str_to_lower %>%
    # 删除非字母数字符号
    str_replace_all("[^[:alnum:]]", " ") %>%
    # 删除空格
    str_replace_all("\\s+", " ")}
movie_review $ review_clean = prep_fun(movie_review $ review)
```

把现有数据分成两份,计算其相似性,代码如下:

```
doc_1 = movie_review[1:300, ]
it1 = itoken(doc_set_1 $ review_clean, progressbar = FALSE)
doc_2 = movie_review[301:500, ]
it2 = itoken(doc_set_2 $ review_clean, progressbar = FALSE)
```

由于需要在同一个向量空间比较文档的相似性,因此需要定义一个相同的空间和项目文档集,代码如下:

```
it = itoken(movie_review $ review_clean, progressbar = FALSE)
v = create_vocabulary(it) %>%
        prune_vocabulary(doc_proportion_max = 0.1, term_count_min = 5)
vectorizer = vocab_vectorizer(v)
```

text2vec 包提供了四种距离的测量方式,以杰卡德(Jaccard)距离为例进行说明。下面的示例代码将输出一个 300×200 的矩阵,矩阵中的元素就是 dtm1 和 dtm2 两个矩阵对应元素的杰卡德距离值。

```
dtm1 = create_dtm(it1, vectorizer)
dtm2 = create_dtm(it2, vectorizer)
d1_d2_jac_sim = sim2(dtm1, dtm2, method = "jaccard", norm = "none")
```

8.3 主题模型分析

主题模型是对文本中隐含语义结构进行聚类的统计模型,是语义分析和文本挖掘的一种重要方法。潜在狄利克雷分配(Latent Dirichlet Allocation,LDA)是最常见的主题模型,是一个基于文档-主题-词语的三层贝叶斯概率模型,它能够输出文档主题的概率分布情况以及每个主题下词语的分布情况。LDA 主题模型是一种生成概率模型,其生成思想可以描述为:首先以一定概率选择某一个主题,其次在这个主题下以一定概率选择某个词,重复这个过程,最后生成整篇文章。R 语言中有很多包能够实现 LDA 分析,包括 topicmodels 包、LDA 包等。

本节将介绍如何使用 topicmodels 包来进行主题模型分析,同时也会介绍一个能够帮助我们解读主题模型输出结果的包——LDAvis 包。

8.3.1 基于 quanteda 和 topicmodels 包的主题模型分析

本节以 quanteda 包中自带的一段关于乔·希金斯辩论的长文本为例。

首先,对文本数据进行分词,并构建文档特征矩阵,对应代码如下:

```
tokens_data <- tokens(data_char_sampletext,remove_punct = TRUE,remove_number = TRUE) %>%
tokens_remove(stopwords("en"))
dfm_data <- dfm(tokens_data)
```

数据准备好之后,再进行 LDA 分析就较为简单了,只需要调用 topicmodels 包的 LDA()函数进行主题模型分析即可,这里设置主题数 k 为 4,对应代码如下:

```
lda<- LDA(convert(dfm_data,to = "topicmodels"),k = 4)
```

我们可以通过 get_terms()函数查看每个主题下的词项,参数 k 值为每个主题下显示的词项的个数,示例如下:

```
get_terms(lda,k = 10)
# #         Topic 1       Topic 2        Topic 3          Topic 4
# # [1,] "people"      "people"      "economy"       "irish"
# # [2,] "thousands"   "policy"      "austerity"     "thousands"
# # [3,] "domestic"    "thousands"   "unemployment"  "people"
# # [4,] "economy"     "government"  "investment"    "economy"
# # [5,] "irish"       "banks"       "vat"           "million"
# # [6,] "policy"      "jobs"        "speculators"   "taking"
# # [7,] "government"  "austerity"   "government"    "investment"
# # [8,] "tens"        "means"       "€"             "jobs"
# # [9,] "banks"       "services"    "banks"         "trapped"
# # [10,] "now"        "demand"      "financial"     "goods"
```

　　LDA 主题模型能够输出文本的主题分布以及每个主题下的词项分布,分别如图 8-4、图 8-5 所示。查看 LDA 主题模型返回的结果,可以发现模型的主题分布在 gamma 中,词项分布在 beta 中(beta 中为每个主题的词项分布的对数参数)。

```
$gamma
            [,1]         [,2]
[1,] 0.4999782  0.5000218
```

图 8-4　主题分布

```
$beta
          [,1]       [,2]       [,3]       [,4]       [,5]       [,6]       [,7]
[1,] -4.840644 -7.736310 -6.460451 -7.604829 -4.189966 -6.55838 -6.309337
[2,] -8.517688 -4.872255 -5.031341 -4.880292 -4.060489 -5.00927 -5.071148
          [,8]       [,9]      [,10]      [,11]      [,12]      [,13]      [,14]
[1,] -6.167421 -4.992086 -5.847784 -4.136575 -5.831589 -5.786686 -7.066946
[2,] -5.116304 -6.638471 -5.257279 -8.392942 -5.266355 -5.292765 -4.928074
         [,15]      [,16]      [,17]      [,18]      [,19]      [,20]      [,21]
[1,] -3.818248 -5.701805 -5.270385 -4.923123 -5.464073 -5.056406 -3.872525
[2,] -4.563122 -5.348270 -5.823626 -7.100458 -5.556796 -6.358716 -3.928114
```

图 8-5　词项分布

　　如果想要知道每个词项属于不同主题的概率,可以通过 tidytext 包中的 tidy()函数对输出的模型进行主题提取,示例如下:

```
library(tidytext)
tidy(lda,matrix = "beta")
# # # A tibble: 744 × 3
# #    topic term        beta
# #    < int > < chr >   < dbl >
# # 1      1 instead    0.00654
# # 2      2 instead    0.00660
# # 3      3 instead    0.00126
# # 4      4 instead    0.00180
# # 5      1 fine       0.00773
# # 6      2 fine       0.00296
# # 7      3 fine       0.00251
```

```
## 8    4 fine              0.00299
## 9    1 gael-labour       0.00733
## 10   2 gael-labour       0.00150
## # ... with 734 more rows
```

接下来,对每个主题下概率最高的 5 个关键词进行提取,并通过条形图的形式进行直观展示(如图 8-6 所示),示例如下:

```
#对主题进行分组,提取每个主题下的出现概率最高的 5 个词项,按概率降序展示
topic_beta<- tidy(lda,matrix = "beta") %>%
  group_by(topic) %>%
  top_n(5,beta) %>%
  ungroup() %>%
  arrange(topic,desc(beta))
topic_beta
## # A tibble: 20×3
##    topic term          beta
##    <int><chr>         <dbl>
## 1    1 domestic      0.0274
## 2    1 irish         0.0259
## 3    1 government    0.0241
## 4    1 policy        0.0235
## 5    1 services      0.0184
## 6    2 thousands     0.0438
## 7    2 people        0.0317
## 8    2 economy       0.0261
## 9    2 banks         0.0220
## 10   2 immoral       0.0203
## 11   3 people        0.0527
## 12   3 investment    0.0357
## 13   3 jobs          0.0325
## 14   3 economy       0.0228
## 15   3 irish         0.0183
## 16   4 thousands     0.0289
## 17   4 irish         0.0255
## 18   4 hundreds      0.0215
## 19   4 economy       0.0169
## 20   4 people        0.0162
topic_beta %>%
  mutate(term = reorder_within(term,beta,topic)) %>%
  ggplot(aes(x = term,y = beta,fill = topic)) +
  geom_col(show.legend = FALSE) +
  facet_wrap(~topic,scales = "free") +
  coord_flip() +
  scale_x_reordered()
```

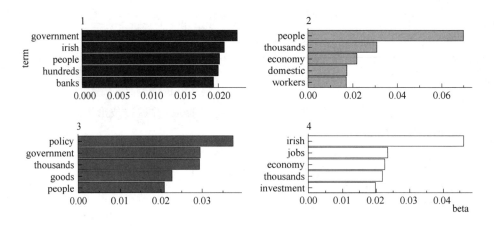

图 8-6　LDA 主题模型输出的主题分布

8.3.2　基于 LDAvis 包的主题模型可视化

虽然 LDA 主题模型能够通过很多工具实现,但是如何解释模型输出的结果依然是一个难点。下面介绍一个可视化工具——LDAvis 包来解释 LDA 主题模型的输出结果。

读者可参考网址 https://mirrors.tuna.tsinghua.edu.cn/CRAN/web/packages/LDAvis/README.html 来学习如何使用 LDAvis 包。R 中执行 LDA 算法的第三方包有很多个,其输出的主题模型结果的形式不同,因此,在使用 LDAvis 包时应该注意参数是否正确。

通过"A topic model for movie reviews"这个示例可以看到(示例网址:http://ldavis.Cpsievert.me/reviews/reviews.html),LDAvis 包主要使用两个函数:createJSON()函数和serVis()函数。

createJSON()函数能够返回一个 JSON 对象,它可作为生成交互式网页的数据。createJSON()函数有以下几个重要参数:

```
createJSON(phi = matrix(),
           theta = matrix(),
           doc.length = integer(),
           vocab = character(),
           term.frequency = integer())
```

其中,phi 为文档-主题分布矩阵;theta 为主题-词语分布矩阵;doc.length 为每篇文章的长度,也就是词项的个数;vocab 为词项列表;term.frequency 为词项对应的词频。

serVis()函数有以下几个重要参数:

```
serVis(json, out.dir = tempfile(), open.browser = interactive())
```

其中,json 为 createJSON()函数输出的 json 数据。out.dir 为存储 html、js、json 文件的路径。open.browser 是能否打开交互式浏览器的参数,若参数值为 TRUE,这个函数将尝试通过server 包创建一个本地文件服务器,用于结果预览;若参数值为 FALSE,则不能直接预览,这种情况下可以将输出的 html、js、json 文件放到服务器上进行查看。

下面以第 8.3.1 节中得到的主题模型结果为例,对主题模型可视化进行分析。

首先加载需要的包,并准备函数需要的几个重要参数,代码如下:

```
library(LDAvis)
# 主题-词语矩阵
phi <- tidy(lda, matrix = "beta") %>%
  pivot_wider(names_from = term, values_from = beta) %>%
  select(-1) %>%
  array() %>%
  as.matrix()
# 文档-主题矩阵
theta <- tidy(lda, matrix = "gamma") %>%
  pivot_wider(names_from = topic, values_from = gamma) %>%
  select(-1) %>%
  array() %>%
  as.matrix()
# 文档长度
doc.length <- lda@n
# 词项
vocab <- featnames(dfm_data)
# 词频
term.frequency <- featfreq(dfm_data)
```

然后,调用 createJSON()函数和 serVis()函数进行可视化,代码如下(结果如图 8-7
所示):

```
json <- createJSON(phi = phi,
                   theta = theta,
                   doc.length = doc.length,
                   vocab = vocab,
                   term.frequency = term.frequency)
serVis(json, out.dir = './testldavis', open.browser = TRUE)
```

由图 8-7 可以发现,网页中出现了乱码,为了解决这个问题,需要将 createJSON()函数输
出的 json 文件的编码格式改为 UTF-8 格式。这里可以采用手动修改的方式,操作如下:打开
json 文件→单击另存为→窗口下方编码处选择 UTF-8 格式,如图 8-8 所示。

我们也可以通过以下代码进行修改:

```
writeLines(iconv(readLines("./testldavis/lda.json"),
                 from = "GBK",
                 to = "UTF8"),
           file("./testldavis/lda.json", encoding = "UTF-8"))
```

修改后的主题模型可视化如图 8-9 所示。由图 8-9 可以发现,修改 json 文件编码格式后,
乱码问题得到了解决。由图 8-9 可以看到,左边的气泡有数字,并且大小、远近不一。LDAvis
包用数字和气泡大小来表示每个主题出现的概率大小。气泡之间的距离表示主题之间的相似
性,气泡之间距离越近,对应主题之间越相似。

在图 8-9 中,当鼠标悬浮在页面左边的气泡上时,相应气泡的颜色会发生变化,页面右边

会出现与该主题相关的词汇,通过对这些词语进行总结,可以归纳出相应主题的含义。

点击气泡选定某个主题后,我们可以通过调节右上角 λ 的值来调节主题和词语之间的相关性。λ 越接近 1,说明该主题下出现频率高的词与主题越相关;λ 越接近 0,说明该主题下更特殊的词汇与主题越相关。

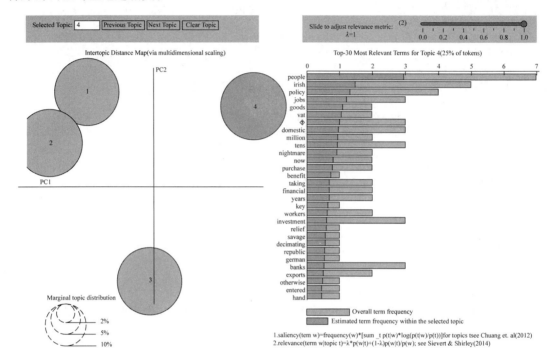

图 8-7　主题模型可视化一

图 8-8　手动修改 json 文件的编码格式

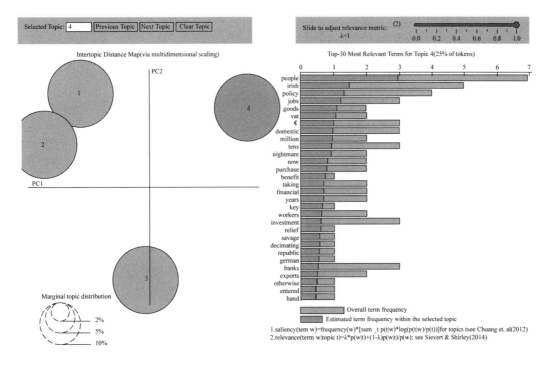

图 8-9　主题模型可视化二

8.4　文本情感分析

文本情感分析能够识别和提取一段文本材料中的主观信息,其主要目的是获取内容创作者对所讨论问题的态度。文本情感分析主要有两种方式:一种是机器学习;另一种是文本分析。本节主要针对文本分析方法进行介绍。这一方法的主要思路是:先把一段文本材料看作词语的组合,得出每个词语的情感得分,然后进一步把所有词语的情感得分的总和看作整个文本材料的情感得分。

使用文本分析方法进行情感分析时,需要依照分析的场景事先准备一个情感词典,对每个词语进行情感得分的赋值。R 语言中有很多字典可以用来评估文本中的情感,对于一般的问题,可以直接使用这些情感词典;但对于一些具体的问题,则需要对情感词典进行修改或者依据分析场景自行构建情感词典。接下来,分别以英文文本和中文文本为例进行文本情感分析。

8.4.1　英文文本的情感分析

tidytext 包中包含三个常用的英文情感词典,分别为 afinn 词典、bing 词典和 nrc 词典。我们可以通过 get_sentiments()函数来获取这些词典。

首先加载需要的包,示例如下:

```
library(tidytext)
library(textdata)
```

然后使用 get_sentiments()函数获取 tidytext 包内置的三个情感词典,示例如下:

```
# 获取 afinn 词典
get_sentiments("afinn")
## # A tibble: 2,477 × 2
##      word       value
##      <chr>      <dbl>
##   1 abandon      -2
##   2 abandoned    -2
##   3 abandons     -2
##   4 abducted     -2
##   5 abduction    -2
##   6 abductions   -2
##   7 abhor        -3
##   8 abhorred     -3
##   9 abhorrent    -3
## 10 abhors        -3
## # ... with 2,467 more rows
# 获取 bing 词典
get_sentiments("bing")
## # A tibble: 6,786 × 2
##      word         sentiment
##      <chr>        <chr>
##   1 2-faces      negative
##   2 abnormal     negative
##   3 abolish      negative
##   4 abominable   negative
##   5 abominably   negative
##   6 abominate    negative
##   7 abomination  negative
##   8 abort        negative
##   9 aborted      negative
## 10 aborts        negative
## # ... with 6,776 more rows
# 获取 nrc 词典
get_sentiments("nrc")
## # A tibble: 13,875 × 2
##      word         sentiment
##      <chr>        <chr>
##   1 abacus       trust
##   2 abandon      fear
##   3 abandon      negative
##   4 abandon      sadness
##   5 abandoned    anger
##   6 abandoned    fear
##   7 abandoned    negative
##   8 abandoned    sadness
##   9 abandonment  anger
## 10 abandonment  fear
## # ... with 13,865 more rows
```

　　接下来,以 janeaustenr 包中的小说文本为例,对英文文本的情感分析进行说明。janeaustenr 包中包含简·奥斯汀(Jane Austin)的 6 本完成出版的小说的整洁数据,该数据集有两个字段,分别是小说文本(text)和书名(book)。我们可以通过 austen_books()函数获取数据内容,然后通过 unnest_tokens()函数将文本转换为整洁格式,示例如下:

```
library(janeaustenr)
library(dplyr)
library(stringr)
tidy_books <- austen_books() %>%
  group_by(book) %>%
  mutate(
    linenumber = row_number(),
    #章节命名方式不一致 CHAPTER XXX/CHAPTER 1
    chapter = cumsum(str_detect(text,regex("^chapter [\\divxlc]",ignore_case = TRUE))))
%>%
  ungroup() %>%
  unnest_tokens(word,text)
```

下面通过 bing 词典查看《Pride & Prejudice》一书中出现频次最多的积极词,示例如下:

```
positive_word <- get_sentiments("bing") %>%
  filter(sentiment == "positive")
tidy_books %>%
  filter(book == "Pride & Prejudice") %>%
  anti_join(get_stopwords()) %>%
  inner_join(positive_word) %>%
  count(word,sort = TRUE)
## Joining, by = "word"
## Joining, by = "word"
## # A tibble: 592 × 2
##     word           n
##     <chr>        <int>
##  1 well          224
##  2 good          200
##  3 great         142
##  4 enough        106
##  5 better         92
##  6 love           92
##  7 pleasure       92
##  8 happy          83
##  9 like           77
## 10 happiness      72
## # ... with 582 more rows
```

我们也可以尝试使用 afinn 词典计算情感得分,从而查看每部小说在叙述过程中的情感变化,示例如下(结果如图 8-10 所示):

```
tidy_books %>%
  inner_join(get_sentiments("afinn")) %>%
  mutate(index = linenumber %/% 80) %>%
  group_by(book,index) %>%
  summarise(score = sum(value)) %>%
```

```
ungroup() %>%
ggplot(aes(x = index,y = score,fill = book)) +
geom_col(show.legend = FALSE) +
facet_wrap(~ book,scales = "free",nrow = 2)
```

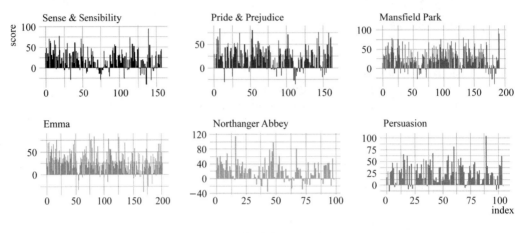

图 8-10　情感分析可视化

8.4.2　中文文本的情感分析

中文文本的情感分析与英文文本的情感分析思路相似,首先需要准备一个中文情感词典;其次将中文文本的分词结果与情感词典进行连接,从而对中文文本中词语的情感得分进行赋值;最后将所有词语情感得分的总和看作整体文本的情感得分。

下面以一个简单的文本材料为例,介绍中文文本的情感分析。

首先,准备需要分析的文本材料,本节以随机挑选的 10 条关于"双减"政策的微博评论为例,评论文本如表 8-1 所示。

表 8-1　评论文本

评论标号	评论内容
1	一个行业的没落,但教育内卷还是继续
2	一方面减负,一方面增加学科难度。现在的老师们和孩子们也太难了吧
3	政策出发点都是好的,关键是落地。落地没搞好,什么都等于零
4	希望别矫枉过正
5	政策是好的,但是政府应在每次出台这种政策的时候,提前把细节考虑周全,一刀切的做法最后受害的都是家长,钱都要不回来
6	没有减负,反而家长只能花更多的时间、更高的金钱成本,一家子都痛苦
7	可能在一定程度上起些作用,但无法从根本上解决问题
8	各行各业都抨击的 996 马上就要在老师中实现了。可能不是 996 而是 796
9	挺好,支持
10	细看了,每一条我都很支持,改革当然要一步步来,这是个进步呀

然后,依据要分析的文本内容自定义情感词典。情感词典分为两列:一列为情感词;另一列为情感得分。在本节示例中,将积极的情感词汇得分定义为 1,将消极的情感词汇定义为−1。

```
##        word score
## 1     没落    -1
## 2     内卷    -1
## 3     难度    -1
## 4     太难    -1
## 5      没     -1
## 6    等于零    -1
## 7   矫枉过正   -1
## 8    一刀切   -1
## 9     受害    -1
## 10     不     -1
## 11    没有    -1
## 12     高     -1
## 13    成本    -1
## 14    痛苦    -1
## 15    无法    -1
## 16    抨击    -1
## 17    996    -1
## 18    796    -1
## 19    减负    1
## 20     好     1
## 21    落地    1
## 22    搞好    1
## 23    希望    1
## 24    周全    1
## 25    起些    1
## 26   解决问题  1
## 27    支持    1
## 28    改革    1
## 29   一步步   1
## 30    进步    1
```

接下来,使用 jiebaR 包对中文文本进行分词,示例如下:

```
library(readtext)
library(jiebaR)
worker <- worker()
text <- readtext("comment.csv",encoding = "UTF-8") %>%
  select(text) %>%
  mutate(id = 1:n())
text %>%
  mutate(word = lapply(text, segment,worker)) %>%
  unnest(word) %>%
  select(id,everything())
```

最后,计算每条评论的情感得分。使用 inner_join()函数将分词结果与情感词典进行内连接，以每条评论的 id 分组计算每条评论的情感得分。示例如下：

```
read.csv("sentiment.dict.csv",encoding = "UTF-8") %>%
  purrr::set_names(c("word","score")) -> sentiment
score_text <- segment_text %>%
  inner_join(sentiment) %>%
  group_by(id) %>%
  summarise(score = sum(score)) %>%
  ungroup()
## Joining, by = "word"
score_text
## # A tibble: 10 × 2
##       id score
##    <int> <int>
## 1   1    -2
## 2   2    -1
## 3   3     2
## 4   4     0
## 5   5    -2
## 6   6    -3
## 7   7     1
## 8   8    -4
## 9   9     2
## 10  10    4
```

我们也可以将得分结果与文本内容进行连接，以对照查看每一条评论内容的得分，如下所示：

```
score_text %>%
  left_join(text)
## Joining, by = "id"
## # A tibble: 10 × 3
##       id score text
##    <int><int><chr>
## 1   1    -2 一个行业的没落,但教育内卷还是继续。
## 2   2    -1 一方面减负,一方面增加学科难度。现在的老师们和孩子们~
## 3   3     2 政策出发点都是好的,关键是落地。落地没搞好,什么都等于零。
## 4   4     0 希望别矫枉过正。
## 5   5    -2 政策是好的,但是政府应在每次出台这种政策的时候,提前把细节考虑周全~
## 6   6    -3 没有减负,反而家长只能花更多的时间、更高的金钱成本,一家子都痛苦
## 7   7     1 可能在一定程度上起些作用,但无法从根本上解决问题
## 8   8    -4 各行各业都抨击的 996 马上就要在老师中实现了。可能不是 996 而是 796
## 9   9     2 挺好,支持
## 10  10    4 细看了,每一条我都很支持,改革当然要一步步来,这是个进步呀。
```

通过输出的结果可以看到每一条评论的情感得分,情感得分大于 0 且数值越大,文本中包含的积极情感词汇越多,表达的越是正面的情感;情感得分小于 0 且绝对值越小,文本中包含的消极情感词汇越多,表达的越是负面的情感。

在使用情感词典进行情感分析时,需要基于特定的语言环境来进行,因此,若读者需要使用情感词典进行情感分析,则需要依照所分析的内容修改或者自定义情感词典。

8.5　本 章 小 结

本章首先介绍了文本的向量化与几种不同的表征方式,如何在 Python 中使用 gensim 包中的 word2vec 进行词向量化,以及如何在 R 语言中使用 text2vec 包进行词向量化与文本分析;其次,介绍了 LDA 主题模型常用的 R 包及可视化工具;最后介绍了基于情感词典的文本情感分析方法。

本章有以下几点需要读者注意。

- 使用 R 包可以很简单地得出主题模型的输出结果,但是如何解读所得出的结果是一个重难点。本章简要介绍了 LDAvis 包的使用方法,读者可以自行按照 LDAvis 包的网站上给出的示例进行练习,从而加深理解。
- 基于情感词典的情感分析需要依据特定情境自定义情感词典,不宜使用通用的情感词典。

第9章 数据可视化设计

从本章开始,将转向介绍数据可视化的相关知识与工具。首先,本章简要介绍了数据可视化的内涵及特点;其次,介绍了8种不同类型的数据可视化图表及其选择方法;最后,进一步对数据可视化的样式调整进行了说明。通过本章的学习,读者应该掌握以下几点。

- 数据可视化的内涵。
- 数据可视化设计应遵循的基本规则。
- 常见的数据可视化图表,以及如何选择合适的图表类型。
- 如何对数据可视化的样式进行调整。

9.1 数据可视化的内涵

通常情况下,数据可视化是指将数据分析结果以图形的形式呈现。数据可视化旨在使数据容易对比,并能够用它来讲故事,以此来帮助用户做出决策。数据可视化可以表达不同类型和规模的数据,可以是只有几个数据点的数据集,也可以是含有大量变量的数据集。数据可视化的特点如图9-1所示。

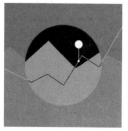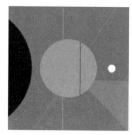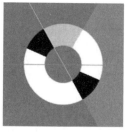

准确的
优先考虑数据的准确性、清晰度和完整性,以不会曲解信息的方式呈现信息。

有帮助的
为用户浏览数据创造便于研究和比较的条件和功能。

可扩展的
预测用户对数据深度、复杂度和形式的需求,针对不同设备大小调整可视化展示内容和形式。

图 9-1 数据可视化的特点

R 语言拥有数量众多的可视化包,数据可视化是 R 语言进行数据分析最强大的功能之一。一图胜千言,数据可视化图表可直观传达信息的关键方面与特征,从而实现对于相当稀疏而又复杂的数据集的深入洞察。

传统的图表大多以静态、单向的信息呈现为主,随着技术的发展,图表向动态、双向、响应式(Reactive)呈现演进。R 语言中的可视化包很多,主要包括:lattice、ggplot2、plotly、rCharts、recharts、googleVis、htmlwidgets、wordCloud2、shiny 等。本书选取 ggplot2 包为代表讲解静态图表的绘制方法与步骤,选取 plotly 和 recharts 包为代表讲解动态交互图表的绘制方法与步骤,这些包可以解决大部分应用场景中遇到的数据可视化问题,其中,动态交互图表的绘制方法与步骤将在第11章详细介绍。

9.2 数据可视化图表的类型及其选择方法

9.2.1 数据可视化图表的类型

数据可视化可以以不同的形式表达。图表是表达数据的常用方式,因为它们能够展示和对比多种不同的数据。

1. 随时间变化的图表

随时间变化的图表显示一段时间的数据,如多个类别之间的趋势或比较,常见用例包括:股价表现、卫生统计等,如图 9-2 所示。

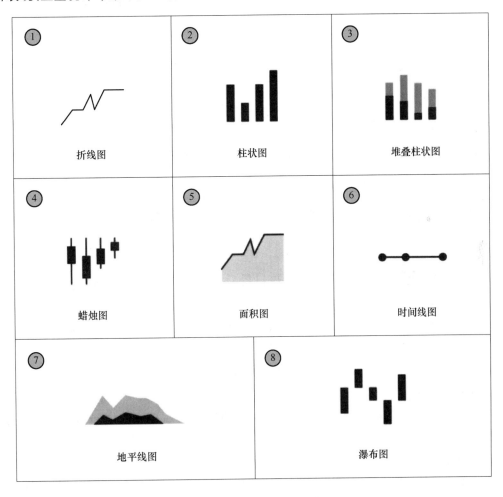

图 9-2 随时间变化的图表

2. 类别比较图表

类别比较图表用于多个不同类别数据之间的比较,常见用例包括:不同国家收入比较、热门场地比较、团队分配比较等,如图 9-3 所示。

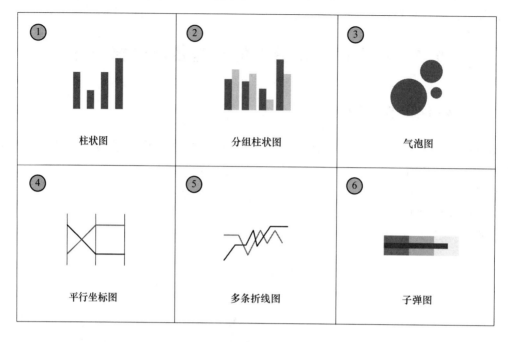

图 9-3　类别比较图表

3. 排名图表

排名图表显示项目在有序列表中的位置,常见用例包括:选举结果排序、性能统计排名等,如图 9-4 所示。

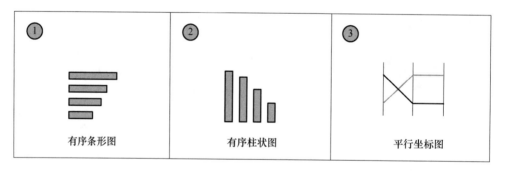

图 9-4　排名图表

4. 占比类图表

占比类图表显示了局部与整体的关系,常见用例包括:产品收入占比、成本预算占比等,如图 9-5 所示。

5. 关联类图表

关联类图表显示两个或两个以上变量之间的关系,常见用例包括:个人收入和预期寿命关联图,如图 9-6 所示。

6. 分布类图表

分布类图表显示每个值在数据集中出现的频率,常见用例包括:人口年龄分布、各省收入分布等,如图 9-7 所示。

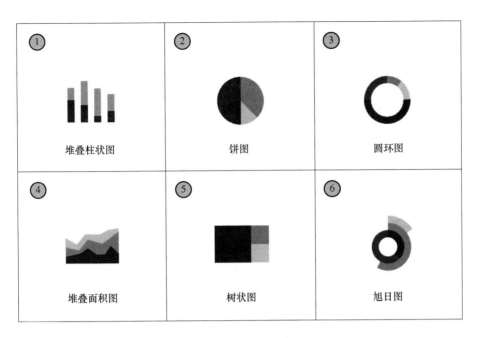

图 9-5 占比类图表

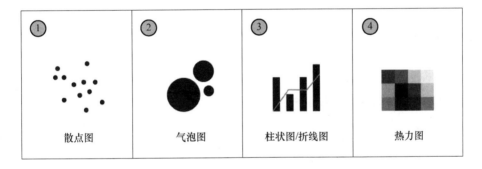

图 9-6 关联类图表

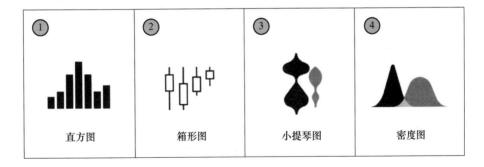

图 9-7 分布类图表

7. 流程类图表

流程类图表显示多个状态之间的数据移动,常见用例包括:项目资金与流转部门归属、投票计数和选举结果归属,如图 9-8 所示。

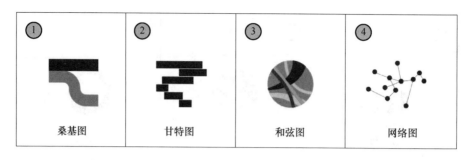

图 9-8　流程类图表

8. 关系图表

关系图表显示多个项目之间的关系,常见用例包括:社交关系网络、词语共现网络,如图 9-9 所示。

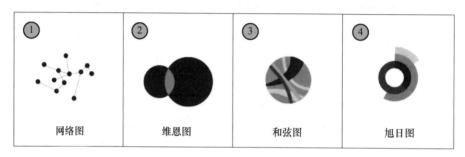

图 9-9　关系图表

9.2.2　数据可视化图表的选择方法

图表类型的选择主要取决于两点:要表现的数据和表现该数据的用意。面对多种类型的图表,本节关于如何选择合适的图表提出了一些建议。

1. 柱状图(条形图)和饼图

柱状图(条形图)和饼图都可用于显示比例,表示部分与总体的对比。其中,柱状图(条形图)使用共同的基线,通过条形长度表示数量,饼图使用圆的圆弧或角度表示整体的一部分。

柱状图(条形图)、折线图和堆叠面积图在显示随时间的变化方面比饼图更有效。由于这三个图使用相同的基线,因此可以轻易地根据条形长度比较值的差异。柱状图(条形图)和饼图的对比如图 9-10 所示。

2. 面积图

面积图有多种类型,包括堆叠面积图和层叠面积图。其中,堆叠面积图显示多个时间序列(在同一时间段内)堆叠在一起,层叠面积图显示多个时间序列(在同一时间段内)重叠在一起。

建议使用层叠面积图时,不要超过两个时间序列,因为这样会使数据模糊不清。取而代之,应当使用堆叠面积图来比较一个时间间隔内的多个值(横轴表示时间)。堆叠面积图和层叠面积图的对比如图 9-11 所示。

3. 时间序列图表

时间序列图表用于展现时间序列数据随时间变化的特征及趋势,可以使用多种图表呈现,包括:折线图、柱状图(条形图)以及面积图,其详细用法如表 9-1 所示。

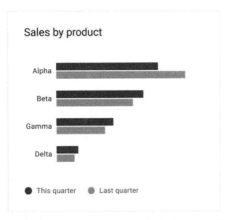
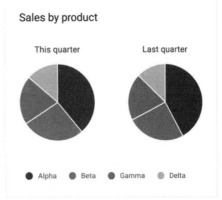

要

使用条形图显示随时间的变化或类别之间的差异。

不要

不要使用多个饼图来显示随时间的变化。这样很难比较每个切片的大小差异。

图 9-10　柱状图(条形图)和饼图的对比

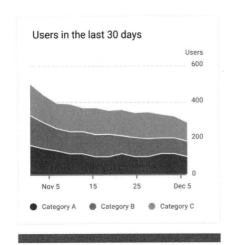
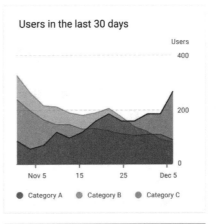

要

使用堆积面积图表示多个时间序列并保持良好的可读性。

不要

不要使用层叠面积图,因为它会遮挡数据值并降低可读性。

图 9-11　堆叠面积图和层叠面积图的对比

表 9-1　折线图、柱状图(条形图)、面积图的用法比较

图表类型	用法	基线值	时间序列的数量	数据类型
折线图	表达数据的微小变化	任何值	任何时间序列(适用于8 个或 8 个以上)	连续
柱状图(条形图)	表达数据的较大变化、各个数据点与整体的关系、各个数据点的对比和排名	0	4 个以下(含 4 个)	离散的或分类的
面积图	总结数据集之间的关系、各个数据点与整体的关系	0(当有多个系列时)	8 个以下(含 8 个)	连续

注:基线值是 y 轴上的起始值。

9.3　数据可视化的样式调整

数据可视化可使用自定义样式和形状,这样能使数据更容易理解,从而更好地满足用户需求。图表可以从以下方面进行优化:图形元素、文字排版、图标、轴和标签、图例和注释。

可视化编码是将数据转换为可视形式的过程。独特的图形属性可应用于定量数据(如温度、价格、速度)和定性数据(如类别、风味、表达式)。图形属性包括:形状、颜色、大小、面积、体积、长度、角度、位置、方向、密度。

多个视觉处理方法可以综合应用于数据点的多个方面。例如,在条形图中,条形颜色可以表示类别,而条形长度可以表示值(如人口数量)。

形状可用于表示定性数据。形状表示类别的图形示例如图 9-12 所示,在图 9-12 中,每个类别用特定形状(圆形、正方形和三角形)表示,这样可以在一张图表中轻松实现特定范围的比较,同时也可以进行类别之间的比较。

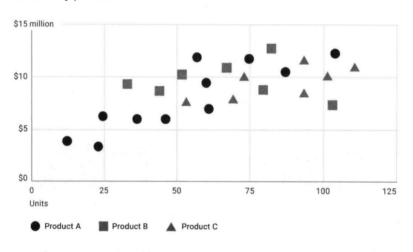

图 9-12　形状表示类别的图形示例

1. 形状

图表可以运用形状,以多种方式展示数据。形状的选择多样,可以是矩阵,也可以是曲线,形状的样式设计应遵循精确、高保真的原则。

图表可以展示具有不同精度的数据。用于细致研究的数据应该用适合交互的形状(在触摸大小和功能可见性方面)展示。而旨在表达一般概念或趋势的数据可以使用细节较少的形状。图表形状示例如图 9-13 所示。

2. 颜色

颜色可以用四种主要方式区分图表数据,具体如下。

(1)颜色区分类别

颜色区分类别图表示例如图 9-14 所示,在此圆环图中,颜色用于表示类别。

(2)颜色表示数量

颜色表示数量图表示例如图 9-15 所示,地图中的颜色用于表示数据值。

要

此图表中的条形有微小的圆角，便于精确测量其
长度。

不要

不要使用图表难以读取的形状，如顶边不精确的
条形。

图 9-13　图表形状示例

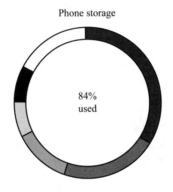

图 9-14　颜色区分类别图表示例

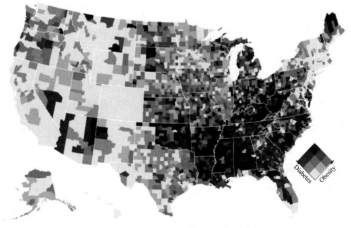

图 9-15　颜色表示数量图表示例

147

（3）颜色突出数据

颜色突出数据图表示例如图9-16所示，散点图中的颜色用于突出特定数据。

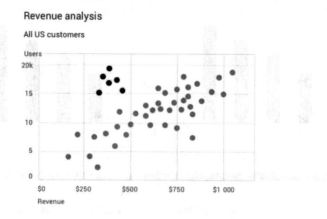

图9-16　颜色突出数据图表示例

在不乱用的情况下，颜色可以突出焦点区域。不建议大量使用高亮颜色，因为它们会分散用户注意力，影响用户的专注力。颜色突出数据的注意事项如图9-17所示。

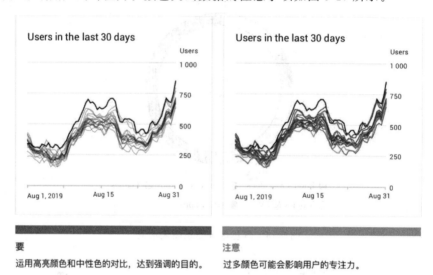

图9-17　颜色突出数据的注意事项

（4）颜色表示含义

颜色表示含义图表示例如图9-18所示。

为了适应看不到颜色差异的用户，可以使用其他方法来强调数据，如选择高对比度着色、挑选不同图例形状、设置不同图例纹理等。

3. 图表中的线

图表中的线可以表示数据的特性，如层次结构、突出和比较。线条可以有多种不同的样式，如点划线或不同的不透明度。

线可以应用于特定元素，包括注释、预测元素、比较工具、可靠区间、异常等。线表示图表的注意事项如图9-19所示。

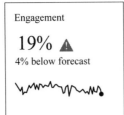

要	不要
使用其他视觉元素(如图标)强化图表中颜色的含义。	不要仅使用颜色来表示含义。

图 9-18　颜色表示含义图表示例

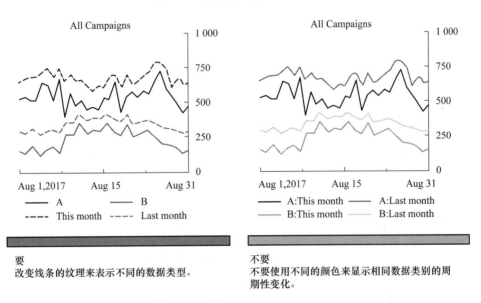

要	不要
改变线条的纹理来表示不同的数据类型。	不要使用不同的颜色来显示相同数据类别的周期性变化。

图 9-19　线表示图表的注意事项

4. 文字排版

文本可用于不同的图表元素,包括图表标题、数据标签、轴标签、图例。图表标题通常是具有最高层次结构的文本,轴标签和图例具有最低级别的层次结构。图表不同层次结构示例如图 9-20 所示。

标题和字重的变化可以表达内容在层次结构中的重要程度,但是要尽量使用有限的字体样式,图表中正确使用字重的示例如图 9-21 所示。

5. 图标

图标可以表示图表中不同类型的数据,提高图表的整体可读性。图标可用于以下几个方面。

- 分类数据:用于区分组或类别。
- UI 控件和操作:如筛选、缩放、保存和下载。
- 状态:如错误、空状态、完成状态和危险。

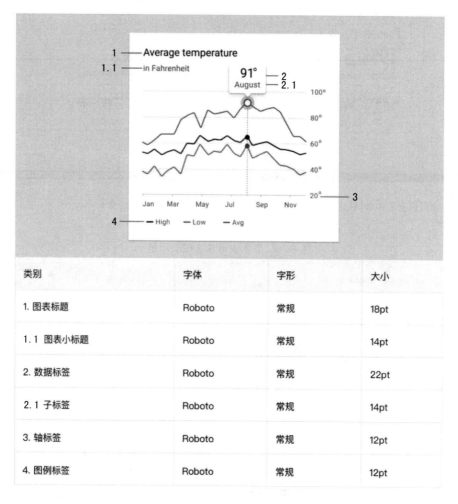

类别	字体	字形	大小
1. 图表标题	Roboto	常规	18pt
1.1 图表小标题	Roboto	常规	14pt
2. 数据标签	Roboto	常规	22pt
2.1 子标签	Roboto	常规	14pt
3. 轴标签	Roboto	常规	12pt
4. 图例标签	Roboto	常规	12pt

图 9-20　图表不同层次结构示例

要

为创造出具有平衡感的设计，粗体仅用于一个或两个关键元素。

不要

太多元素使用粗体会使识别重要元素变得困难。

图 9-21　图表中正确使用字重的示例

在图表中使用图标时,建议使用通用可识别符号,尤其在表示操作或状态时,如保存、下载、完成、错误和危险。图表中正确使用图标的示例如图9-22所示。

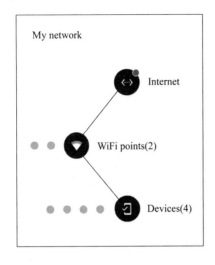

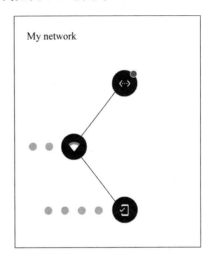

要
使用标签和图标清晰地表示关键信息。

不要
避免仅使用图标和符号来表示重要信息。

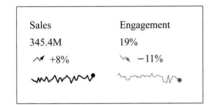

图标和颜色结合表达特定信息。

图 9-22　图表中正确使用图标的示例

6. 坐标轴

图中的一个或多个坐标轴显示数据的比例和范围。例如,折线图沿水平和垂直坐标轴显示一系列值。

(1)柱状图(条形图)基线

柱状图(条形图)应从值为0的基线(y轴上的起始值)开始,从值不为0的基线开始可能导致数据被错误地理解。柱状图(条形图)基线使用的注意事项如图9-23所示。

(2)坐标轴标签

坐标轴标签的设计应体现图表中最重要的数据。我们应根据需要决定是否使用坐标轴标签,并在UI设计时,与图表欲表达的信息保持一致。同时,坐标轴标签的出现不应该妨碍查看图表。坐标轴标签使用的注意事项如图9-24所示。

(3)文字方向

为便于阅读,文本标签应水平放置在图表上。

(4)文字标签

文字标签不应旋转或垂直堆叠,正确使用文字标签的图表示例如图9-25所示。

要
柱状图(条形图)应从值为0的基线开始。

不要
不要以0以外的其他值为基线。基线开始于20%,
可使柱子之间的差异看起来更大。

图 9-23　柱状图(条形图)基线使用的注意事项

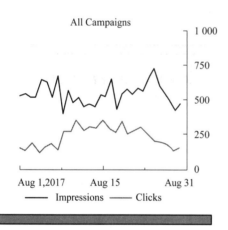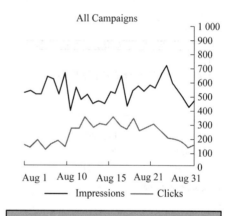

要
通过使用合适数量的坐标轴标签来保证可读性。

不要
不要使用过多的坐标轴标签,这样会使图表过于复杂。

图 9-24　坐标轴标签使用的注意事项

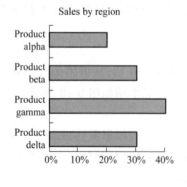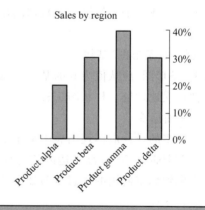

要
将柱状图旋转为条形图,可增加空间,水平排列
文本。

注意
不要旋转柱状图标签,否则会降低可读性。

图 9-25　正确使用文字标签的图表示例

7. 图例和注释

图例和注释描述了图表的信息。注释应突出显示数据点、数据异常值和任何值得注意的内容。图例和注释图表示例如图 9-26 所示。

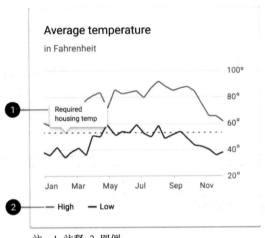

注：1. 注释；2. 图例。

图 9-26　图例和注释图表示例

在 PC 端，建议在图表下方放置图例。在移动端，建议将图例放在图表上方，以便在交互过程中保持可见。

在简单图表中可以直接使用标签；在密集的图表（或更大的图表组的一部分）中，可以使用图例。使用标签和图例的图表示例如图 9-27 所示，其中，左边为直接使用标签的折线图，右边为使用图例的折线图。

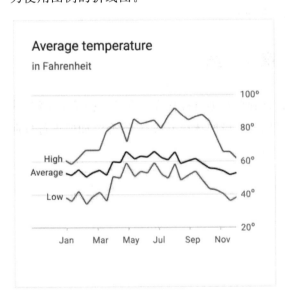
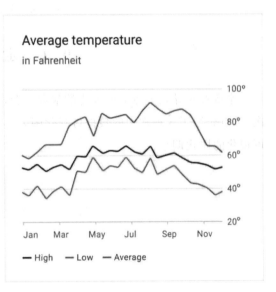

图 9-27　使用标签和图例的图表示例

8. 小显示屏

可穿戴设备（或其他小屏幕）上显示的图表应该是移动端或 PC 端图表的简化版本，小显示屏图表要点如图 9-28 所示。

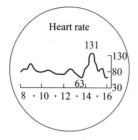 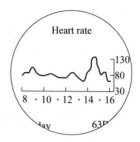

要
在图表上显示关键数据点，以突出数据特性。在此示例中，显示了最高和最低的数据值。

注意
不要将关键数据点放在屏幕外，可让用户滚动查看。

阈值线为用户提供与所显示数据有关的参考信息。

图 9-28　小显示屏图表要点

9.4　本章小结

本章首先导入了数据可视化的基本概念，让读者对数据可视化设计有了一些基本了解；其次，重点介绍了 8 种常用的数据可视化图表类型以及相应的选择方法；最后介绍如何进行数据可视化的样式调整。

第10章 静态图表工具与设计

在第 9 章的基础上,本章主要介绍传统静态图表的常用工具与典型应用。首先,本章简要介绍了常用的可视化包 ggplot2;其次,介绍了 ggplot2 包的具体使用案例;最后介绍了商用可视化包 bbplot 的应用范例及代码技巧。通过本章的学习,读者应该掌握以下几点。

- R 语言常用可视化包 ggplot2 和 bbplot 的语法与基本功能。
- R 语言常用可视化包 ggplot2 和 bbplot 的典型应用。

10.1 使用 ggplot2 包绘制静态图表

静态图表是指规范性地呈现数据结构特征,不涉及用户参与和互动,不包含视频、音频等元素的图表。静态图表是数据可视化的重要构成,也是向动态交互图表进阶的基础。

10.1.1 ggplot2 包简介

ggplot2 包的核心理念是将绘图与数据分离,通过将数据加载、美学映射、图元修饰等若干相互独立又有一定联系的绘图步骤转换为函数组合,实现分图层灵活绘图。这样不仅能绘制美观的图表,还能避免烦琐的细节。

R 语言的图层大致可以分为 3 个部分:数据层、几何图形层和美学层。如果读者使用过 photoshop,那么对于图层一定不会陌生。图层包含各种图形元素,不同的图形元素可以按照设计者的想法自由组合,将组合的结果按照一定顺序叠放,可以生成形态各异的图表。如下代码表示借助于 ggplot2 包绘制图形,代码运行结果如图 10-1 所示。

```
library(ggplot2)
ggplot(mtcars, aes(x = wt, y = mpg)) +
  geom_point()
## Warning: 程辑包'ggplot2'是用 R 版本 3.6.1 来建造的
```

在上述代码中,"ggplot(mtcars,aes(x=wt,y=mpg))"表示数据层;"geom_point()"表示几何图形层。若单纯使用"ggplot(mtcars, aes(x=wt,y=mpg))",则无法绘制图形,这是因为只有数据层,没有数据的图形映射。我们可以在数据层基础上增加图形美学层,代码如下所示:

```
ggplot(mtcars, aes(x = wt, y = mpg)) +
  geom_point() +
  aes(color = mtcars $ vs)
```

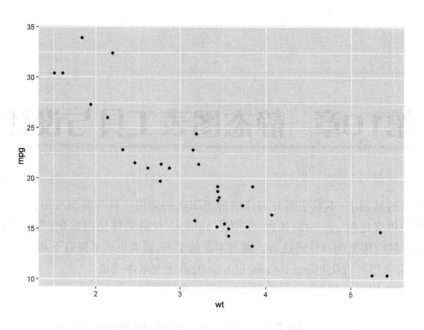

图 10-1　ggplot 包绘制图形示例

增加美学层后的图形示例如图 10-2 所示。

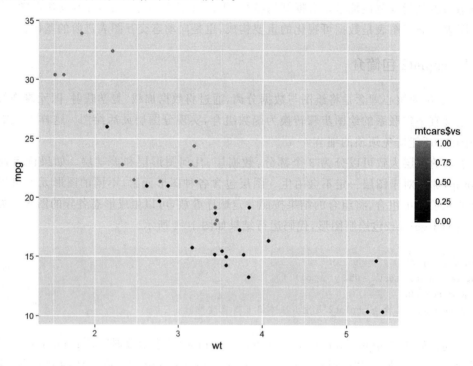

图 10-2　增加美学层后的图形示例

　　图层允许用户一步步构建图形,这样便于用户单独对图层要素进行修改,如增加统计量、修改数据等。因此,ggplot2 包可以通过控制图层的底层组件来构造任意的图形。代码中用到的mtcars是 R 语言自带的数据集,读者可以使用"? mtcars"查询其详细信息。下文还会用到类似的其他数据集。

　　ggplot2 包的以下 7 大构件可对图层进行控制。

- 数据映射(Data Mapping)：将数据中的变量映射到图形属性。
- 标度(Scale)：控制映射后图例和坐标刻度的显示方式。
- 几何对象(Geometric)：选择图形中的点、线、方块等图形元素。
- 统计变换(Statistics)：对原始数据进行某种统计计算，不建议使用复杂的统计运算，可以使用 reorder()等控制图形规律呈现的函数。
- 坐标(Coordinate)：有直角坐标和极坐标之分。
- 图层(Layer)：不同图形元素可以叠加。
- 分面(Facet)：将数据分组，控制分组绘图的方法和排列形式。

10.1.2　ggplot2 包绘制静态图表示例

ggplot2 包绘制静态图表可以采用图层叠加的方式，下面讲解图层叠加的绘图步骤。首先使用 ggplot2 包绘制点状图，代码如下：

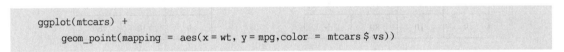

```
ggplot(mtcars) +
    geom_point(mapping = aes(x = wt, y = mpg,color = mtcars $ vs))
```

运行上述代码，结果如图 10-3 所示。

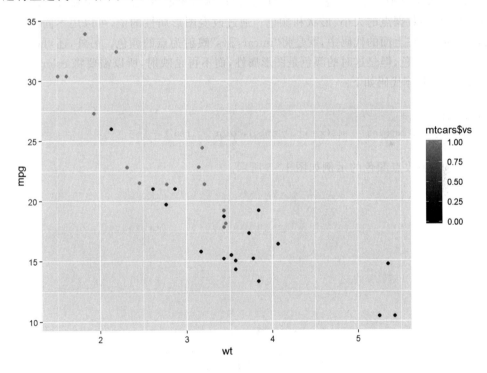

图 10-3　增加图例后的图形示例

细心的读者会发现，绘制图 10-3 的代码与绘制图 10-2 的代码有所不同，但输出的结果相同。在 10.1.1 节中，为了对图层进行说明，将函数进行了拆分。而本节将从函数的层面上对 ggplot2 包进行说明，所以采用了这种更加简洁的代码。在这段代码中，ggplot()创建了一个坐标系，我们可以在它上面添加图层。ggplot()的第一个参数是数据集，需要采用数据框的形式。函数 geom_point()可以向图中添加一个点层，从而创建点状图。

ggplot2 包中包含多种几何对象函数,每种函数都可以向图中添加不同类型的图层。本节将介绍如下几种几何对象函数。

1. 数据映射

将数据转换为图形的过程,实质上是将变量映射为图形属性的过程。ggplot2 包中的 mapping 参数定义了如何将数据集中的变量映射为图形属性。mapping 参数总是与 aes() 函数成对出现,aes() 函数的 x 参数和 y 参数分别指定映射到 x 轴的变量与映射到 y 轴的变量。ggplot2 包通过 data 参数寻找映射变量,图 10-3 对应的 data 参数就是 mtcars。数据集字段变量与数据美学映射的关系如图 10-4 所示。

length	width	depth	trt
2	3	4	a
1	2	1	a
4	5	15	b
9	10	80	b

x	y	colour
2	3	a
1	2	a
4	5	b
9	10	b

图 10-4　数据映射

向图中添加的其他变量,也是通过映射的方式转换为图形属性的。图形属性是图中对象的可视化属性,包括数据点的大小、形状和颜色。通过改变图形属性的值,可以用不同的方式来显示数据点。例如,在上面的代码中,就是将"mtcars$vs"映射为点的颜色。另外,还可以通过手动的方式改变点的颜色,但是这时的颜色是图形属性,而不再是映射,所以需要将 color='red'放到 aes() 函数外面,具体代码如下:

```
ggplot(mtcars) +
    geom_point(mapping = aes(x = wt, y = mpg),color = 'red')
```

ggplot2 包更改点颜色的示例如图 10-5 所示。

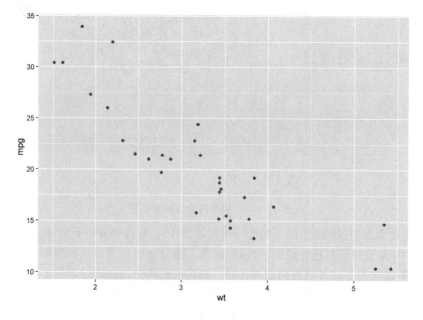

图 10-5　ggplot2 包更改点颜色的示例

我们还可以用相同的方式设置点的大小,如果手动设置的话,点的大小的单位是 mm,对应代码如下:

```
ggplot(mtcars) +
    geom_point(mapping = aes(x = wt, y = mpg,size = mtcars $ vs))
```

ggplot2 包手动设置点大小的示例如图 10-6 所示。

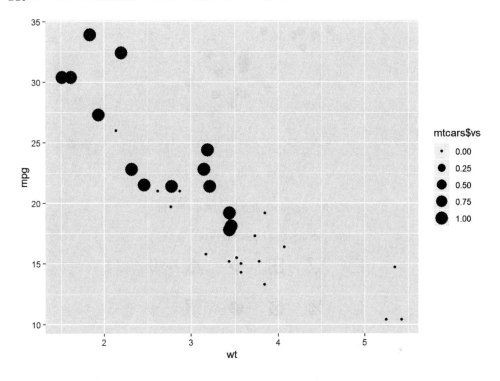

图 10-6　ggplot2 包手动设置点大小的示例

下面的示例代码可以手动设置点大小为 5 号,输出结果如图 10-7 所示。

```
ggplot(mtcars) +
  geom_point(mapping = aes(x = wt,y = mpg),size = 5)
```

shape 参数可以改变点的形状。在 ggplot2 包中,点的形状是用数字和符号标识的,ggplot2包共提供了 36 种形状,如图 10-8 所示。需要注意的是,在绘图时最多同时使用 6 种形状,多于 6 种形状将无法显示。

2. 几何对象

几何对象是图中用来表示数据的几何图形对象。在实际应用中,经常根据图中使用的几何对象类型来描述相应的图。例如:条形图使用条形几何对象;折线图使用直线几何对象;箱线图使用矩形和直线几何对象。下面使用不同的几何对象来表示同样的数据,具体代码如下:

```
ggplot(mtcars) +
    geom_point(mapping = aes(x = wt, y = mpg))
```

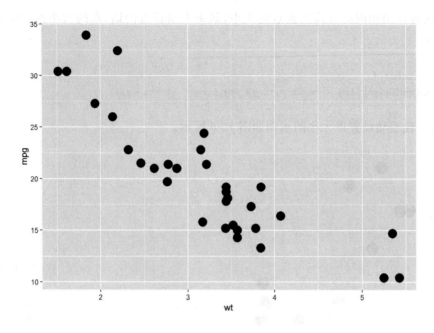

图 10-7   ggplot2 包更改点大小的示例

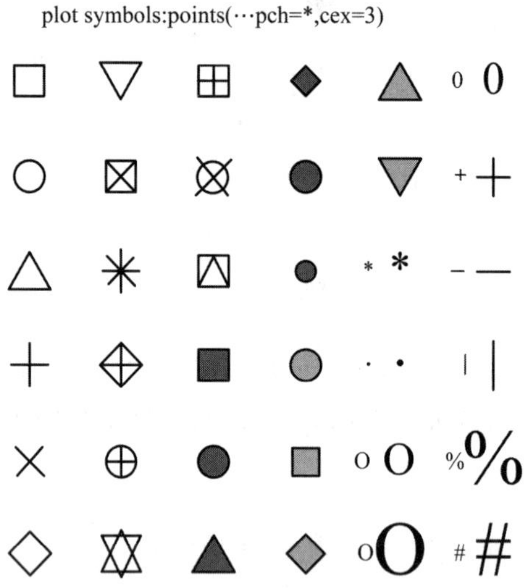

plot symbols:points(···pch=*,cex=3)

图 10-8   ggplot2 包提供的 36 种形状

几何对象绘图示例如图 10-9 所示。

如果要生成反映 x 轴和 y 轴变量关系的平滑曲线,可以调用 geom_smooth() 函数,代码如下所示:

```
ggplot(mtcars) +
    geom_smooth(mapping = aes(x = wt, y = mpg))
# # `geom_smooth()` using method = 'loess' and formula 'y ~ x'
```

上述代码输出结果如图 10-10 所示。

图 10-9 使用了点几何对象。图 10-10 使用了平滑几何对象,并以一条平滑曲线来拟合数

据。上述代码表明,ggplot2包自动使用局部加权回归(Loess)算法完成了 x 和 y 之间关系的平滑拟合。

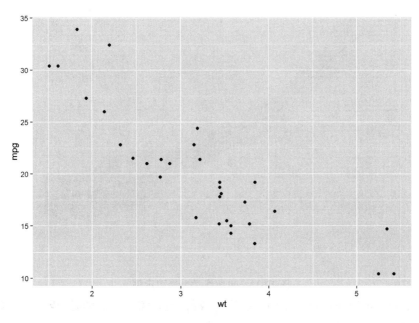

图 10-9　几何对象绘图示例

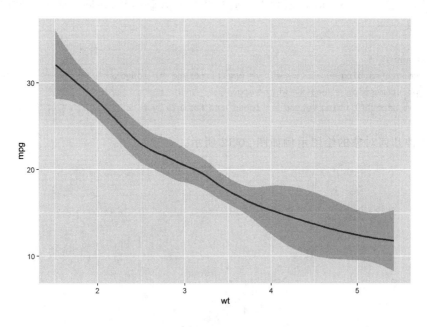

图 10-10　平滑几何对象绘图示例

ggplot2包中的每个几何对象函数都可以设置图形属性,但不是每种图形属性都适用于每种几何对象。例如,我们虽然无法设置线的形状,但是可以设置线的类型,代码如下:

```
ggplot(mtcars) +
    geom_smooth(mapping = aes(x = wt, y = mpg),linetype = 'longdash')
# # `geom_smooth()` using method = 'loess' and formula 'y ~ x'
```

更改线类型绘图示例如图 10-11 所示。

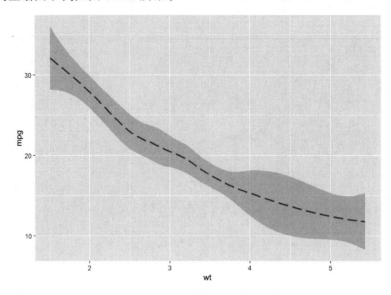

图 10-11　更改线类型绘图示例

线的类型同样可以使用数据集的数据进行映射,但是需要注意的是,线的类型必须是离散变量(如车的类型),不可以是连续变量(如油耗)。

我们还可以通过在 ggplot()函数中添加多个几何对象函数,在同一张图中使用两种甚至多种几何对象:

```
ggplot(mtcars) +
  geom_smooth(mapping = aes(x = wt, y = mpg),linetype = 'longdash') +
  geom_point(mapping = aes(x = wt,y = mpg))
# # `geom_smooth()` using method = 'loess' and formula 'y ~ x'
```

使用两种几何对象的绘图示例如图 10-12 所示。

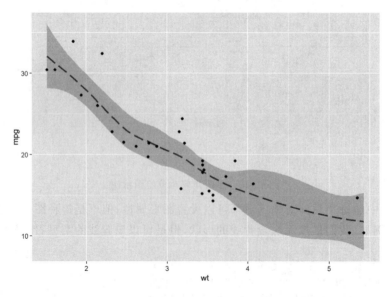

图 10-12　使用两种几何对象的绘图示例

观察上述代码可知,代码有些地方是重复的,假如需要修改 x 轴的变量,那么需要在两个地方进行修改。避免重复的方法是将一组映射传递给 ggplot()函数,ggplot2 包会将这些映射作为全局映射应用到图中的每个几何对象中。例如,以下代码将绘制出与上述代码同样的图:

```
ggplot(mtcars,mapping = aes(x = wt, y = mpg)) +
  geom_smooth(linetype = 'longdash') +
  geom_point()
```

如果将映射放在几何对象函数中,那么 ggplot2 包会将其看作这个图层的局部映射,它将使用这些映射扩展或覆盖全局映射,但仅对该图层有效。这样一来,就可以在不同的图层中显示不同的图形属性:

```
ggplot(mtcars,mapping = aes(x = wt, y = mpg)) +
  geom_smooth(linetype = 'longdash') +
  geom_point(mapping = aes(color = mtcars $ vs))
```

不同图层中的几何对象示例如图 10-13 所示。

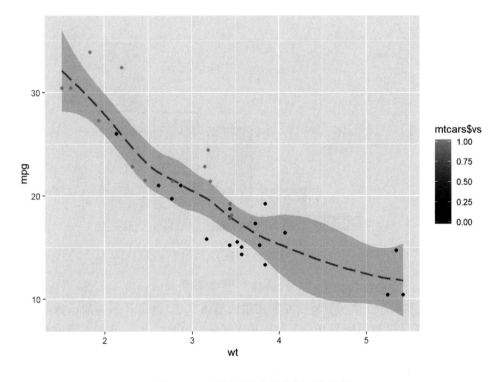

图 10-13　不同图层中的几何对象示例

3. 统计变换

绘图时用来计算新数据的算法称为统计变换(Statistical Transformation)。geom_bar()函数的统计变换过程如图 10-14 所示。

通过查看 stat 参数的默认值可知几何对象函数使用了哪种统计变换。例如,若"?geom_bar"显示出 stat 的默认值是"count",则说明"geom_bar()"使用 stat_count()函数进行统计变换。

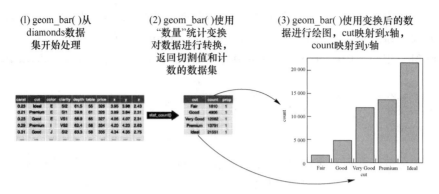

图 10-14　geom_bar()函数的统计变换过程

通常来说,几何对象函数和统计变换函数可以互换使用。使用 stat_count()函数替换 geom_bar()函数的代码如下:

```
ggplot(data = diamonds) +
    stat_count(mapping = aes(x = cut))
```

统计变换图形示例如图 10-15 所示。

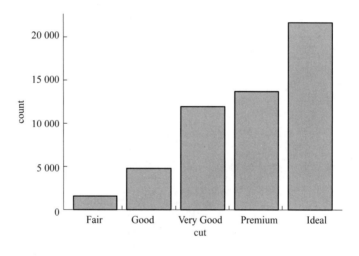

图 10-15　统计变换图形示例

几何对象函数和统计变换函数可以互换使用的原因在于,每个几何对象函数都有一个默认统计变换,每个统计变换函数都有一个默认几何对象。一般情况下,这意味着在使用几何对象函数时不用担心底层的统计变换。geom_bar()函数的统计变换除了可以通过对行进行计数生成条形图高度外,还可以通过以下 3 种方式实现对数据框对象存储变量的计数。

- 生成表示比例的条形图。
- 在代码中强调统计变换。例如,可以使用 stat_summary()函数将注意力集中在计算出的摘要统计量上。
- ggplot2 包提供了 20 多个统计变换,每个统计变换都是一个函数,因此可以按照通用方式获得帮助,如"? stat_bin"。如果想要查看全部的统计变换,可以使用 ggplot2 速查表。

4. 分面

添加额外变量有两种方法:一种方法是使用图形属性;另一种方法是将图分割成多个分面,即可以显示数据子集的子图,这种方法特别适合添加分类变量。

要想通过单个变量对图进行分面,可以使用 facet_wrap()函数。该函数的第一个参数是一个"公式",创建"公式"的方式是在"~"后面加一个变量名(这里所说的"公式"是 R 语言中的一种数据结构,不是数学意义上的公式)。传递给 facet_wrap()函数的变量应该是离散数据结构。例如:

```
ggplot(data = mpg) +
  geom_point(mapping = aes(x = displ, y = hwy)) +
  facet_wrap(~ class, nrow = 2)
```

facet_wrap()函数绘制图形示例如图 10-16 所示。

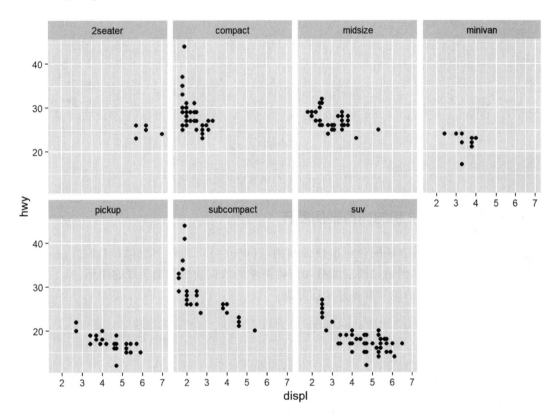

图 10-16 facet_wrap()函数绘制图形示例

要想通过两个变量对图进行分面,需要在绘图命令中加入 facet_grid()函数。这个函数的第一个参数也是一个"公式",但该"公式"包含由"~"隔开的两个变量名。例如:

```
ggplot(data = mpg) +
  geom_point(mapping = aes(x = displ, y = hwy)) +
  facet_grid(drv ~ cyl)
```

facet_grid()函数绘制图形示例如图 10-17 所示。

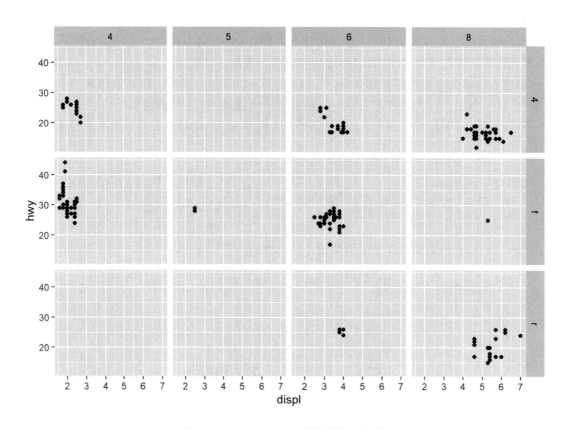

图 10-17　facet_grid()函数绘制图形示例

10.1.3　基于 ggplot2 包的典型案例操作

下面以 2016 年全球互联网企业市值最高的 TOP10 公司为例,介绍如何通过 ggplot2 包完成数据可视化,以及如何通过图层的叠加使得简单的数据输出高端美观的图形。

首先加载需要用到的包并准备好绘图数据:

```
library(ggplot2)
library(ggthemes)
library(grid)
data <- data.frame(company = c("苹果","微软","谷歌","Facebook",
    "阿里巴巴","Amazon","腾讯","百度","ebay","priceline"),
    Marketvalue = c(7493,4025,3737,2252,2051,1994,1955,760,714,648))
## Warning: 程辑包'ggthemes'是用 R 版本 3.6.1 来建造的
```

这里除了加载 ggplot2 包外,还加载了 ggthemes 包。ggthemes 包可以提供一系列经过订制的绘图风格,它预先设定好了一些 ggplot2 包的图形参数,通过加载不同主题,编写几行简单代码即可绘制精美的图形。

由于案例中涉及的是数值比较,因此选用条形图进行展示。首先绘制出基础图形,然后在此基础上进行优化:

```
library(ggplot2)
library(ggthemes)
library(grid)
data <- data.frame(company = c("苹果","微软","谷歌","Facebook","阿里巴巴","Amazon","腾讯","
百度","ebay","priceline"), Marketvalue = c (7493,4025,3737,2252,2051,1994,1955,760,714,648))
ggplot(data,aes(reorder(company, - Marketvalue),Marketvalue)) + geom_bar(stat = "identity") +
labs(x = " company",y = " Marketvalue/100 million dollars")
```

上述代码的运行结果如图 10-18 所示。

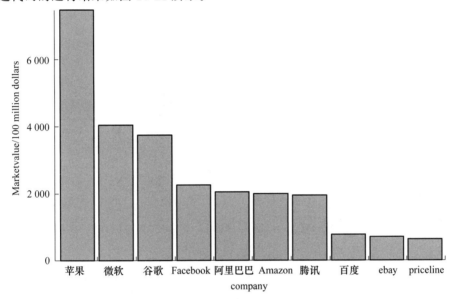

图 10-18　基础图形示例

仔细观察图 10-18 可以发现,图 10-18 没有标题,无法直接获取图形传递的信息,我们可以通过 ggtitle()函数为图形添加标题。另外,单纯灰黑色的图形有些单调,我们可以为它加载 theme_wsj()主题:

```
ggplot(data,aes(reorder(company, - Marketvalue),Marketvalue)) +
    geom_bar(stat = "identity") +
    labs(x = "company",y = " Marketvalue/100 million dollars") +
    ggtitle("2016 年全球互联网 Top10 公司市值") +
    theme_wsj() +
  theme (axis.title.x = element_text(vjust = 1, size = 15),
      axis.title.y = element_text(vjust = 1, size = 15),
      text = element_text(family = "STKaiti",size = 14),
      title = element_text(family = "STKaiti",size = 20))
```

在上述代码中,reorder(x,y)表示先将 x 转化为因子,然后根据 y 对其进行排序。stat 参数有三个有效值,分别为 count、identity 和 bin。其中 count 是对离散的数据进行计数,计数的结果用一个特殊的变量 count 来表示;bin 是对连续变量进行统计转换,转换的结果使用变量 density 来表示;而 identity 是直接引用数据集中变量的值。示例代码中的 labs()函数可以通过三个参数分别设置 x 轴标题、y 轴标题和图主标题。

以上代码的运行结果如图 10-19 所示,其与华尔街日报的绘图风格类似。

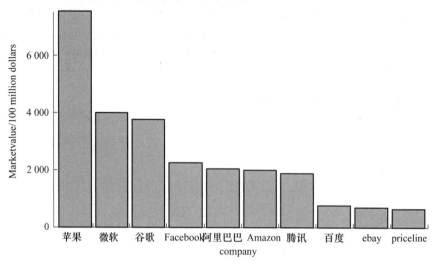

图 10-19　增加标题后的绘图输出

可以看到,图 10-19 中文字有部分重叠了,我们可以通过 theme()函数修改 x 轴的格式,将文字翻转一个角度,代码如下:

```
ggplot(data,aes(reorder(company, - Marketvalue),Marketvalue)) +
    geom_bar(stat = "identity") +
    labs(x = " company",y = " Marketvalue/100 million dollars") +
    ggtitle("2016 年全球互联网 Top10 公司市值") +
    theme_wsj() +
    theme(axis.title.x = element_text(vjust = 1, size = 15),
          axis.title.y = element_text(vjust = 1, size = 15),
          axis.text.x = element_text(angle = 30),
          text = element_text(family = "STKaiti",size = 14),
          title = element_text(family = "STKaiti",size = 20))
```

调整 x 轴格式后的绘图输出如图 10-20 所示。

theme()函数可以设置坐标轴的样式,如改变 x 轴标度的位置等,详细信息可以参考帮助文档。另外,还可以使用 scale_fill_wsj()函数设置柱形图的填充样式,例如,添加 scale_fill_wsj()函数默认柱形图为红色,代码如下:

```
ggplot(data,aes(reorder(company, - Marketvalue),Marketvalue,fill = "steelbule")) +
    geom_bar(stat = "identity") +
    labs(x = " company",y = " Marketvalue/100 million dollars") +
    ggtitle("2016 年全球互联网 Top10 公司市值") +
    theme_wsj() +
    scale_fill_wsj() +
    theme(axis.title.x = element_text(vjust = 1, size = 15),
          axis.title.y = element_text(vjust = 1, size = 15),
          axis.text = element_text(vjust = 1, size = 12),
```

```
text = element_text(family = "STKaiti",size = 14),
title = element_text(family = "STKaiti",size = 20),
legend.position = 'none',
axis.ticks.length = unit(0.5,'cm'))
```

调整填充样式后的绘图输出如图 10-21 所示。

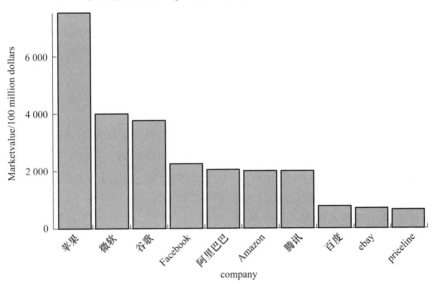

图 10-20　调整 x 轴格式后的绘图输出

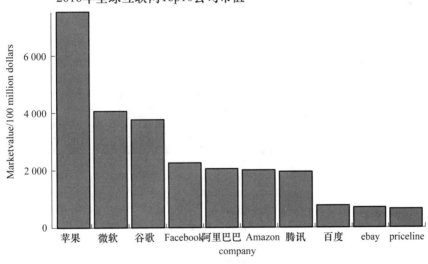

图 10-21　调整填充样式后的绘图输出

通过调整 scale_fill_wsj() 函数的参数可以修改柱形图的颜色。柱形图非常适合数值的比较，从柱形图中可以明显看出哪个公司的市值更高，但是市值的具体数值却无法获取，此时可以通过 geom_text() 函数为柱形图添加标签，代码如下：

```
ggplot(data,aes(reorder(company, - Marketvalue),Marketvalue,fill = "steelbule")) +
    geom_bar(stat = "identity") +
    labs(x = " company",y = " Marketvalue/100 million dollars") +
    ggtitle("2016 年全球互联网 Top10 公司市值") +
    theme_wsj() +
    scale_fill_wsj("rgby", "") +
    geom_text(aes(label = Marketvalue, vjust = - 0.5, hjust = 0.5)) +
    theme(axis.title.x = element_text(vjust = 1, size = 15),
        axis.title.y = element_text(vjust = 1, size = 15),
        text = element_text(family = "STKaiti",size = 14),
        title = element_text(family = "STKaiti",size = 20),
        legend.position = 'none',
        axis.ticks.length = unit(0.5,'cm'))
```

上述示例代码中,geom_text()函数有 3 个输入参数,其中, label,vjust 和 hjust 分别代表标签名称、垂直位置和水平位置,它们后面的数值是传入的参数值。上述示例代码中的 theme()函数有 3 个输入参数,其中,legend. position 代表图例位置;axis. ticks. length 表示刻度线长度,即第一个柱形与 y 轴的距离。

添加标签后的绘图输出如图 10-22 所示。

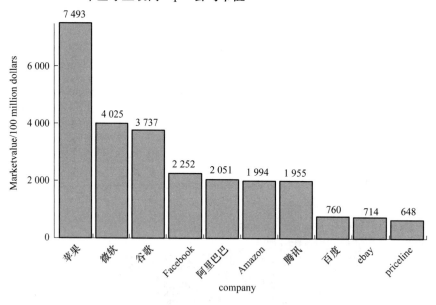

图 10-22　添加标签后的绘图输出

图 10-19～图 10-22 的图形风格是华尔街日报的风格,接下来看一下经济学人的风格:

```
ggplot(data,aes(reorder(company, - Marketvalue),Marketvalue,fill = "steelbule")) +
    geom_bar(stat = "identity",width = 0.65) +
    labs(x = " company",y = " Marketvalue/100 million dollars") +
```

```
ggtitle("2016 年全球互联网 Top10 公司市值") +
theme_economist(base_size = 14) + scale_fill_economist() +
geom_text(aes(label = Marketvalue, vjust = - 0.5, hjust = 0.5)) +
theme(legend.position = 'none',axis.ticks.length = unit(0.5,'cm'))
```

经济学人风格绘图如图 10-23 所示。

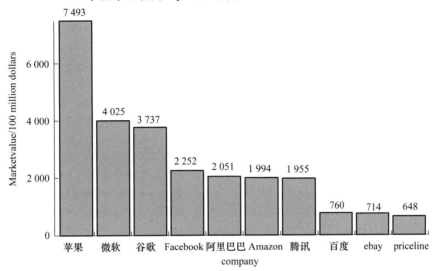

图 10-23　经济学人风格绘图

10.2　使用 bbplot 包绘制商业图表

bbplot 包由英国广播公司(British Broadcasting Corporation,BBC)数据团队开发,能够绘制 BBC 风格的数据可视化图表,其色彩搭配及设计按照 BBC 的风格,优雅美观。BBC 的数据团队开发了自己的数据可视化 R 包——bbplot 包,该 R 包能够帮助更多需要发布数据图的研究人员、数据团队绘制出优雅美观的数据图表。本节将介绍 bbplot 包的使用方法。

bbplot 包没有放置在 CRAN 上,而是托管于 GitHub 平台,从 GitHub 平台上安装 R 包的方式在前面已经讲过,代码如下:

```
devtools::install_github('bbc/bbplot')
library(bbplot)
```

下面以折线图为例说明 bbplot 包的使用方法。bbplot 包中有 2 个函数:bbc_style()函数和 finalise_plot()函数。bbc_style()函数的使用方式跟之前讲到的 theme 的使用方式类似。bbplot 包的图通过 ggplot2 包进行绘制,添加 bbc_style()函数可使图表符合 BBC 风格。finalise_plot()函数用于导出生成的图表。

选取 gapminder 包的内置数据源,使用 bbplot 包绘制非洲马拉维(Malawi)国民人口寿命变动趋势折线图的代码示例如下:

```
library(gapminder)
library(ggplot2)
library(tidyverse)
library(bbplot)
line_df <- gapminder %>%
   filter(country == "Malawi")
plot_line <- ggplot(line_df,aes(x = year,y = lifeExp)) +
   geom_line(color = "gray",size = 1) +
   geom_hline(yintercept = 0,size = 1,color = "#333333") +
   bbc_style() +
   labs(title = "Living longer",
        subtitle = "Life expectancy in Malawi from 1952 to 2007")
plot(plot_line)
```

BBC 风格的折线图如图 10-24 所示。

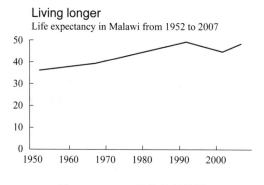

图 10-24　BBC 风格的折线图

可以发现，bbplot 包和 ggplot2 包的调用主题类似，但 bbplot 包的更加简单，其他设定均可通过修改 ggplot2 包的参数实现，绘制其他类型图表的方式也是如此。使用 finalise_plot() 函数可将生成的图表保存起来，示例如下：

```
finalise_plot(plot_name = plot_line,
           source = "source",#会在图片上打印来源
           save_filepath = "路径",
           width_pixels = 600,
           height_pixels = 400)
```

plot_name 参数：选择保存输出的图片名称，如上例中的 plot_line 对象。source 参数：BBC 格式图表注记。save_filepath 参数：输出图片路径。width_pixels 参数：输出宽度。height_pixels 参数：输出高度。

10.3　本 章 小 结

本章主要介绍 R 语言中的静态图表绘制。首先，本章介绍了 ggplot2 包的绘图原理、基本语法与使用技巧。ggplot2 包是 R 语言中十分重要的绘图工具，语法简洁且功能强大，大量的静态图表都可以借助于 ggplot2 包及其扩展包实现。之后，本章还对 bbplot 包进行了介绍，并对如何应用 bbplot 包完成商业图表的可视化输出进行了说明。

第11章 动态交互图表工具与设计

在第 10 章静态图表绘制的基础上，本章进一步介绍 R 语言中动态交互图表绘制的常用工具与典型示例。首先，本章介绍动态交互图表的交互模式和相应特点，然后介绍 R 语言中绘制动态交互图表的工具包 recharts，并给出具体案例演示。通过本章的学习，读者应该掌握以下几点。

- 动态交互图表的特点与优势。
- recharts 包的基本语法与动态交互图表的绘制步骤。
- recharts 包绘制动态交互图表的常用技巧。

11.1 动态交互图表简介

动态交互图表是指能够实现数据动态缩放呈现、人机动态交互参与的新型图表。相比上一章介绍的静态图表，动态交互图表不仅可以帮助用户控制图表特定数值或范围的呈现，也可以实现数据的多维渐进披露或动画动效。

相较于静态图表，动态交互图表主要通过渐进式披露、用户参与操作以及动画动效三种方式优化并提升用户的数据可视化认知水平。

- 渐进式披露：提供按用户需求逐步展示详细信息的途径与手段。
- 用户参与操作：允许用户直接对 UI 元素进行操作，最大限度减少屏幕所需的操作数量，包括页面缩放和平移、信息分页和数据控件控制等。
- 动画动效：通过动画动图设计提高不同用户对数据的感知和认知层级。

1. 渐进式披露

渐进式披露可以显示图表详细信息，允许用户根据需要查看特定数据点，PC 端和移动端渐进式披露图表对比如图 11-1 所示。在 PC 端中，悬停状态可以显示更多详细的数据。在移动端上，触摸并按住手势会在图表上方显示提示框。

2. 缩放和平移

缩放和平移是常用的图表交互，它会影响用户对图表数据的深入研究和探索。

缩放改变界面显示的远近，设备类型决定了如何执行缩放：在 PC 端，通过单击、拖动或滚动进行缩放；在移动端，通过捏合进行缩放。当缩放不是主要操作时，可以通过单击和拖动（在 PC 端）或双击（在移动端）来实现。

平移能够让用户看到屏幕之外的界面，它应该合理地展示数据的价值。例如，如果图表的一个维度比另一个维度更重要，则平移的方向可以仅限于该维度。

平移通常与缩放同时使用。在移动端，平移通常通过手势实现，如单指滑动。PC 端图表的缩放和平移示例如图 11-2 所示。

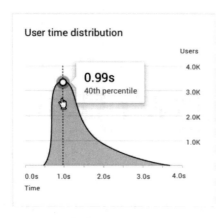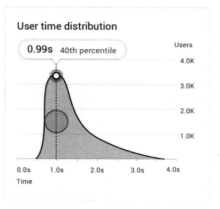

显示详细信息（PC端）
在PC端中，悬停状态可以显示更多详细的数据。

显示详细信息（移动端）
在移动端上，触摸并按住手势会在图表上方显示提示框。

图 11-1　PC 端和移动端渐进式披露图表对比

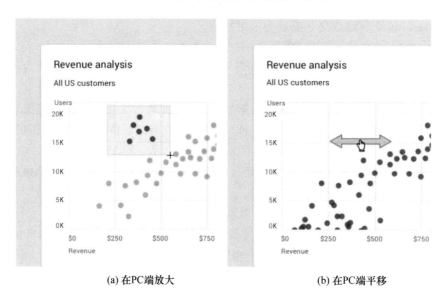

(a) 在PC端放大　　　　　　　　　　(b) 在PC端平移

图 11-2　PC 端图表的缩放和平移示例

3．分页

在移动端，分页是一种常见模式，它能让用户通过向右或向左滑动来查看上一个或下一个图表。在移动端，用户可以通过向右滑动查看前一天的数据，动态交互图表的分页示例如图 11-3所示。

4．数据控制

我们可以使用切换控件、选项卡和下拉菜单筛选或改变数据。用户调节控件时，这些控件还可以显示指标。动态交互图表的数据控制示例如图 11-4 所示。

5．动画动效

具有动画动效的图表可以强化数据之间的联系，提升人机交互体验。在交互式图表中有针对性地引入动画动效，可以反映不同状态数据间的联动特点。值得注意的是，动画动效应以不妨碍用户使用为原则，缩放适度，响应及时。

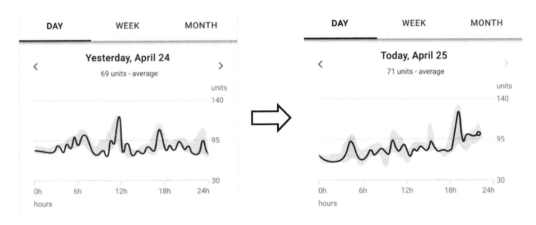

图 11-3　动态交互图表的分页示例

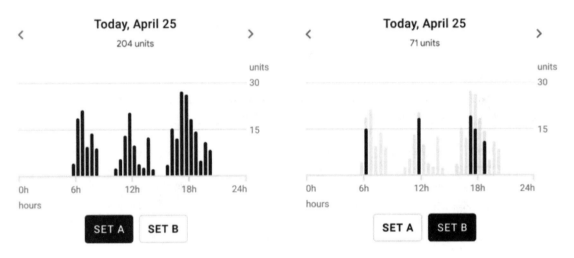

图 11-4　动态交互图表的数据控制示例

　　动态交互图表的动态示例如图 11-5 所示,在图 11-5 中,图表数据从按天显示动态切换到按周显示,且转换期间不会显示所选日期范围之外的数据,从而降低了复杂性。

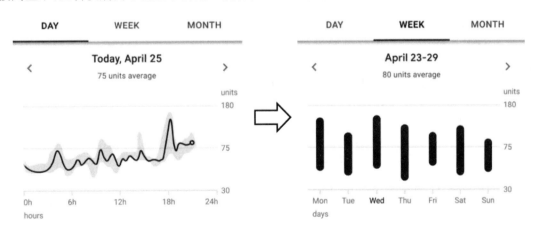

图 11-5　动态交互图表的动态示例

此外，动画动效也应该体现两个不同图表的联动性，如图 11-6 所示。

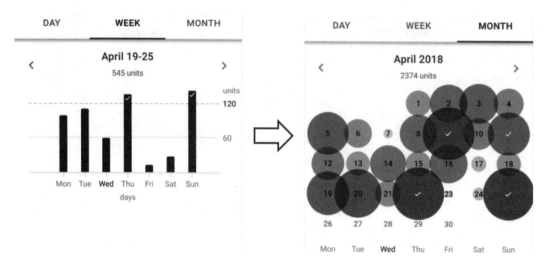

图 11-6　动态交互图表的联动示例

6．空状态

图表数据为空的情况下，可以提供相关数据的预期。在合适的情况下，可以通过展示角色动画提升动态交互图表的生动有趣性，空状态图表示例如图 11-7 所示。

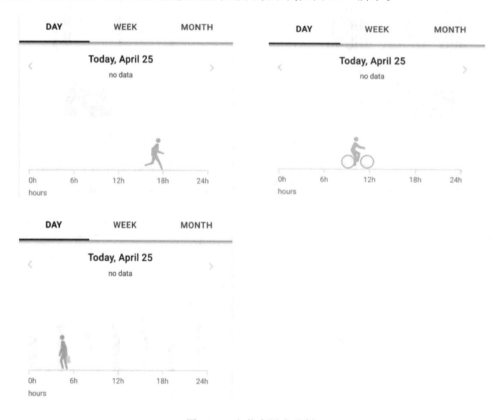

图 11-7　空状态图表示例

11.2 recharts 包简介以及基于 recharts 包绘制动态交互图表

11.2.1 recharts 包简介

百度开发的 Echarts 3.0 是基于 JavaScript 的开源图表制作工具软件,下载地址:http://echarts. baidu. com/download. html。如果对 JavaScript 和 HTML5 比较熟悉的话,可以选择源代码下载,然后参考对应教程进行学习和使用。

在 R 语言中,目前有一个 recharts 包可以与 Echarts 2.0 接口使用,recharts 包不是在 CRAN 上正式发布的包,不能在 RStudio 中安装,其正确安装方式如下:

```
if  (! require(devtools))library(devtools)
install_github("madlogos/recharts")
```

recharts 包是基于百度 Echarts 2.0 的最后一个稳定发布版(v 2.2.7)开发的,安装时需要注意:recharts 包依赖于 ggthems 包,需要先安装 ggthems 包,之后再安装 recharts 包。

recharts 包可绘制的图表类型较多,需要重点掌握以下几类:柱形图(条形图);线图;事件河流图;饼图、玫瑰图;雷达图、仪表盘;地图。

11.2.2 基于 recharts 包绘制动态交互图表

recharts 包是一个用于可视化的 R 加载包,它提供了一套面向 JavaScript 库 Echarts 2.0 的接口。此包的目的是让 R 用户即便不精通 HTML 或 JavaScript,也能用很少的代码绘制 Echarts 动态交互图表。如下代码展示了本包的基本语法:

```
library(recharts)
echartr(iris, Sepal.Length, Sepal.Width, series = Species)
```

其中 iris 是 R 自带的鸢尾花数据集。注意,通过 browseVignettes("recharts")命令可以离线查看 recharts 手册,它包含 recharts 包的所有函数及其使用方法。

recharts 包的建立基于 htmlwidgets 包之上,这样的优点是极大地节省了开发者管理 JavaScript 依赖包和处理不同类型输出文档(如 Rmarkdown 和 shiny)的时间。用户使用 recharts 包创建动态交互图表,只需关注如何导入数据并设置好参数,后续的输出交由 htmlwidgets 包来处理,它可以自适应 Rmarkdown、shiny 以及 R 控制台/RStudio 等多环境的输出。

recharts 包的主函数是 echartr()和 echart()。recharts 包旨在自动处理不同类型的数据。例如,若把一个数据框对象传入 echart()函数,同时 x,y 变量均为数值型变量,则 echart()函数会自动适配散点图,生成对应的坐标轴。当然,我们也可以在 echart()函数中手动输入参数设置坐标轴。

1. 使用 recharts 包绘制基础动图

下面以 mtcars 数据集为例,介绍如何使用 recharts 包绘制动图,读者可以将 recharts 包绘制的动图与 ggplot2 包绘制的静图进行比较，以了解它们的不同点。下面选择 mtcars 数据集中的 wt(车重)和 mpg(油耗)两个数据字段绘制基础动图(如图 11-8 所示)，以了解它们的关联，代码如下：

```
echartr(mtcars, wt, mpg)
```

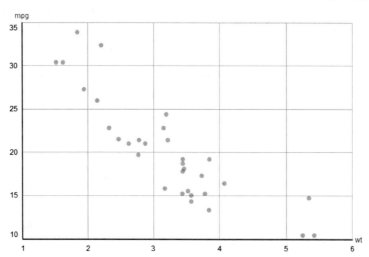

图 11-8　recharts 包绘制基础动图示例

echartr()函数的基础语法如下：

```
function (data, x = NULL, y = NULL, series = NULL, weight = NULL,
facet = NULL, t = NULL, lat = NULL, lng = NULL, type = "auto",
subtype = NULL, elementId = NULL, ...)
```

上述函数的各项参数说明如下。

- data 指定源数据，且数据对象必须是数据框格式。
- x 是自变量，可以指定 data 数据框对象的一列或多列，数据类型可以是时间、数值、文本等。在直角坐标系里，x 与 x 轴关联，在极坐标系中，x 与极坐标关联。一般情况下，单坐标系可参考直角坐标系的示例，多坐标系可参考极坐标系的示例。
- y 是因变量，可以指定 data 数据框对象的一列或多列，数据类型始终为数值型。
- series 是分组变量，可以指定 data 数据框对象的某一列，进行运算时被视为因子，作为数据系列映射到图例。
- weight 是权重变量，在气泡图、线图、柱形图中与图形大小关联。
- facet 是分面变量，可以指定 data 数据框对象的某一列，进行运算时被视为因子，适用于多坐标系，facet 的每个水平会生成一个独立的分面。
- t 为时间轴变量，t 变量一旦指定，就会生成时间轴组件。
- lat 表示纬度，lng 表示经度，可与 lat 共同用于地图、热力图的参数设置。

- type 为图类型,默认为"auto"。type 作为向量传入时,映射到 series 向量;作为列表传入时,映射到 facet 向量。

- subtype 指图的亚类,默认为 NULL。subtype 作为向量传入时,映射到 series 向量;作为列表传入时,映射到 facet 向量。

2. 修改 recharts 包绘制的基础动图的参数

recharts 包绘制的动图与 ggplot2 包绘制的静图类似,均通过修改不同函数的参数实现对图表对象细节的修改。用户可以先将 recharts 包绘制的基础动图存储为一个对象,然后通过修改函数参数,不断完善图表细节。和 ggplot2 包绘制静图不同的是,recharts 包对函数参数的修改需要用"%＞%"串联。修改示例代码及输出动图(如图 11-9 所示)如下:

```
chart = echartr(mtcars, wt, mpg, factor(am, labels = c('Automatic', 'Manual')))
chart
```

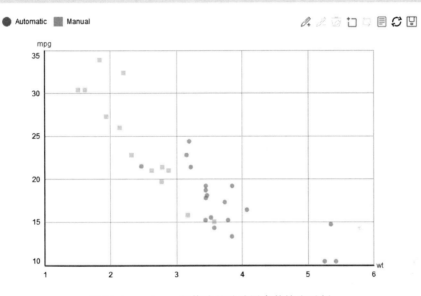

图 11-9　recharts 包修改基础动图参数输出示例

上述代码首先创建一个 recharts 对象,将 mtcars 对象赋值给 chart 对象;之后使用 factor 参数对 mtcars 数据框对象中的 am 数据字段(是否为手动挡)进行因子化处理,am 字段转换为因子数据类型,其中,1 为 Automatic,0 为 Manual;最后在输出的动图中,以不同颜色对 Automatic 和 Manual 数据点进行标识。在此过程中,labels 参数为 Automatic 和 Manual 两个因子指定了图例名称。

为了帮助用户进一步理解 recharts 包的图表数据结构特征,下面给出了 recharts 包的图表数据结构,如图 11-10 所示。

下面从四方面讲解 recharts 包绘图函数及其主要参数的设置。

(1)更改图元大小

用户可以调用 setSeries 函数对 chart 对象进行修改,改变序列 1 图元大小的代码及输出结果(如图 11-11 所示)示例如下:

```
chart %＞% setSeries(series = 1, symbolSize = 7)
```

```
- x
  |— series
      |—— list 1
          |---- name: 'Automatic'
          |---- data: ...
          |---- type: 'scatter'
      |—— list 2
          |---- name: 'Manual'
          |---- data: ...
          |---- type: 'scatter'
      |—— ...
  |— legend
  |— xAxis
  |— yAxis
  |— grid
  |— tooltip
  |— ...
```

图 11-10　recharts 包的图表数据结构

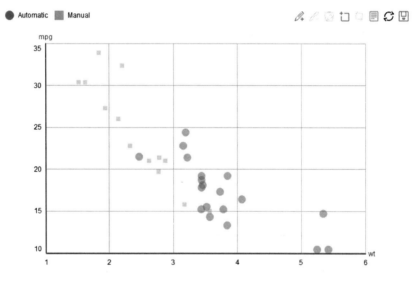

图 11-11　recharts 包更改图元大小示例

（2）添加数据标注

recharts 包也提供了数据统计功能，用户可以调用函数 addMarkLine( )或者 addMarkPoint( )为 char对象添加标注线或标注点。例如，如果希望了解两种车的最大油耗，用户可以通过调用 addMarkPoint( )函数将两种车的最大油耗标记出来，示例代码及输出结果（如图 11-12 所示）如下：

```
chart %>% addMarkPoint(data = data.frame(type ='max', name ='Max'))
```

由图 11-12 可以看到，手动挡车的最大油耗显著大于自动挡车的最大油耗，但是相比于油耗的最值，用户可能更加关注其均值。为此，用户可以调用 addMarkLine( )函数分别给两个数据系列添加均数标注线。示例代码及输出结果（如图 11-13 所示）如下：

```
chart %>% addMarkLine(data = data.frame(type ='average', name1 ='Avg'))
```

图 11-12　recharts 包添加数据标注点示例

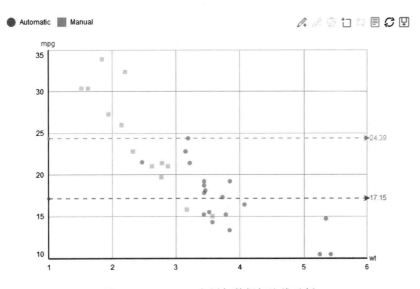

图 11-13　recharts 包添加数据标注线示例

（3）添加动图标题

用户也可以使用 setTitle()函数为动图添加主标题和副标题,示例代码及输出结果(如图 11-14所示)如下:

```
chart %>% setTitle('wt vs mpg', 'Motor Trend',
          textStyle = list(color = 'red'))
```

默认情况下,setTitle()函数的第一个参数为主标题,第二个参数为副标题,textStyle 参数可以设置标题文字的格式。

（4）修改图例、图标和工具箱

用户还可以调用 setLegend()函数修改图例的格式,修改图例文字颜色的示例代码及输出结果(如图 11-15 所示)如下:

```
chart %>% setLegend(textStyle = list(color ='red'), show = TRUE)
```

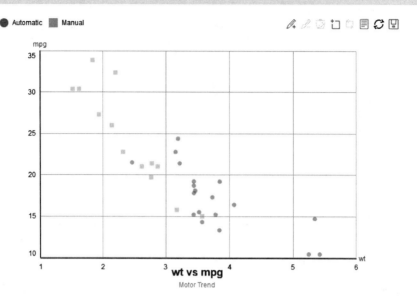

图 11-14　recharts 包添加主、副标题示例

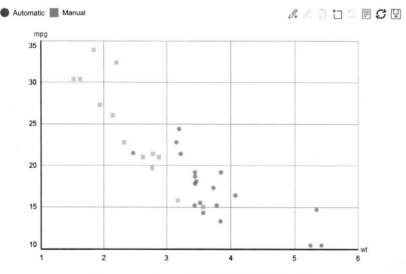

图 11-15　recharts 包修改图例文字颜色示例

上述代码中的参数 show 可以控制是否显示图例,默认为 TRUE,若要取消可将其设为 NULL。

值得注意的是,recharts 包中修改图例和图标的函数不同。如果用户想要修改图标的样式,需要使用 setSymbols()函数,示例代码及输出结果(如图 11-16 所示)如下:

```
chart %>% setSymbols(c('heart','star6'))
```

工具箱的控制函数是 setToolbox(),用户可以通过参数 show 来设置是否显示工具箱以及工具箱的位置、格式、控件等。隐藏工具箱的代码示例及输出结果(如图 11-17 所示)如下:

```
chart %>% setToolbox(show = NULL)
```

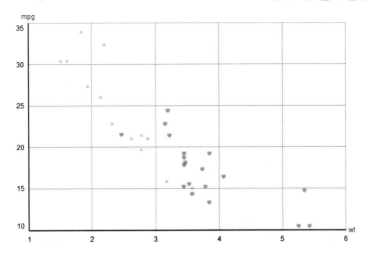

图 11-16 recharts 包修改图标样式示例

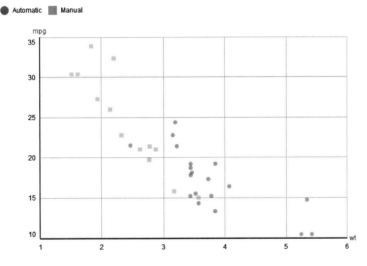

图 11-17 recharts 包隐藏工具箱示例

（5）设置坐标轴

用户可以使用 setXAxis（）函数控制坐标轴。recharts 包的坐标轴会根据数据自动调整，值得注意的是，chart 的坐标轴并不是以 0 为起点的，用户可以手动设置坐标轴的起始位置。通过使用 setXAxis（）函数可以实现用户需要的任意坐标轴样式，setXAxis（）函数的基本语法如下：

```
setAxis(chart, series = NULL, which = c("x", "y", "x1", "y1"),
    show = TRUE,name = "",nameTextStyle = emptyList(),min = NULL,
    max = NULL,...)
```

上述函数中，chart 参数是图形对象；series 参数是图形对象的系列；which 参数是选择此函数作用的坐标轴对象；show 参数控制坐标轴是否显示；name 参数及 nameTextStyle 参数控制坐标轴的名称及类型；min 参数和 max 参数控制坐标的起止点。setXAxis（）函数的参数纷繁复杂,此处仅列举若干比较重要的参数予以说明,更多参数的介绍可以查看 recharts 包的帮助文档。

使用多个函数对 chart 对象进行调整的代码示例及输出结果(如图 11-18 所示)如下:

```
chart %>% setSeries(series = 1, symbolSize = 7) %>%
    addMarkLine(data = data.frame(type ='average', name1 ='Avg')) %>%
    addMarkPoint(data = data.frame(type ='max', name ='Max')) %>%
    setTitle('wt vs mpg','Motor Trend') %>%
    setLegend(textStyle = list(color ='red')) %>%
    setToolbox(show = NULL) %>%
    setSymbols(c('heart','star6'))
```

除上述内容外,recharts 包中还有其他可以控制图形细节的函数,本书只对其中一部分进行了说明,如果读者对 recharts 包感兴趣,可以通过网址 http://madlogos. github. io/recharts/index_cn. html查阅其官方文档。另外,由于 recharts 包生成的是动态交互图表,而动态交互特性在静态页面中无法展现,因此,建议通过 html 页面展示 recharts 输出图表。

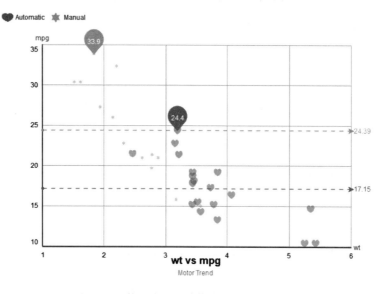

图 11-18　使用多个函数修改 chart 对象示例

11.3　本　章　小　结

本章内容聚焦 R 语言绘制动态交互图表的方法与工具,首先介绍了动态交互图表的特点及其信息表达优势,之后详细介绍了 recharts 包的基本功能、常用函数以及绘制动态交互图表的步骤与技巧。在 pdf 文件或者纸质书籍中,虽然动态图表的交互性无法体现,但是 recharts 包绘制的图表依然十分精美。感兴趣的读者可以将 recharts 包的动图输出为 HTML 页面,在浏览器中查看并体会其动态交互特性。

第12章 Rmarkdown与自动化报告

第10、11章主要针对面向数据感知的可视化方法和工具进行介绍,从本章开始,将从数据认知的故事化入手,介绍如何应用R语言的开源工具包实现数据分析结果的叙事呈现。本章聚焦自动化报告的输出,首先,简要介绍可重复性研究和文学化编程等概念,以及实现自动化报告输出的基本工具和流程;其次,介绍R语言自动化报告输出常用包Rmarkdown和Knitr包的用法;最后介绍Rmarkdown包的三个重要组成部分——Markdown文本、代码段和YAML文件头。通过本章的学习,读者应该掌握以下几点。

- 可重复研究和文学化编程的基本概念。
- 自动化报告输出的一般流程。
- Markdown包的基本语法,Rmarkdown和Knitr包基本参数的设置。

12.1 可重复研究与文学化编程概述

随着"数据+算法"驱动研究的不断深入,数据的不断扩增,量化分析方法的日趋复杂,研究成果可重复性(Reproducibility)的难度也不断加大。2016年《Nature》杂志对1 576名研究人员的调研结果表明,90%以上的受访者认为目前学术界存在可复现危机,且超过一半的受访者认为问题十分严重,并将其归因为数据封闭、分析缺乏细节等。如何促进他人对数据分析过程和结果的理解、复现和验证,提升研究和数据分析的信度,越来越被各界所重视。同时这也促进了可重复研究(Reproducible Research)及相关软件工具的发展。需要指出的是,可重复研究和可复制研究(Replicable Research)是两个不同的概念。前者指依托原始研究数据集和数据分析代码,复现研究结果(包括但不限于分析图表、分析结论等)的行为,也就是拿到原始数据,并运行对应的分析代码,理论上应该能够得到与原始研究一样的分析结果;后者指在独立于最初研究人员的情形下,不依赖原始研究数据集但采用相同方法,重复整个研究的行为,这个要求更高,如果复现的结果一致,则说明原始研究过程与结论十分可靠。简而言之,可重复研究是可复制研究重要且十分必要的一步。

马威克(Marwick)指出,一项可重复研究应遵循四个基本原则:第一,数据、代码可校验,可共享与归档;第二,计算环境统一,且被广泛使用;第三,分析过程以脚本程序为载体,可查看细节;第四,数据、代码有版本控制,迭代可溯源。因此,要实现研究的可重复,光是数据共享还不够,还需要在计算环境的选择、分析工具的使用和研究版本的控制等方面协同发力,从数据的共享走向分析环境、分析过程以及分析工具的开放、共享。

在此过程中,基于文学化编程(Literate Programming)思想开发的软件相继涌现,为推动可重复研究提供了工具支撑。一般认为,文学化编程是由斯坦福大学的唐纳德·爱尔文·克努特(Donald Ervin Knuth)在 1984 年率先提出的一种编程范式,目的是提高计算机程序的可读性,替代 20 世纪 70 年代提出的结构化编程范式。在结构化编程中,程序代码要严格按照编译或解释器的语法规则依序排列,用户可以通过采用文学化编程工具,将程序任务拆分为若干单元,每个单元中的代码以代码块(Code Chunk)的形式呈现,代码块可以与文字内容自由组合。

长期以来,文学化编程主要在计算机领域的软件编程人员中广泛应用,它与传统的结构化编程最大的不同在于:后者以计算机处理为导向,先按照计算机可理解、可处理的方式和顺序编写代码,然后运行代码输出结果;而前者以用户为导向,更像是在写文章,程序员按照自身思维和逻辑编写代码,并将代码隐藏在文章中,其更加关注的是代码的逻辑结构,而不是语法结构。当需要进行编译的时候,文章中干净、标准的代码文本可以直接运行得到结果。文学化编程既可以用于学术文献撰写,也可用于可重复报告(Reproducible Report)撰写。

R 语言环境下开展文学化编程,实现可重复数据分析的主要工具包是 Rmarkdown 包和 Knitr 包,两者结合编译报告的流程如图 12-1 所示。

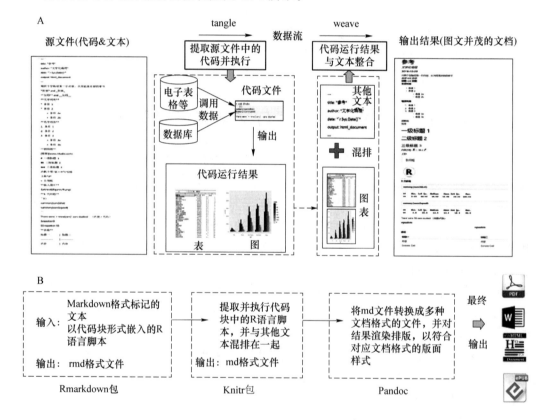

图 12-1　Rmarkdown 和 Knitr 包编译报告流程

图 12-1 显示,Rmarkdown 和 Knitr 包处理源文件有两个路径:tangle 和 weave。tangle 过程包括:提取源文件中的代码;生成代码文件;代码文件在相对应的编程环境中,从数据库或者本地的电子表格等文件调用数据,并执行输出结果。weave 过程是将 tangle 过程输出的图标和图形等嵌入其他文本,并输出多种格式的文档。在配置好的 RStudio 环境下的 Rmarkdown 中,调整输出格式只需要单击"Knit"按钮,然后选择对应格式即可,如图 12-2 所示。

图 12-2　RStudio 环境下自动化报告输出按钮选项

Markdown 是一种轻量级标记语言,具有简单的纯文本格式化语法,用普通文本编辑器就可以进行编辑,可以使用 Pandoc 将文本转换成 html、pdf、doc 等多种格式。相较于 Word,Markdown 更加方便简洁,尽管 Word 在编辑文档方面无所不能,但其功能太过复杂(如在输入文字后,需要调整字体、设置行高、设置页眉页脚等),使得大量精力耗费在文章的格式调整上。在 Markdown 中,创作者集中注意力输出文字,只需在文字前面加上一些简单的标记符号(如"♯""＊"等),Markdown 就会自动完成对应标记符号代表的格式输出。最为关键的是,Markdown 的语法简单,学习成本低,这也是它成为目前网络流行写作语言的一个重要原因。Rmarkdown 和 Bookdown 都是基于 RStudio 提供的 Markdown 工具,都是对 Markdown 功能的进一步拓展。

Knitr 包是基于文学化编程思想设计开发的一个工具包,Knitr 包的思想是把 R 代码嵌入报告中,编译报告的时候 R 代码被执行,源文档中的 R 代码在输出的时候被替换为相应的图表或计算结果,这些结果和源文件中的文本结合形成自动化报告。这样,只需要维护包含源代码的 Rmd 文档,输出文档就能自动生成。使用 Rmarkdown 和 Knitr 包输出自动化报告的流程如图 12-3 所示。

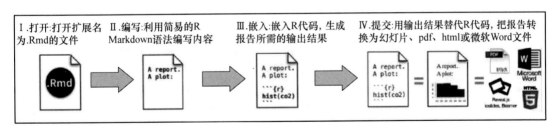

图 12-3　使用 Rmarkdown 和 Knitr 包编写自动化报告流程

12.2　R 语言自动化报告输出常用包介绍

在日常数据分析工作中,无论使用何种数据分析工具软件,在制作数据分析报告时均面临三个典型问题:第一,如何将数据分析过程和结果完整且清晰地呈现给用户;第二,如何确保不同人员完成的数据分析报告可重复、可复核;第三,如何提升数据分析报告生成的自动化程度,减少报告制作者的工作量。

在 R 语言里,数据报告的自动化输出与数据分析过程的复现与校验,主要利用 Rmarkdown 和 Knitr 两个包的强大功能实现。

12.2.1 Rmarkdown 和 Knitr 包的主要功能

Rmarkdown 包是安装在 RStudio 编辑器环境下,通过 R 来书写可重复动态报告的一个独立第三方包。Rmarkdown 包在 ppt、pdf、html、doc 文件中嵌入 R 代码和结果,语法与 Markdown 一致。Rmd 文档的修改需要加载 Rmarkdown 包来编辑。对于首次使用该包的用户,可以在 RStudio 首页菜单栏选择"Tools→Install Packages→Packages",输入"Rmarkdown"单击确定后安装,也可以通过 github 途径下载安装 Rmarkdown 包,代码如下:

```
devtools:install_github("rmarkdown")
```

与其他 R 包不同,Rmarkdown 包的加载使用不需要通过 library()函数,其在 RStudio 环境下可以实现自动加载。用户可以通过"File → New File → R markdown"创建一个 Rmarkdown 文件,如图 12-4 所示。

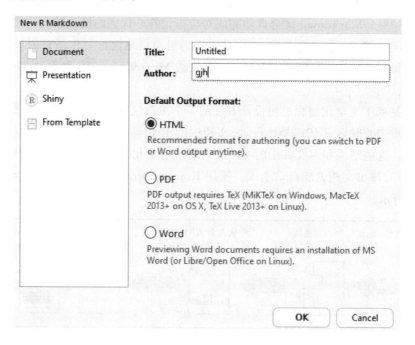

图 12-4　RStudio 创建 Rmarkdown 文件示例

在如图 12-4 所示的界面中,分别输入 Title、Author 里面的内容 Untitled、gjh,选择 HTML 输出格式,单击"OK"按钮后,将新建一个 Rmarkdown 文件,文件内容如图 12-5 所示。

上述新建的 Rmarkdown 文件中包含 3 种重要的内容类型:用"—"包裹的 YAML 文件头;用"```"包裹的 R 代码段;一段英文文本。

如果用户想要生成包含文本、代码和输出的完整报告,可以借助于 Knitr 包来完成。对于初次使用该包的用户,可以通过在 RStudio 菜单项中选择"Tools → Install Packages →

Packages",输入"Knitr"单击确定后安装,也可以直接在 RStudio 控制台输入以下代码安装:

```
install.packages("knitr")
```

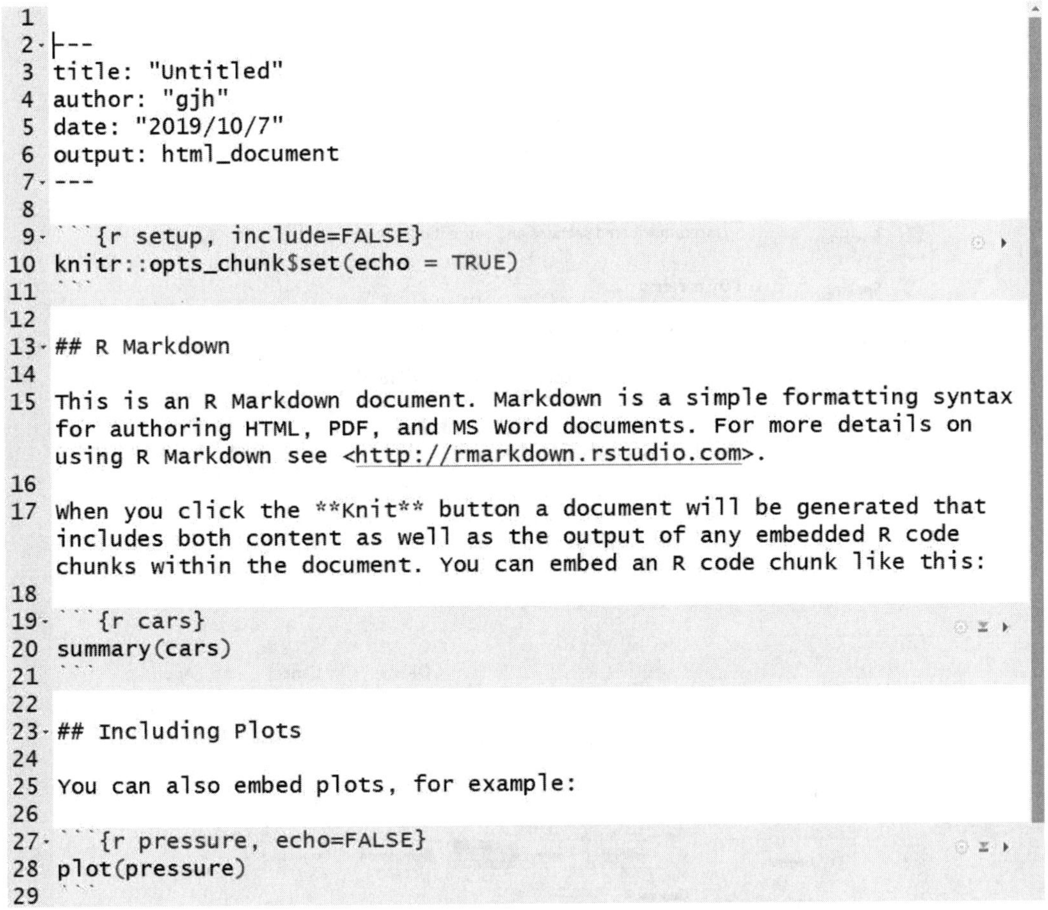

```
1
2  ---
3  title: "Untitled"
4  author: "gjh"
5  date: "2019/10/7"
6  output: html_document
7  ---
8
9  ```{r setup, include=FALSE}
10 knitr::opts_chunk$set(echo = TRUE)
11 ```
12
13 ## R Markdown
14
15 This is an R Markdown document. Markdown is a simple formatting syntax
   for authoring HTML, PDF, and MS Word documents. For more details on
   using R Markdown see <http://rmarkdown.rstudio.com>.
16
17 When you click the **Knit** button a document will be generated that
   includes both content as well as the output of any embedded R code
   chunks within the document. You can embed an R code chunk like this:
18
19 ```{r cars}
20 summary(cars)
21 ```
22
23 ## Including Plots
24
25 You can also embed plots, for example:
26
27 ```{r pressure, echo=FALSE}
28 plot(pressure)
29
```

图 12-5　新建的 Rmarkdown 文件内容示例

安装完 Knitr 包后,需要完成必要的参数配置。在 RStudio 菜单项中,选择"Tools→Global Options→Sweave→Weave Rnw files using→knitr",如图 12-6 所示。

接下来,还需要在 RStudio 菜单项中,通过选择"Tools→Global Options→Code→Saving →Default text encoding→UTF-8"将编码格式转变为"UTF-8",防止使用 Rmd 文件时出现中文乱码,如图 12-7 所示。

在完成上述必要参数设置后,若要自动生成 html 格式的报告,有以下三种方式可选:在 RStudio 界面中单击"Knit"按钮;手动按组合键"Ctrl+Shift+K";在 RStudio 的控制台输入命令"rmarkdown::render("name. Rmd")"。自动输出的 HTML 报告如图 12-8 所示。

下面将详细介绍如何定制 Rmarkdown 文件的 3 个主要组成部分:Markdown 文本、代码段和 YAML 文件头。

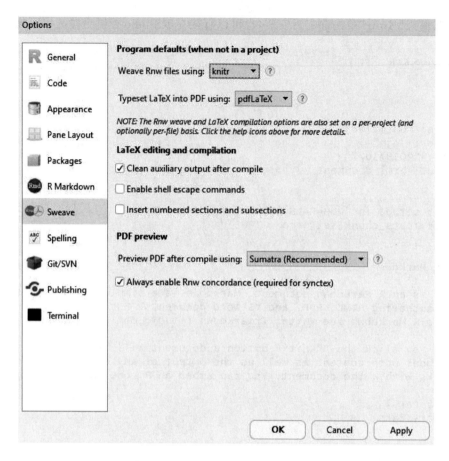

图 12-6　在 RStudio 中设置 Knitr 参数

图 12-7　在 RStudio 中设置编码格式

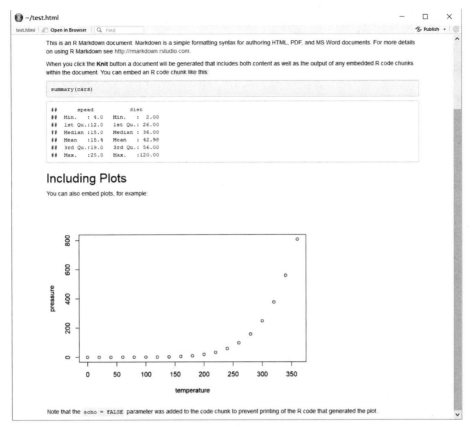

图 12-8　Rmarkdown 自动生成的 HTML 报告示例

12.2.2　Markdown 语法与 Rmarkdown 图表设置

Rmarkdown 文件的一个组成部分是 Markdown 文本,那么什么是 Markdown 文本呢?按照 Markdown 语法创建者约翰·格鲁伯(John Gruber)的观点,Markdown 是一种轻量级标记语言,也是一个将作者的文本转换为 html 格式文本的工具。Markdown 使用易于阅读、易于编写的文本格式进行编写,方便将其转换为 xhtml(或 html)格式的文件。本节将首先介绍 Markdown 的基本语法与示例,之后讲解 Rmarkdown 中的图表设置技巧。

1. Markdown 语法

Rmarkdown 中的 Markdown 文本沿袭了 Markdown 的语法,所以在编写 Rmarkdown 文件前需要先熟悉 Markdown 的常用语法。

(1)文本的换行、斜体和粗体

在 Markdown 文本中,换行需要在结尾输入两个或两个以上的空格。

在 Markdown 文本中,输入"＊斜体＊"可以输出得到斜体的文本;输入"＊＊粗体＊＊"可以输出得到粗体的文本。

(2)文本创建链接和邮箱

Markdown 支持 html 格式的输出,如果需要在 Markdown 文本中嵌入一些链接,可以通过以下方式实现:

```
[这是一个链接](https://rmarkdown.rstudio.com/)
```

Markdown 也支持链接插入本地或者网络端的图片，代码如下：

```
![alt text](http://example.com/logo.png)
![alt text](figures/img.png)
```

如果在 Markdown 文本中以邮箱作为联系方式，可以使用< name@gmail.com >为邮箱添加链接，方便读者获取邮箱信息。

（3）文本的标题和引用

为了使得撰写的内容逻辑清晰、层次分明，我们可以在 Markdown 文本的标题前添加"♯"号，同时，"♯"号和标题之间以空格隔开。不同级的标题可以通过不同数量的"♯"号来区别，Rmarkdown 最多支持六级标题。添加三级标题的代码和结果（如图 12-9 所示）如下：

```
♯ 一级标题
♯♯ 二级标题
♯♯♯ 三级标题
```

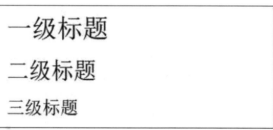

图 12-9　Markdown 文本中的标题设置

在 Markdown 文本中添加引用的方式和添加标题类似。在段落开头加上"＞"号即代表引用，每多一个"＞"号就多一层缩进。添加三级引用的代码和结果（如图 12-10 所示）如下：

```
>一级引用

>>二级引用

>>>三级引用
```

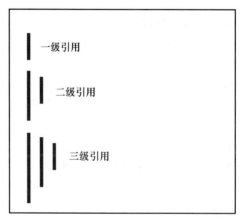

图 12-10　Markdown 文本中的引用设置

（4）文本的列表

Markdown 语法提供了有序列表和无序列表两种输出方式，添加示例如下：

```
* 无序列表 1
    + 无序列表子表 1
    + 无序列表子表 2
1. 有序列表 1
2. 有序列表 2
    + 内容 1
    + 内容 2
```

值得注意的是，无论手动输入的序号为何，有序列表的序号都会自动递增，示例如下：

```
1. 有序列表 1
1. 有序列表 2
```

需要指出的是，行首每多一个空格，列表就会多缩进一层，因此空格不要随意增减。

掌握这些基本语法后就可以使用 Rmarkdown 编写报告了。如果忘记了某种语法，可以通过"Help→Markdown Quick Reference"的方式来获取帮助。

2. Rmarkdown 的图表设置

使用 Rmarkdown 编写数据分析报告会遇到各种各样图表的编排，这些图表的样式从简单到复杂，从静态到交互，需要根据不同情形采取相适应的方法。下面重点讲解 Rmarkdown 的图表设置技巧，以方便用户的使用。

（1）在 Rmarkdown 文件中插入图片

之前介绍过插入图片的一种方式，即使用以下代码插入网络链接或本地链接的图片：

```
![alt text](http://example.com/logo.png)
![alt text](figures/img.png)
```

除了上述方式外，还可以使用 knitr::include_graphics 指令在 Rmarkdown 文件中插入图片，该指令能自适应输出 html 和 pdf 两种格式。另外，当目录下同时存在 name1.png 和 name1.pdf 文件时，程序会自动选择在 html 格式输出中展示 name1.png 文件，在 pdf 格式输出中引入 name1.pdf 文件。

如果有多张图需要同时展示，用户可以将图名称以 vector 形式传给 include_graphics 函数，通过设置"out.width＝1/number-pics"和"fig.show＝"hold""实现多图并排展现。

（2）在 Rmarkdown 文件插入表格

在 Rmarkdown 文件中插入表格有多种方法，最简单的方法就是使用 Markdown 语法插入表格，示例如下：

```
First Header  | Second Header
------------- | -------------
Content Cell  | Content Cell
Content Cell  | Content Cell
```

根据表格数据来源的不同,Rmarkdown 文件中插入表格可以分为内部表格插入和外部表格插入两种方式,详述如下。另外,下面还介绍了使用 DT 包、kableExtra 包输出表格的相关示例。

① 插入内部表格

对于来源于 Rmarkdown 生成数据的表格创建,推荐使用 knitr::kable 函数在 Rmarkdown 文件中插入内部表格,代码示例及输出结果(如图 12-11 所示)如下:

```
knitr ::kable(head(mtcars),
              caption = '在 Rmd 中输出第一个表格')
```

在Rmd中输出第一个表格

	mpg	cyl	disp	hp	drat	wt	qsec	vs	am	gear	carb
Mazda RX4	21.0	6	160	110	3.90	2.620	16.46	0	1	4	4
Mazda RX4 Wag	21.0	6	160	110	3.90	2.875	17.02	0	1	4	4
Datsun 710	22.8	4	108	93	3.85	2.320	18.61	1	1	4	1
Hornet 4 Drive	21.4	6	258	110	3.08	3.215	19.44	1	0	3	1
Hornet Sportabout	18.7	8	360	175	3.15	3.440	17.02	0	0	3	2
Valiant	18.1	6	225	105	2.76	3.460	20.22	1	0	3	1

图 12-11　使用 knitr::kable 函数插入内部表格

使用"?knitr::kable"阅读相关文档,可以了解定制表格的其他方式。如果想要更加深入地定制表格,可以使用 xtable、stargazer、pander、tables 和 ascii 等包,这些包都提供了一套根据 R 代码生成格式化表格的函数。

② 插入外部表格

对于外部来源的数据,可以通过安装 RStudio 的插件 insert_table 来快速生成表格代码,步骤如下。

首先,在 RStudio console 中输入以下代码,安装插件 insert_table:

```
# install.packages("devtools")
devtools ::install_github("lbusett/insert_table")
```

然后,打开 Rmarkdown 文件,将鼠标停放在带有 R 代码块的空白行处,选择"Addins→Insert Table"插件,即可插入表格内容。

③ 使用 DT 包输出交互式表格

如果用户想要输出 html 格式的研究报告,推荐使用 DT 包。DT 包提供了 JS 库 DataTables 与 R 的接口,调用该接口可使得 R 对象(矩阵或者数据框)在 html 页面显示为表格。此外,这种表格具有交互功能,如筛选、排序等。更重要的是,DT 包对参数进行了封装,这使得用户操作起来更加简单、快捷。

首先安装并加载 DT 包,然后以 mtcars 数据集为例输出交互式表格,如图 12-12 所示。

```
install.packages("DT")
library(DT)
datatable(mtcars)
```

Show `10 ▼` entries   Search: [   ]

	mpg ⇅	cyl ⇅	disp ⇅	hp ⇅	drat ⇅	wt ⇅	qsec ⇅	vs ⇅	am ⇅	gear ⇅	carb ⇅
Mazda RX4	21	6	160	110	3.9	2.62	16.46	0	1	4	4
Mazda RX4 Wag	21	6	160	110	3.9	2.875	17.02	0	1	4	4
Datsun 710	22.8	4	108	93	3.85	2.32	18.61	1	1	4	1
Hornet 4 Drive	21.4	6	258	110	3.08	3.215	19.44	1	0	3	1
Hornet Sportabout	18.7	8	360	175	3.15	3.44	17.02	0	0	3	2
Valiant	18.1	6	225	105	2.76	3.46	20.22	1	0	3	1
Duster 360	14.3	8	360	245	3.21	3.57	15.84	0	0	3	4
Merc 240D	24.4	4	146.7	62	3.69	3.19	20	1	0	4	2
Merc 230	22.8	4	140.8	95	3.92	3.15	22.9	1	0	4	2
Merc 280	19.2	6	167.6	123	3.92	3.44	18.3	1	0	4	4

Showing 1 to 10 of 32 entries   Previous [1] 2 3 4 Next

图 12-12　使用 DT 包输出交互式表格示例

DT 包还封装了许多 DataTables 的功能,熟悉 DataTables 的用户可以定制 DT 包输出的表格,不熟悉 DataTables 的用户可以参考下面的内容进一步设置参数。

a. 数据格式的设置

一般来说,在"干净"的数据中,数据格式以列为单位划分,DT 包中的 format * ()函数可将表列格式转化为货币、百分比或整数。

```
datatable(mtcars) %>%
    formatCurrency(c('wt')) %>%
    formatPercentage('qsec', 2)
```

用户可以分别使用 formatCurrency()函数和 formatPercentage()函数将 mtcars 的 wt 列和 qsec 列转化为货币和百分比形式。另外,还可以使用 formatDate()函数对日期、时间列进行格式化,方便数据表的展示。输出结果如图 12-13 所示。

b. 标题和行列名设置

Rmarkdown 包提供了为表格和图片命名并且自动编号的功能,此外,通过设置 DT 包中 datatable()函数的 caption 参数可为表格设置名称,示例代码及输出结果(如图 12-14 所示)如下:

```
datatable(mtcars,caption = '使用 DT 包输出的 mtcars 数据框')
```

Show 10 ▼ entries   Search: [   ]

	mpg ⬍	cyl ⬍	disp ⬍	hp ⬍	drat ⬍	wt ⬍	qsec ⬍	vs ⬍	am ⬍	gear ⬍	carb ⬍
Mazda RX4	21	6	160	110	3.9	$2.62	1,646.00%	0	1	4	4
Mazda RX4 Wag	21	6	160	110	3.9	$2.88	1,702.00%	0	1	4	4
Datsun 710	22.8	4	108	93	3.85	$2.32	1,861.00%	1	1	4	1
Hornet 4 Drive	21.4	6	258	110	3.08	$3.21	1,944.00%	1	0	3	1
Hornet Sportabout	18.7	8	360	175	3.15	$3.44	1,702.00%	0	0	3	2
Valiant	18.1	6	225	105	2.76	$3.46	2,022.00%	1	0	3	1
Duster 360	14.3	8	360	245	3.21	$3.57	1,584.00%	0	0	3	4
Merc 240D	24.4	4	146.7	62	3.69	$3.19	2,000.00%	1	0	4	2
Merc 230	22.8	4	140.8	95	3.92	$3.15	2,290.00%	1	0	4	2
Merc 280	19.2	6	167.6	123	3.92	$3.44	1,830.00%	1	0	4	4

Showing 1 to 10 of 32 entries   Previous [1] 2 3 4 Next

图 12-13　DT 包表格输出的数据格式设置示例

Show 10 ▼ entries   Search: [   ]

使用DT包输出的mtcars数据框

	mpg ⬍	cyl ⬍	disp ⬍	hp ⬍	drat ⬍	wt ⬍	qsec ⬍	vs ⬍	am ⬍	gear ⬍	carb ⬍
Mazda RX4	21	6	160	110	3.9	2.62	16.46	0	1	4	4
Mazda RX4 Wag	21	6	160	110	3.9	2.875	17.02	0	1	4	4
Datsun 710	22.8	4	108	93	3.85	2.32	18.61	1	1	4	1
Hornet 4 Drive	21.4	6	258	110	3.08	3.215	19.44	1	0	3	1
Hornet Sportabout	18.7	8	360	175	3.15	3.44	17.02	0	0	3	2
Valiant	18.1	6	225	105	2.76	3.46	20.22	1	0	3	1
Duster 360	14.3	8	360	245	3.21	3.57	15.84	0	0	3	4
Merc 240D	24.4	4	146.7	62	3.69	3.19	20	1	0	4	2
Merc 230	22.8	4	140.8	95	3.92	3.15	22.9	1	0	4	2
Merc 280	19.2	6	167.6	123	3.92	3.44	18.3	1	0	4	4

Showing 1 to 10 of 32 entries   Previous [1] 2 3 4 Next

图 12-14　DT 包设置表格标题示例

在 DT 包的 datatable()函数中，行列名分别由 rownames 和 colnames 参数控制，用户可以通过设置逻辑值控制是否显示行名和列名，示例代码及输出结果（如图 12-15 所示）如下：

```
datatable(mtcars,caption = '使用 DT 包输出的 mtcars 数据框',
    rownames = FALSE)
```

Show 10 ▼ entries   Search:

使用DT包输出的mtcars数据框

mpg ⇕	cyl ⇕	disp ⇕	hp ⇕	drat ⇕	wt ⇕	qsec ⇕	vs ⇕	am ⇕	gear ⇕	carb ⇕
21	6	160	110	3.9	2.62	16.46	0	1	4	4
21	6	160	110	3.9	2.875	17.02	0	1	4	4
22.8	4	108	93	3.85	2.32	18.61	1	1	4	1
21.4	6	258	110	3.08	3.215	19.44	1	0	3	1
18.7	8	360	175	3.15	3.44	17.02	0	0	3	2
18.1	6	225	105	2.76	3.46	20.22	1	0	3	1
14.3	8	360	245	3.21	3.57	15.84	0	0	3	4
24.4	4	146.7	62	3.69	3.19	20	1	0	4	2
22.8	4	140.8	95	3.92	3.15	22.9	1	0	4	2
19.2	6	167.6	123	3.92	3.44	18.3	1	0	4	4

Showing 1 to 10 of 32 entries   Previous [1] 2 3 4 Next

图 12-15   DT 包设置表格行列名示例

datatable()函数中的 rownames 和 colnames 参数可以对行名和列名进行设置,示例代码如下:

```
datatable(mtcars,caption = '使用 DT 包输出的 mtcars 数据框',
    rownames = c())
```

c. 组件控制设置

DT 包输出表格中的交互式组件如图 12-16 所示,其中,框内部分为表格组件,DT 包输出的表格在 HTML 页面显示时具有人机交互的特性,有助于用户筛选、搜索感兴趣的数据子集。

图 12-16   DT 包输出表格中的交互式组件

如果要在 HTML 页面显示表格交互式组件,可以通过参数 options = list(dom = 'lftipr') 控制是否显示组件,同时设置这些组件的位置。DT 包变换表格组件元素显示位置示例如图 12-17 所示,其中,l、f、i、p 分别对应图 12-17 所示的位置,t 和 r 用于组件定位,即上述参数添加到字符串则显示对应的元素,根据参数在字符串中与 t 的位置可变换元素显示的位置。

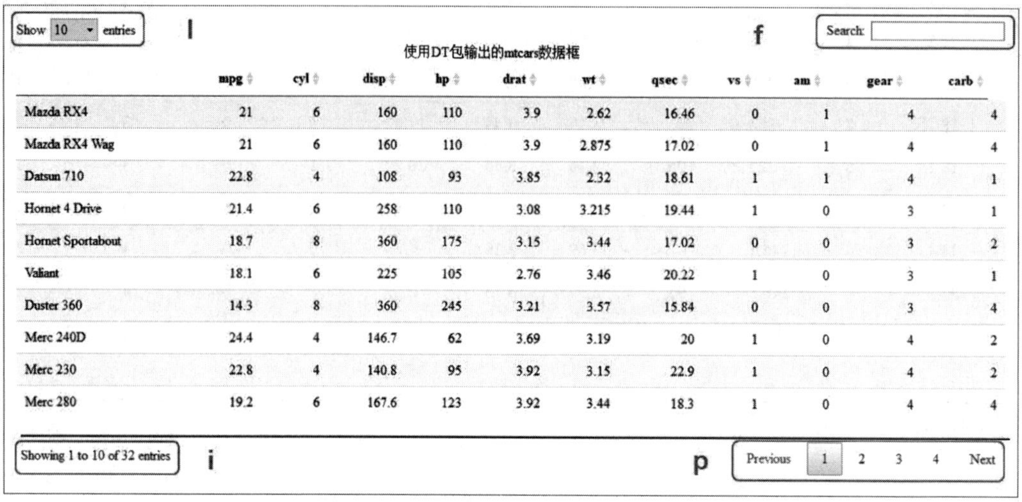

图 12-17　DT 包变换表格组件元素显示位置示例

④ 使用 kableExtra 包输出复杂表格

用户如果想引用内部表格数据,创造更为复杂、更为精美的表格样式,可以通过安装 kableExtra 包来完成。该包可以解决 90% 以上的复杂制表问题,示例代码如下:

```
install.packages("kableExtra")
```

a. 使用 kableExtra 包生成 HTML 表格

使用 kableExtra 包中的 kable 函数可以生成 HTML、LaTeX 和 Markdown 三种格式的表格。其中,HTML 表格可以高度定制,以 mtcars 数据集为例,生成 HTML 表格的代码如下:

```
library(kableExtra)
dt <- mtcars[1:5, 1:6]
kable(dt, "html")
```

b. 使用 kableExtra 包定制表格风格

如果用户熟悉 bootstrap,相信不会对以下 CSS 类感到陌生:striped、bordered、hover、condensed 以及 responsive 等。不熟悉 bootstrap 的用户,可以查看 bootstrap 帮助文档。用户可以通过 kable_styling()函数快速定制不同样式的表格风格,示例代码及输出结果(如图 12-18 所示)如下:

```
kable(dt, "html") %>%
    kable_styling(bootstrap_options = c("striped", "hover"))
```

	mpg	cyl	disp	hp	drat	wt
Mazda RX4	21.0	6	160	110	3.90	2.620
Mazda RX4 Wag	21.0	6	160	110	3.90	2.875
Datsun 710	22.8	4	108	93	3.85	2.320
Hornet 4 Drive	21.4	6	258	110	3.08	3.215
Hornet Sportabout	18.7	8	360	175	3.15	3.440

图 12-18　kableExtra 包定制表格风格示例

bootstrap_options 参数提供了固定的行距,如果需要更为紧凑的表格样式,可以通过 condensed参数值进行微调,示例代码及输出结果(如图 12-19 所示)如下:

```
kable(dt,"html") %>%
  kable_styling(bootstrap_options = c("striped","hover","condensed"))
```

	mpg	cyl	disp	hp	drat	wt
Mazda RX4	21.0	6	160	110	3.90	2.620
Mazda RX4 Wag	21.0	6	160	110	3.90	2.875
Datsun 710	22.8	4	108	93	3.85	2.320
Hornet 4 Drive	21.4	6	258	110	3.08	3.215
Hornet Sportabout	18.7	8	360	175	3.15	3.440

图 12-19　kableExtra 包调整表格行距示例

令参数 full_width=F 可将表格宽度设置为100%容器宽度,调整表格宽度的示例代码及输出结果(如图 12-20 所示)如下:

```
kable(dt,"html") %>%
  kable_styling(bootstrap_options = "striped", full_width = F)
```

	mpg	cyl	disp	hp	drat	wt
Mazda RX4	21.0	6	160	110	3.90	2.620
Mazda RX4 Wag	21.0	6	160	110	3.90	2.875
Datsun 710	22.8	4	108	93	3.85	2.320
Hornet 4 Drive	21.4	6	258	110	3.08	3.215
Hornet Sportabout	18.7	8	360	175	3.15	3.440

图 12-20　kableExtra 包调整表格宽度示例

在 Rmarkdown 文件中,使用 kableExtra 包可以帮助用户绘制精美复杂的表格,满足用户日常大部分的工作与科研需求。感兴趣的读者可以阅读 kableExtra 包的说明文档。

12.2.3　Rmarkdown 文件中的代码段编写

Rmarkdown 文件的另一个重要组成部分是代码段(Code Chunk)。一般而言,在 Rmarkdown

文件中插入代码段有以下三种方式。

- 手工输入代码段标记符，以"\`\`\`{r}"开头，以"\`\`\`"结尾。
- 使用编辑器工具栏上的 Insert 按钮。
- 使用组合键 Ctrl＋Alt＋I。

上述三种方式都可以在 Rmarkdown 文件中插入代码段，建议使用后两种方式，这样不太容易出错。代码段编写完毕后，可通过如下三种方式执行代码：手动选择 Ctrl＋Enter 键、单击 RStudio 右上角的 Run 按钮、单击某代码块右侧的三角形按钮，示例如下：

在{r}中，可以使用 Knitr 包的参数调整代码块的部分参数，接下来介绍代码块的控制，可以将代码块参数称为代码头。

1. 代码段的命名

Rmarkdown 文件可以对代码段进行命名，示例如下：

```
{r name}
```

值得注意的是，r 和 name 之间一定要使用空格隔开，由于 Rmarkdown 提供了交叉引用功能，因此同一个 Rmarkdown 文件名称不可以重复，否则编译会报错。快速定位代码块示例如图 12-21 所示，用户可以通过图 12-21 中左下角的弹出式菜单快速定位代码块。

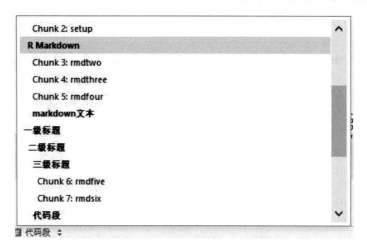

图 12-21　快速定位代码块示例

命名代码块后，用户还可以通过代码头参数建立缓存，避免每次运行都重复执行代码。

2. 代码段的输出控制

代码头可以通过设置参数控制代码是否运行、代码输出结果和代码是否显示等，示例如下：

```
{r name,eval = FALSE}
```

上述代码中的 eval 参数可以控制代码是否运行,eval = FALSE 表示不运行代码。Knitr 包提供了数十种选项,用户可以使用这些选项控制自动化报告输出的内容。下面重点介绍几种常用的控制选项参数含义,如图 12-22 所示,完整的选项说明可以参考网址 http://yihui. name/knitr/options/。

选项 = FALSE	运行代码	显示代码	输出	图形	消息	警告
eval	✗		✗	✗	✗	✗
include		✗	✗	✗	✗	✗
echo		✗				
results			✗			
fig.show				✗		
message					✗	
warning						✗

图 12-22   代码头常用控制选项参数含义

（1）eval。eval 控制代码是否显示,若 eval = FALSE,则显示代码,但不执行和输出代码结果。当用户希望输出示例代码或不通过注释代码来禁用代码执行时,可使用 eval = FALSE。

（2）include。include 控制代码是否运行,若 include = FALSE,则执行代码,但不显示所有输出。如果数据分析过程不需要输出中间参数,但是需要执行代码,可使用 include = FALSE。

（3）echo。echo 控制是否隐藏代码。若 echo = FALSE,则表示隐藏代码,但会执行代码块并输出结果。如果只展示代码执行结果而不展示代码,设置 echo = FALSE。

（4）results。results 控制代码块执行输出的结果形式,如文本、图表等。该参数有四个取值(更多细节参考网址 http://yihui. name/knitr/options/):markup(标记显示输出)；asis(文本显示输出)；hold(末尾显示输出)；hide(隐藏输出)。

（5）message。message 控制是否显示控制台输出的信息,message＝FALSE 表示不显示信息。

（6）warning。warning 控制代码执行中的警告信息是否输出。如果需要展示代码执行的警告信息,可使用 warning = TRUE。

3. 代码段的全局选项

用户都有自己的书写习惯和特殊需求,当发现一些默认的代码段设置不符合需要时,可以通过全局选项对这些设置进行修改。在代码段中调用 knitr::opts_chunk $ set() 函数可以修改选项,如果不喜欢">"的注释方式,可以使用如下代码进行调整:

```
knitr::opts_chunk $ set(
        comment = "->",
        collapse = TRUE )
```

设置了上述代码后,在输出代码或者注释时会出现以下效果:

```
->r <- "这是一段 R 代码"
```

4．代码段的缓存

cache 参数用于设置代码块执行是否需要缓存，可以设置为 TRUE，也可以设置为 FALSE。若 cache 参数默认设置为 FALSE，则每生成一次 HTML 页面，都将重新执行每一个代码块。如果用户编写的代码非常复杂，不希望每一次都重新执行所有代码块，可以将 cache 参数设置为 TRUE。这样代码块第一次执行后会将结果缓存下来，在多次执行代码块生成 HTML 页面时，代码就不再重复执行，而是直接使用之前缓存的结果。程序复杂度高的时候，设置代码段缓存可以节约代码执行时间。

5．内联代码

在 Markdown 文本中，除了可以在代码块执行代码外，还可以通过内联代码的方式执行一些简单的代码，即使用"r"直接将代码嵌入文档。用户可以借助于内联代码功能在 Markdown 文本中嵌入简单代码的输出结果。

12.2.4　Rmarkdown 文件中的 YAML 文件头编写

YAML 文件头是指 Rmarkdown 文件开始的一段代码，示例如下：

```
---
title: "Untitled"
author: "gjh"
date: "2019 年 5 月 10 日"
output: html_document
---
```

YAML(Yet Another Markup Language)代表的是一种标记语言，它主要设计用于表征容易被用户读写的层次化数据。通过调整 YAML 文件头参数，可以控制 Rmarkdown 文件的"全文档"参数设置。Rmarkdown 文件通过使用 YAML 文件头控制输出的众多细节。接下来重点介绍两种 YAML 文件头：文档参数和参考文献。

1．文档参数的设置

Rmarkdown 文件的 YAML 文件头可以包含生成报告的一个或多个参数。如果想要定制报告的不同输出样式，可以修改这些参数的设置。例如，在 YAML 文件头设置 output 参数域值，可以实现输出样式的改变。示例代码及参数域值含义如下：

```
---
date: "`r Sys.Date()`" ＃设置输出的日期
output:
  tidyfridoc::html_pretty: ＃设置 HTML 样式类型
    theme: hpstr＃设置 HTML 样式主题
    highlight: github
    number_sections: TRUE＃设置各节标题是否自动编号
    toc: true＃设置是否添加目录
---
```

2．参考文献的设置

数据分析报告的最后一般需要添加参考文献，要实现自动化地引用参考文献，包括文献格式调整、按正文顺序排列参考文献等，可以使用 Rmarkdown 独有的参考文献设置功能。用户只需在正文输入一个标签，就可解决文章内和参考文献列表两部分的文献插入和排版问题，相应的设置方法如下。

（1）导入 bib 文件

Rmarkdown 可以使用多种格式的参考文献库文件，比较常用的有 bib 或 bibtex 文件。简单来说，这两种文件将文献信息分解为 title、author 等字段存储起来，方便文档引用文献时将各个字段按所需格式组合在一起。

通常而言，用户可以从文献检索数据库中导出 bib 或 bibtex 格式的文献文件，也可以使用 Endnote、Papers、Zotero 等文献管理软件管理参考文献，然后再从这些软件中导出 bib 格式的文献文件。

将导出的 bib 文件与 Rmarkdown 文件放在同一工作目录下，在 Rmarkdown 文件的 YAML 文件头添加 bibliography 字段，并注明要引用的文献文件，示例如下：

```
bibliography: name.bib
```

后续如果要在 Rmarkdown 的 Mardown 文本中引用参考文献，可以在引用位置插入如下语句：

```
[@张三 R 语言概述]
```

上述代码表明，在"@"后添加 bib 参考文献中的字符串作为标识符，Rmarkdown 在执行代码时即可找到该篇文献信息。值得注意的是，不同文献标识符不可重复。

实际使用时可能会出现一种特殊情形，即正文不需要引用某文献，但需要在文末参考文献处列出。要解决这一问题，需要在 YAML 文件头加入 nocite 参数，列出只需在文末参考文献中出现的文献标识符，示例如下：

```
nocite:
  @item1, @item2
```

（2）安装插件 citr

如果参考文献数量较多，在 Rmarkdown 的 Mardown 文本中手动引用参考文献较为费时费力，那么可以通过安装插件 citr 实现参考文献的自动插入。

首先，在 RStudio 中安装 citr 包，代码如下：

```
install.packages('citr')
```

然后重启 RStudio 可以看到，在菜单栏的 Addins 选项框下可以找到 Insert Citations 按钮，单击该按钮启动 citr 插件，即可在正文的所选位置自动插入参考文献。需要指出的是，该插件只能插入已有 bib 文件中存储的参考文献。为此，在正式使用该插件之前，需要准备 bib 格式的参考文献文件，并在 YAML 文件头进行如下设置：

```
bibliography: name.bib
```

12.3 本章小结

自动化报告输出是 R 语言的一大特色,不仅有助于用户实现数据分析过程的可复现与可验证,还可以提升各类数据分析报告的输出效率。本章首先介绍了可重复性研究和文学化编程的内涵;其次说明了 R 语言自动化报告输出两大常用包 Rmarkdown 和 Knitr 的基本功能与原理;最后重点介绍了 Rmarkdown 包的三个重要组成部分——Markdown 文本、代码段和 YAML 文件头的常用语法与参数设置实例,读者可以参考示例,自行创建 Rmarkdown 文件进行反复练习。

第13章 Bookdown包与长文档编排

第 12 章介绍了如何使用 Rmarkdown 和 Knitr 包实现报告自动化输出，本章继续介绍另一个可以用来编排长文档的包——Bookdown 包。首先，本章简要介绍了 Bookdown 包的特点及其与 Rmarkdown 包的不同定位；其次介绍了 Bookdown 包的基本配置、YAML 参数设置、文档编辑和交叉引用等；最后结合上一章学习的报告自动化输出，以流程图的方式展示了应用 Bookdown 包输出长篇幅学术论文或科研报告的步骤。通过本章的学习，读者应该掌握以下几点。

- Bookdown 与 Rmarkdown 包的定位差异与功能差异。
- 在 Bookdown 中英文模板基础上，设置章节目录、插入图片和表格的技巧。
- 在 Bookdown 中英文模板基础上，设置交叉引用的功能。
- 应用 Bookdown 包输出长篇幅学术论文或科研报告的方法。

13.1　Bookdown 包的特点及其与 Rmarkdown 包的不同之处

Bookdown 包是由著名 R 包作者谢益辉开发，继 Knitr 和 Rmarkdown 包之后，Markdown 格式在 R 语言环境下的另一重要扩展。与 Rmarkdown 包相比，Bookdown 包在功能上有所丰富，它不仅能使 Rmarkdown 文件支持公式、定理以及图表的自动编号、交叉引用与链接，还支持文献引用与链接等适用于长篇幅文档编排的功能。在输出格式上，Bookdown 包支持编译生成 html、doc、pdf 和 Epub 等多种格式。

在 Bookdown 包的管理下，长文档的内容可以被分解成多个 Rmd 文件，每个 Rmd 文件中有可执行的 R 代码，R 代码生成的文字结果、图表可以自动插入生成的内容中，也可以实现图表的浮动排版等功能。Bookdown 包输出的 html 文件支持 gitbook 风格的网页图书，该图书在页面左侧显示目录，页面右侧显示内容，而且可以自动链接到上一章和下一章，如图 13-1 所示。

从功能定位看，Bookdown 与 Rmarkdown 包有所差异，Bookdown 包主要用于长文档编排和长文档的自动化输出，如图书的编著、科研论文或研究报告的撰写等。Bookdown 包的主体由一系列相互关联的 Rmarkdown 文件组成，支持 tex 格式和 css 格式文件的编辑。借助于 Bookdown 包，用户编写完的 Rmarkdown 文件通过设置不同参数，既可以输出 gitbook 风格的 html 文件，也可以输出 pdf 格式的文件，从而便于用户多种情境的使用。Rmarkdown 包则便适合短篇幅文档的编排与自动化输出，如数据日报（周报）制作、数据分析报告编写等。Rmarkdown 包的主体多为单个短小精简的 Rmarkdown 文件，输出通常为单个 html 文件，方便日常高频数据日报（周报）和数据分析报告的编写。

如果用户能够深入掌握 Rmarkdown 和 Bookdown 包的常用功能，那么，日常基于微软 Office 的数据分析与文档编排工作，大部分都可以由这两个包完成。

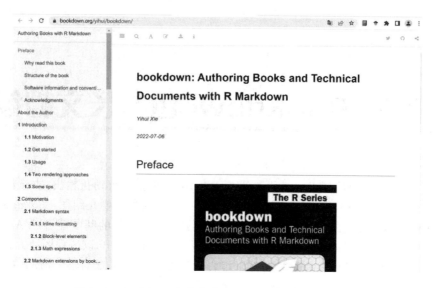

图 13-1   Bookdown 包输出的 gitbook 风格图书页面示例

13.2   Bookdown 包使用前的配置

Bookdown 包使用前需要相关开源软件,如 Pandoc、LaTeX 等。Pandoc 是由约翰·麦克法兰 (John MacFarlane)开发的通用免费文档转换工具软件,支持大量标记语言,支持 Markdown、Microsoft Word、PowerPoint、Jupyter Notebook、HTML、PDF、LaTeX、Wiki、EPUB 等之间的格式转换。LaTeX是一种基于 TeX 的排版软件,能够生成复杂表格和数学公式,非常适用于生成高印刷质量的科技和数学类文档。在 R 语言环境下,要将 Rmarkdown 文件编译成 PDF 文件,必须要有 Pandoc、LaTeX 和其他一些依赖包。现有的 RStudio(版本号:2021.09.01 Build 372)已预先内置了 Pandoc,如果读者的 RStudio 版本较旧,建议先将 RStudio 升级到最新版本。

下面进行 LaTeX 的安装,考虑到标准版的 LaTeX 安装所需硬盘空间很大(超过 3G 容量),建议在 RStudio 中安装 tinytex 包,示例代码如下:

```
install.packages(c('tinytex','rmarkdown','knitr'))
tinytex::install_tinytex()
#重启 RStudio 后,输入以下指令,显示 TRUE,说明 LaTeX 系统已安装完成
tinytex:::is_tinytex()
```

tinytex 安装包容量仅有 155 M,安装完成后只占据硬盘 348 M 空间,可以实现 Rmarkdown 文件向 PDF 文件的格式转换。

13.3   Bookdown 包的编排技巧

个人独自创建一个完整的 Bookdown 文件较为复杂,为方便各类用户的使用,Bookdown 作者在开发完成 Bookdown 包的同时,还提供了相匹配的英文和中文模板,用户可以直接在模板基础上进一步编排,以完成长文档编排任务。

在上一节配置好的 Bookdown 使用环境的基础上，用户可以根据自己需要，选择下载英文模板（https：//github. com/rstudio/bookdown-demo）或中文模板（https：//github. com/yihui/bookdown-chinese）文件到本地并解压。在解压缩后得到的文件目录里找到扩展名为 Rproj 的文件，默认用 RStudio 将其打开，在 RStudio 的右上面板依次单击 Build 标签、build book，模板书将出现在名为_book 的子文件夹里，若模板书输出成功，则说明 Bookdown 的使用环境配置成功。

在 RStudio 的右下面板里，有一些扩展名为 Rmd 的文件，逐个打开这些文件，将其中的内容修改成自己期望的内容。值得注意的是，除了 index. Rmd 文件外，可以手动删除不需要的 Rmd 文件。Rmd 文件的编排可以参照如下步骤展开。

首先，在 RStudio 中打开 index. Rmd 文件，可以看到的是，YAML 文件头包含 Pandoc 文件格式转换需要的元数据，如标题、作者、日期等，如图 13-2 所示。

```
1  ---
2  title: "R Markdown"
3  author: "张三"
4  date: "`r Sys.Date()`"
5  documentclass: ctexbook
6  bibliography: [book.bib, packages.bib]
7  biblio-style: apalike
8  link-citations: yes
9  colorlinks: yes
10 lot: yes
11 lof: yes
12 geometry: [b5paper, tmargin=2.5cm, bmargin=2.5cm, lmargin=3.5cm, rmargin=2.5cm]
13 site: bookdown::bookdown_site
14 description: "一个简单的中文书示例。"
15 github-repo: yihui/bookdown-chinese
16 #cover-image: images/cover.jpg
17 ---
```

图 13-2　index. Rmd 文件的 YAML 文件头示例

一个典型的 Bookdown 文档包含多个章节，每一个章节以单个 Rmd 文件存在。除了 index. Rmd文件之外，正文部分的 Rmd 文件一般以"01-name，02-name，…"的方式命名，如果文件名需要添加作者信息，可以使用"00-auther"的方式命名，Bookdown 会默认按照文件名的顺序合并 Rmd 文件。此外，章节的顺序也可通过在_bookdown. yml 文件中设置参数 rmd_files：["file1. Rmd"，"file2. Rmd"，…]实现。

其次，在对 Rmd 文件进行编辑时，必须以"# 章节标题"开头，同时尽量为每一个章节标题添加一个标签，以方便交叉引用。添加标签的方式为：在标题后面添加{#label}，且标签名称必须为英文，不得出现"_"符号，标签与标题之间用空格隔开，示例如下。

```
# R语言概述 {#r-overview}
```

上述示例设置的是一级目录，如果要设置二级或更深层级目录，可以通过增加"#"的方式实现。

如果用户撰写的长文档或图书需要自动生成目录，可以在第一个包含正文内容的 Rmd 文件的第一行（标题之前）添加 mainmatter，指明此处是正文内容的开始。

通常 index. Rmd 文件里也需要有一个章节的内容，如果不需要对这一章节编号，可以写成"♯前言{-}"的形式,其中{-}代表不对此标题进行编号。如果文章内容较长,可以使用"♯(PART)name{-}"对文章进行分节,这种方式常用于图书的编排。"♯(PART)name{-}"的使用示例如图13-3所示。

```
1   \mainmatter
2
3   # (PART) 方法篇 {-}
4
5   # R语言概述 {#r-overview}
6
```

图13-3 ♯(PART)name{-}的使用示例

考虑到 Bookdown 包输出的文档类型较为复杂,涉及 LaTex、YAML、css 以及 Markdown 等标记语言格式的转换,建议初学者在下载的英文或中文模板基础上撰写长文档或书籍,避免因不熟悉而造成编译出错,待熟练掌握较多知识后,再尝试编辑自定义模板。

13.4 Bookdown 包的 YAML 文件头参数设置

与单独的 Rmarkdown 文件不同,Bookdown 包编排的长文档由多个在共同目录下的 Rmarkdown 文件组成。用户如果要修改 YAML 文件头参数信息,只需在第一个 Rmarkdown 文件中修改,其他的 Rmarkdown 文件都不需要变动。设置 Bookdown 包的 YAML 文件头参数时,下列三个关键参数需要特别注意。

(1) site 参数。建议把 site 参数设置为 site:"bookdown::bookdown_site",该参数能保证编译时 RStudio 调用正确的命令。

(2) output 参数。output 参数规定输出的文档类型,如果设置为 output:bookdown::pdf_book,则输出为 PDF 格式的文档;如果设置为 output:bookdown::gitbook,则输出为 gitbook 风格的 HTML 页面。

(3) 二级参数。如果需要输出中文 PDF 文档,需要在 bookdown::pdf_book 下指定两个二级参数:latex_engine:xelatex 和 template:<template file name>。latex_engine:xelatex 用于设置适合中文的 LaTex 转换引擎。用户可通过网址 https://github.com/yihui/bookdown-chinese/blob/master/latex/template.tex 自行下载 template 文件,将其与 Rmarkdown 文件放在同一目录下,再将 template 参数值设为 template.tex 即可。

13.5 Bookdown 包的内容交叉引用

Rmarkdown 包不支持正文内容的交叉引用,Bookdown 包针对这一问题进行了优化改进。Bookdown 包支持的正文交叉引用种类繁多,包括图片、表格、公式、定理、章节等,极大方便了用户对长文档内容的跨域查阅。

Rmarkdown 包生成图表有两种方式:直接插入图表;执行代码块生成图表。采用第二种方式生成图表时,每个代码块可以设置一个标签(lable),在正文中交叉引用该图表时,默认的引用方式为"\@ref(<prefix>:lable)",即只需在 lable 前添加指定引用对象类型的前缀即可。

例如:若引用图片,则使用"\@ref(fig:lable)";若引用表格,则使用"\@ref(tab:lable)"。

下面对图片、表格、公式的交叉引用方式进行说明。

1. 图片的交叉引用

用户如果希望使用 Bookdown 包在正文中交叉引用插入的图片或者由代码块生成的图片,可以参考使用如下的代码块设置:

```
{r figurelable, fig.cap='test_figure'
knitr::include_graphics("images/2.2.1-02.jpg") #插入本地电脑的一张图片
}
```

在此基础上,如果希望在正文中交叉引用该图片,可以在正文引用位置输入"\@ref(fig:figurelable)",那么文档编译时将对应用的图片自动编号,同时也将对图片标题自动添补"图1"等题注。值得注意的是,在对图片标签命名时,最好使用英文名称,同时英文名称里不允许有下划线,建议使用图表标题的英文缩写,如果有多个相似内容的标题需要命名,可以在英文名称后加上数字序号予以区分。

如果用户发现使用 Bookdown 包输出的图表标签是"Figure 1",而不是想要的"图 1",建议采用如下方法解决。

在当前扩展名为 Rmd 的文件目录下找到_bookdown.yml 文件并打开,检查 language 参数,按照如下示例修改参数:

```
language:
  label:
    fig: "图 "
    tab: "表 "
```

通常而言,若用户使用本书推荐的中文 Bookdown 模板,则不会存在上述问题。初学者在不熟悉 Bookdown 包的各项功能前,要尽量使用中英文 Bookdown 模板编排长文档,从而避免不必要的错误,提升工作效率。

2. 表格的交叉引用

Bookdown 包中的表格交叉引用与图片交叉引用类似,也是分两步完成。

利用如下代码块设置完成表格的标签生成:

```
{rtablelable, tab.cap='test_table'
DT::datatable(iris) # 用 DT 包将 iris 数据集生成一张表格
}
```

在此基础上,用户如果希望在正文中交叉引用该表格,可以在正文引用位置输入"\@ref(tab:tablelable)",文档编译时将对应用的表格自动编号,同时也将对表格标题自动添补"表1"等题注。在 Bookdown 包中,建议使用 Knitr 包中的 kable()函数或者 DT 包输出表格,这样不仅操作较为简便,也可以获得不错的显示效果。

3. 公式的交叉引用

Bookdown 包要实现公式的交叉引用,需要先在公式环境中输入"(\#eq:label)",之后在正文需要引用的位置输入" \@ref(eq:binom)"。示例代码及输出结果(如图 13-4 所示)如下:

```
\begin{equation}
  f\left(k\right) = \binom{n}{k} p^k\left(1-p\right)^{n-k}
  (\#eq:binom)
\end{equation}
```

$$f(k) = \binom{n}{k} p^k (1-p)^{n-k} \tag{2.1}$$

图 13-4　公式交叉引用示例

13.6　Bookdown 包编排长文档的流程

上一章介绍了使用 Rmarkdown 和 Knitr 包自动化生成报告的基本流程。对于普通用户，在使用 Rmarkdown 和 Knitr 包生成数据分析报告时，不必深入了解该流程的实施细节，只需确保 Rmarkdown 文件中的三大构成要素正确无误即可。

虽然使用 Rmarkdown 和 Knitr 包能完成大部分数据分析类报告和格式编排不甚严格的自动化报告，但是在教学、科研和商业实践中，还会遇到内容冗长、格式编排要求严格的文档编制。为此，本章建议用户在中英文模板基础上使用 Bookdown 包编排长文档并实现其自动化输出，这样不仅可以减少烦琐的格式编辑与调整，实现数据分析过程的可复现、可校验，还能够输出多种样式新颖的文档格式（如 HTML 文件与 PDF 文件等）。应用 Bookdown 包编排长文档的流程如图 13-5 所示。

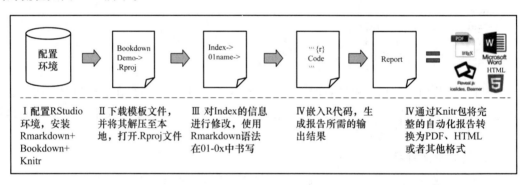

图 13-5　使用 Bookdown 包编排长文档的流程

上述流程表明，使用 Bookdown 包编排长文档可分解为 5 个步骤，简要说明如下。

步骤 1：安装 Bookdown 包以及相配套的 Rmarkdown、Knitr、Pandoc 和 tinytex 包，确保 Bookdown 包的支撑软件安装成功、运行环境配置成功。

步骤 2：从 Bookdown 包官网（https://github.com/rstudio/bookdown）下载中英文模板压缩包，并在本地将其解压为独立的工作目录。

步骤 3：如果用户撰写的文档类型为 article，则需要修改工作目录下 index.Rmd 文件的 YAML 文件头参数，将 documentclass 设为 article，同时关闭图表目录和文章目录，示例如下：

```
documentclass: article
lof: no
lot: no
toc: no
```

之后将同一工作目录下的_output.yml 文件内容全部清空,使该文件只保留如下示例的 3 行内容:

```
bookdown::word_document2: default
bookdown::pdf_document2: default
bookdown::html_document2: default
```

若用户撰写的文档类型为 book,则不需要更改上述文件内容,此时可以逐一打开同一工作目录下标有序号且扩展名为 Rmd 的文件,按本章前几节的介绍,修改这些文件中的 YAML 文件头和 Markdown 文本。

步骤 4:若撰写的文档中包含要执行的代码,则需要修改 Rmarkdown 文件中的代码块,使之完成数据加载、处理、分析与可视化等步骤,这些代码块与 Markdown 文本混合在一起,将用于后续的编译与格式转换。

步骤 5:完成步骤 1~4 后,单击 RStudio 右上角的 Build 按钮,工作目录下按序号排列的 Rmarkdown 文件将由 Bookdown 包自动完成代码编译、文本格式转换等工作,输出期望格式的文档。

13.7　本　章　小　结

在大数据时代背景下,数据分析结果的文字阐述与数据分析过程的代码书写越来越不可分离,上一章介绍的 Rmarkdown 包较适合短篇幅的数据分析自动化报告输出,而本章介绍的 Bookdown 包则更多用于篇幅长且格式编排复杂的文档自动化输出。首先,本章对 Bookdown 与 Rmarkdown 包在定位、功能方面的差异进行了比较;其次,逐一介绍了 Bookdown 包使用前的工作环境和必要配置、Bookdown 包长文档编排常用技巧、Bookdown 包的 YAML 文件头参数设置与内容交叉引用方法等;最后,以流程图的方式展现了使用 Bookdown 包编排并自动化输出长文档的 5 个步骤。通过上述内容的讲解,希望读者能够熟练掌握 Bookdown 包的基本用法,提高长文档编排效率。

第14章 dashboard与数据看板制作

本章主要介绍如何使用 dashboard 制作数据看板。首先,本章简要介绍数据看板的定义、分类以及典型的应用场景;其次,介绍 shiny 的定义以及使用 shiny 创建数据看板的方法;最后介绍如何使用 flexdashboard 创建数据看板。通过本章的学习,读者应该掌握以下几点。

- 数据看板的定义与 3 类数据看板的特点。
- shiny 和 flexdashboard 构建数据看板的异同点。
- 使用 shiny 和 flexdashboard 构建在线数据产品或数据服务的方法。

14.1 数据看板简介及分类

数据看板又称为仪表盘,是数据可视化的一种图形化用户界面。数据看板最初起源于车辆仪表盘这一反映车辆运转信息的可视化支持工具,后来逐渐扩大到数据分析领域。数据看板通过有序组织一系列图表展现数据的内在特性或变动趋势,从而帮助用户更好地理解数据特点,洞悉数据背后隐藏的业务规律。

作为一种重要的数据可视化形式,数据看板需要在页面布局、样式选择和人机交互等方面进行精心设计。具体而言,数据看板在设计时需考虑如下两点:第一,突出最重要信息(通过页面布局实现);第二,根据信息层级确定信息焦点(通过选择颜色、位置、大小和视觉权重实现)。

此外,还需要从用户的数据需求出发,确定页面信息的优先级并排序,如用户重点关注的问题、该问题发生的时间区间、该问题发生的位置、是否还有其他受问题影响的变量等。数据看板设计中的注意事项如图 14-1 所示。

根据用途与目的,数据看板可以分为以下 3 类。

1. 分析类数据看板

分析类数据看板能够让用户研究多组数据及其趋势。通常情况下,这些数据看板包含能够深入洞察数据的复杂图表。

常见的分析类数据看板示例如下:

- 跟踪广告活动的收效;
- 跟踪产品在其整个生命周期中的销售额和收入;
- 跟踪随时间变化的城市人口趋势;
- 跟踪随时间变化的气候数据。

显示气候数据的分析类数据看板示例如图 14-2 所示。

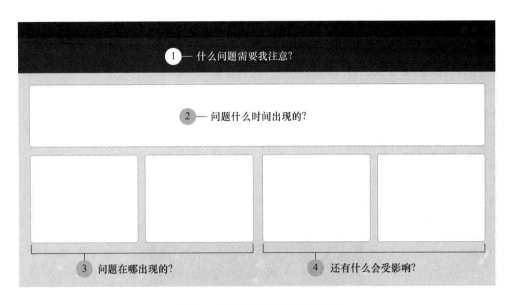

图 14-1　数据看板设计注意事项

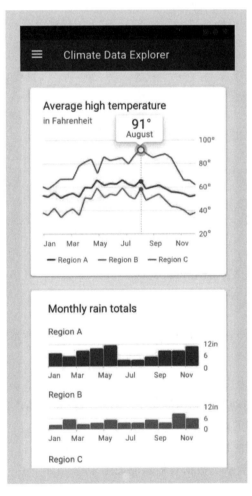

图 14-2　显示气候数据的分析类数据看板示例

2. 操作类数据看板

操作类数据看板旨在回答一组预设的问题,它们通常用于完成与监控相关的任务。大多数情况下,操作类数据看板包含一系列有关当前信息的简单图表。

操作类数据看板的典型示例如下:

- 跟踪呼叫中心的活动,如呼叫音量、等待时间、呼叫长度、呼叫类型等;
- 监控云端应用程序的运行状况;
- 显示股市情况;
- 监控赛车上的遥测数据。

展示设备存储指标的操作类数据看板示例如图 14-3 所示。

图 14-3　展示设备存储指标的操作类数据看板示例

3. 演示类数据看板

演示类数据看板旨在为用户感兴趣的主题提供交互式视图。演示类数据看板通常包括一些小图表或数据卡片,它用动态标题描述每个图表的趋势和内涵。典型示例包括:

- 提供关键绩效指标的总览;
- 创建高阶执行情况的概要。

展示网站使用数据的演示类数据看板示例如图 14-4 所示。

图 14-4　展现网站使用数据的演示类数据看板示例

14.2　使用 shiny 创建数据看板

14.2.1　shiny 简介

shiny 是一个开源的 R 包,常用于将数据分析成果以可交互式的网页形式展现。shiny 内置多个模块,直接使用 R 语言编写,所以 R 语言用户只需要了解 HTML 的基础知识就可以快速完成 web 网页的开发,当然,中高级用户也可以通过插入 css、JS 文件制作更个性化的网页。shiny 具备 bootstrap、jquery、ajax 等特性,这使得 R 语言的网页生产力得到了极大的解放,非传统程序员的 R 语言用户也可以自己在服务器端发布数据分析成果。

为了方便数据看板的开发,目前 R 语言提供了 shiny 和 shinydashboard 两个既相关又有所区别的第三方包。shiny 是 RStudio 提供的搭建网页的引擎,shinydashboard 则是基于 shiny 快速搭建数据看板的工具。对于初学者来说,shinydashboard 对页面函数进行了封装,页面布局简洁,相应的学习成本更低,上手也更加容易。

下面首先讲解创建 shiny 网页端文件的步骤,然后介绍如何使用 shinydashboard 生成交互式网页。

14.2.2　shiny 网页端文件的创建

shiny 的网页端文件有两种类型:一种将用户界面(UI)端和服务器(server)端分开;另一种将用户界面(UI)端和服务器(server)端代码整合在一起。两种类型文件的创建方式一致:

打开 RStudio,选择"File→New File→Shiny Web App",创建页面如图 14-5 所示。

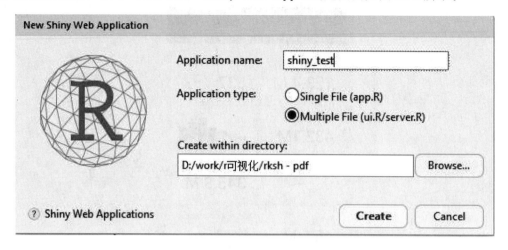

图 14-5　shiny 网页端文件的创建页面示例

由图 14-5 可知,Application type 有两种:Single file 代表用户界面(UI)端和服务器(server)端代码合一的单个文件;Multiple file 表示用户界面(UI)端和服务器(server)端代码分开的两个文件。下面以建立第二种类型的 shiny 文件为例,对创建过程进行说明。

在创建文件时,需要先指定本地创建的目录,创建完成后该目录下会生成 shiny_test 文件夹,该文件夹中有两个 R 文件:ui. R 表示用户界面(UI)端代码文件,server. R 为服务器(server)端代码文件。打开任一文件可以发现,文件中已经有了内容和注释,这便是官方给出的代码示例,用户可以使用此官方代码示例生成一个 web 页面。运行 shiny 文件有两种方式,两种方式的区别在于工作路径的设置,代码示例如下:

```
library(shiny)
#方式 1
setwd("shiny_test 文件夹所在路径")
runApp("shiny_test")
#方式 2
setwd("ui.R 和 server.R 所在路径")
runApp()
```

官方示例使用的 web 页面格式是 fluidPage,本书使用 pageWithSidebar 格式对 shiny 的使用进行介绍。pageWithSidebar 中有三个主要函数,分别为 headerPanel()、sidebarPanel()和 mainPanel()。在 ui. R 代码文件中,使用以下代码重新定义 web 页面:

```
library(shiny)
shinyUI(pageWithSidebar(
  headerPanel(),
  sidebarPanel(),
  mainPanel()
))
```

在上述代码中,headerPanel()函数用于控制 web 页面标题;sidebarPanel()函数控制 web 页面侧边栏的格式,该函数有众多参数,可以定制各种各样的侧边栏;mainPanel()函数控制

web 页面主面板的输出,该函数会调用服务器端代码文件(server.R)并输出结果。

服务器端代码文件(server.R)可以被理解为底层代码文件,它能够完成数据处理、数值计算和数据可视化,并将结果映射到用户界面端代码文件(ui.R)中。服务器端代码文件(server.R)的使用比较简单,只需使用 shinyServer()函数包裹 input 和 output 两个参数的方式即可,代码示例如下:

```
library(shiny)
shinyServer(function(input, output) {})
```

14.2.3　使用 shinydashboard 构建数据看板

shinydashboard 和 shiny 的作用类似,但是 shinydashboard 的使用更为简单。shinydashboard 和 shiny 的代码结构相似,具体如下:

```
library(shiny)
library(shinydashboard)
dashboardPage(
  dashboardHeader(),
  dashboardSidebar(),
  dashboardBody()
)
```

下面详细介绍 shinydashboard 中主要函数的功能与使用技巧。

1. 数据看板标题栏的设置

在 shinydashboard 中,dashboardHeader()函数控制标题栏,标题栏包括页面标题和下拉菜单,它们分别通过 title()和 dropdownMenus()两个函数来控制。title()函数可以设置 web 页面的名称,示例代码如下:

```
dashboardHeader(
  title = "My First Dashboard"
)
```

dropdownMenus()函数控制下拉菜单。下拉菜单有 3 种类型:消息菜单(Message Menu)、通知菜单(Notification Menu)和任务菜单(Task Menu),可以通过 type 参数对其进行控制。3 种类型的下拉菜单均内置了 X-Item()函数,它可控制下拉菜单的内容,同时添加多个菜单。以 messageItem()函数为例,在用户界面端代码文件 ui.R 中进行如下修改,运行文件的输出结果如图 14-6 所示。

```
library(shiny)
library(shinydashboard)
dashboardPage(
    dashboardHeader(
        title = "My First Dashboard",
        dropdownMenu(type = "messages",
                    messageItem(
```

```
        from = "作者1",
        message = "今天学习了吗?",
        icon = icon(name = "address-book",lib = "font-awesome"),
        time = "2019-04-06"
        ),
        messageItem(
        from = "作者2",
        message = "本节内容详细介绍了shinydashboard的使用方法",
        icon = icon("address-book"),
        )
        )
    ),
    dashboardSidebar(),
    dashboardBody()
)
```

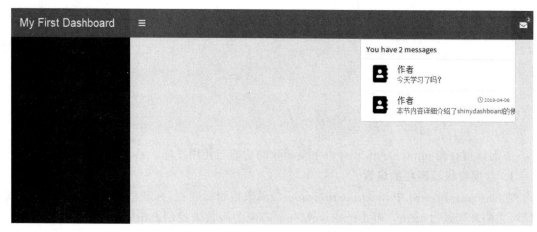

图 14-6　数据看板页面信息代码运行结果示例

图 14-6 中的 icon 图标是使用 icon 函数加入的。shiny 支持 2 个常用的图标库,分别是 Font Awesome 和 Glyphicons。默认情况下使用的图标库是 Font Awesome,可以通过 lib 参数对其进行控制。

当前修改都局限在用户界面端代码文件 ui. R 中,但是用户界面通常用于页面风格的调整,而界面呈现的内容来源于服务器端代码文件 server. R。因此,需要在用户界面端使用 dropdownMenuOutput()函数,同时在服务器端使用 renderMenu()函数完成提交,进而由服务器端代码文件定义用户界面的菜单内容,代码示例如下:

```
#ui.R
library(shiny)
library(shinydashboard)
dashboardPage(
    dashboardHeader(
        title = "My First Dashboard",
        dropdownMenuOutput("messageMenu")
    ),
    dashboardSidebar(),
```

```
        dashboardBody()
    )
# server. R
library(shiny)
library(shinydashboard)
# 首先获取消息数据框
messageData <- data.frame(
    from = c("作者 1", "作者 2"),
    message = c(
        "今天学习了吗?",
        "本节内容详细介绍了 shinydashboard 的使用方法"
    ),
    iconname = c("address-book", "address-book"),
    iconlib = c("font-awesome","font-awesome"),
    time = c("2019-04-06", NA),
    stringsAsFactors = FALSE
)
# 定义服务器脚本
shinyServer(function(input, output) {
    output`\ $ `messageMenu <- renderMenu({
        msgs <- apply(messageData, 1, function(row) {
            messageItem(from = row[["from"]],
                        message = row[["message"]],
                        icon = icon(name = row[["iconname"]],
                        lib = row[["iconlib"]]),
                        time = row[["time"]])
        })
        dropdownMenu(type = "messages", .list = msgs)
    })
})
```

    上述代码首先在服务器端定义了 messageMenu,即将内容输入数据框;其次,对 output 对象增加变量 messageMenu,实现对输出内容的调用;最后,在用户界面端代码文件 ui.R 中使用 dropdownMenuOutput()函数调用服务器端文件 server.R 中定义的 messageMenu。上述步骤看似比较复杂,但可将页面内容和页面格式分离,如果用户想调整页面格式,只需修改用户界面端代码文件 ui.R;如果用户想调整页面内容,也只需修改服务器端代码文件 server.R。这样做的优点在于,当 web 界面输出数据量大时,上述步骤不仅可以减少代码修改量,还便于输出美观、可控的页面。

    通知菜单和任务菜单的使用方式和消息菜单基本相同,但参数设置上略有差别,这里不再介绍,感兴趣的读者可以查看参考文档。

2. 数据看板输入与输出信息的设置

    通过在数据看板的侧边栏添加输入与输出信息,用户可以调整部分参数或者上传数据获取需要的信息。shinydashboard()函数支持 shiny 自带的所有 Input 对象。输出则需要一对组合函数,其中,Output()函数用于用户界面(UI)端,render()函数用于服务器(server)端,二者通过变量名进行匹配。shinydashboard 同样支持 shiny 自带的所有输出组合。

    用户创建的 web 侧边栏由 dashboardSidebar()函数控制。下面以滑动条为例讲解信息输入的方法。

　　假设在用户界面(UI)端设置了传入整数,设定最小值为 0,最大值为 1 000,默认值为 500。通过
dashboardBody()函数输出一个表格,以展示数据的变化结果。在服务器(server)端,需要使用
reactive()函数计算反应表达式,生成 output 对象需要的变量,之后使用 renderTable
(｛sliderValues()｝)调用反应表达式,示例代码如下:

```
#ui.R
dashboardSidebar(
    sliderInput("integer", "整数:",
            min = 0, max = 1000, value = 500)
    )
dashboardBody(
    fluidRow(box(tableOutput("values")))
  )
#server.R,在 shinyServer()中做出以下修改
sliderValues <- reactive({
        data.frame(
            Name = c("整数"),
            Value = as.character(c(input $ integer)),
            stringsAsFactors = FALSE)
        })
output $ values <- renderTable({sliderValues()})
```

　　上述代码对应的输出结果如图 14-7 所示。

图 14-7　数据看板输出信息示例

　　注意,选择框、勾选框等控件的使用方式和滑动条的基本相似。接下来介绍如何在侧边栏
添加文件的上传和下载功能。

　　首先,修改用户界面(UI)端代码文件 ui. R,一般而言,shiny 上传的每个文件默认最大不
超过 5 Mb,可以通过 shiny. maxRequestSize 函数选项来修改这个限制。例如,在服务器端代
码文件 server. R 的最前面加上"options(shiny. maxRequestSize = 30 * 1024^2)",就可以将上
传文件的限制提高到 30 Mb。以读取 csv 文件为例,我们可以将 DT 包作为 HTML 控件输
出。DT 包自带 renderDT()和 DTOutput()函数,它们可以分别用于用户界面(UI)端和服务
器(server)端。

　　其次,使用 fileInput()函数设定上传的文件类型。checkboxInput()函数可以设置勾选
框,也可以选择文件是否有变量名。radioButtons()函数用于设置单选按钮,可以设定常用的
几种分隔符。

最后，修改服务器（server）端代码文件 server.R，通过设置 DT 包中的参数对上传的文件进行格式输出。用户界面（UI）端和服务器（server）端代码文件示例如下：

```
#ui.R
library(DT)
dashboardSidebar(
    fileInput('file1','选择 CSV 文件', multiple = FALSE,
            accept = c('text/csv',
'text/comma-separated-values,text/plain')),
      tags $ hr(),
      checkboxInput('header','第 1 行为变量名', TRUE),
      radioButtons('sep','选择分隔符:',
              c("逗号" = ',', "分号" = ';', "制表符" = '\t'),
                                selected = ',')
    ),
  dashboardBody(
    h2("表格内容:"),
    fluidRow(width = 8,
            box(DT::DTOutput("contents")))
#server.R,在 shinyServer()中做出以下修改
library(DT)
output $ contents <- renderDT({
inFile <- input $ file1
    if (is.null(inFile))
      return(NULL)
      read.csv(inFile $ datapath, header = input $ header, sep = input $ sep)
    })
```

数据看板侧边栏添加文件上传功能的示例如图 14-8 所示。

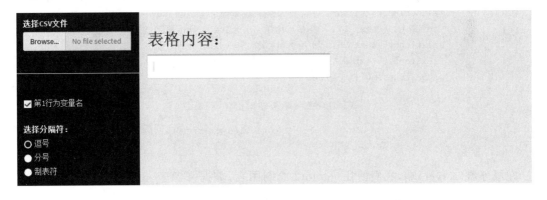

图 14-8 数据看板侧边栏添加文件上传功能的示例

在数据看板侧边栏添加下载文件功能的方式与添加上传文件功能的方式类似，读者可以自行探索。

shiny 提供了 15 种不同的侧边栏输入方式，以及 7 种不同的输出组合，受篇幅所限，本书不再一一介绍，感兴趣的读者可以查看 shiny 官网（https://shiny.rstudio.com/）进行学习。

3. 数据看板的主体搭建

使用 shiny 搭建的数据看板主体代表呈现的核心内容。数据看板主体可以包含任何内

容,如图片、文本、表格、leaflet 控件甚至输入对象,其中最常见的主体是对象框(Boxes),它同样可以包含任何内容,下面进行详细展开。

对象框(Boxes):通常将 box 置于 fluidRow()函数内。box 对象有 box、tabBox、infoBox 和 valueBox 四种类型,它们各自适用于不同的使用场景。

box()函数中有几种常用的基础参数,说明如下:

```
..., 表示放入对象框中的对象,
title, 表示指定对象框的标题,
footer, 表示脚标文本,
status, 表示指定 item 的状态,决定该对象框 title 的背景颜色,
#有 5 种状态及对应的颜色,详见?validStatuses。
solidHeader,为逻辑值,表示对象框标题是否为纯色背景。
backgroud,表示指定对象框背景颜色,NULL 则为白色背景。支持的颜色见?validColors。
width,表示指定对象框的宽度,总的宽度为 12,若指定为 4,则表示 1/3 主体宽度。
height,表示指定对象框的高度,shiny::plotOut()内同样有设定长宽的参数。
collapsible,表示是否给对象框增加最小化按钮(在右上角)。
```

将 box 置于 fluidRow()函数内,需要首先调用服务器(server)端代码绘制 gplot_1 对象,然后设置 box 参数,代码示例如下:

```
#ui.R
dashboardBody(
    fluidRow(
        box(plotOutput("gplot_1"), width = 8),
        box(width = 4,
            "这是一个 box 示例",
            br(),
            "box:常规 box",
            sliderInput("slider", "请输入观测值数量:", 50, 500, 200),
            textInput("text_1", "请输入标题:", value = "标题"),
            textInput("text_2", "输入横轴名称:", value = "x 轴"),
            textInput("text_3", "输入纵轴名称:", value = "y 轴"),
            submitButton("提交"))
    )
  )
)
```

在服务器(server)端,我们使用 ggplot2 绘制图表,数据来源于 showtext 包,同时我们还可以调用 RColorBrewer 包调整 box 的颜色,示例代码如下:

```
#server.R
library(shiny)
library(ggplot2)
library(RColorBrewer)
library(showtext)
shinyServer(function(input, output) {
    datainput <- reactive({
```

```
                data.frame(abc = sample(LETTERS[1 : 7], size = input $ slider, replace = TRUE),
                                  stringsAsFactors = F)
        })
    output $ gplot_1 <- renderPlot({
        showtext_auto()
        ggplot(data = datainput()) +
            geom_bar(aes(abc, fill = abc)) +
            scale_fill_brewer(palette = "Set2") +
            labs(title = input $ text_1, x = input $ text_2, y = input $ text_3) +
            theme_void() +
            theme(
                plot.title = element_text(colour = "magenta", hjust = 0.5, size = 30),
                axis.title.x = element_text(colour = "blue", hjust = 0.5, size = 20),
                axis.title.y = element_text(colour = "blue", hjust = 0.5, angle = 90, size = 20),
                axis.text = element_text(colour = "black", size = 10)
                )
        })
    })
```

上述代码对应的输出结果如图 14-9 所示。

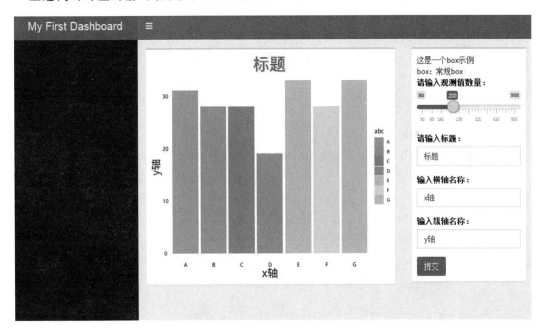

图 14-9　shiny 搭建的数据看板主体输出结果

插入侧边栏或者 box 的流程如下。

• 在服务器(server)端定义反应表达式,然后生成要输出的对象,调用反应表达式。
• 在用户界面(UI)端调用在服务器(server)端生成的对象,并设置生成对象的格式。

上述流程比较简单,从定义反应表达式到设置格式,shiny 提供了多种多样的内置函数,用户可以通过设置这些函数的参数,完成 web 页面定制。

4. 数据看板的页面布局

一般而言,使用 shiny 搭建的数据看板页面布局主要有多行布局和多列布局两种,下面分别进行说明。

（1）多行布局

鉴于网页的高度是可变的,数据看板的多行布局只需依次添加多个 fluidRow()对象,此外,在同一行可以设置多个 box。通常情况下,fluidRow()对象内的 box()函数不添加 height 参数,如果添加 height 参数,那么同一行的 height 参数必须相同,即同一个 fluidRow()对象内的 height 参数必须相同,需要说明的是,height 参数的单位是像素。

用户可以依次定义多个 fluidRow()对象,并在每个函数中添加 box,从而通过改变 status 参数来改变 box 的状态,相关示例代码如下:

```
#ui.R
body <- dashboardBody(
#第1行
    fluidRow(
      box(title = "第1行第1个","正常状态"),
       box(title = "第1行第2个", status = "warning","warning 状态")),
#第2行
    fluidRow(
        box(
          title = "第2行第1个", width = 3, solidHeader = TRUE,
          status = "primary", "primary 状态", br(), "宽 3"),
        box(
          title = "第2行第2个", width = 4, solidHeader = TRUE,
          br(), "宽 4"),
        box(
          title = "第2行第3个", width = 5, solidHeader = TRUE,
          status = "warning", "warning 状态", br(), "宽 5")),
#第3行
   fluidRow(
      box(
          title = "第3行第1个", width = 5, height = 400,
          background = "black","黑色背景", br(), "宽 5"),
      box(
          title = "第3行第2个", width = 4, height = 400,
          background = "light-blue","浅蓝色背景", br(), "宽 4"),
      box(
          title = "第3行第3个", width = 3, height = 400,
          background = "maroon", "栗色背景", br(), "宽 3"))
)
# 组合
dashboardPage(
  dashboardHeader(title = "My First Dashboard"),
    dashboardSidebar(disable = TRUE), #
    dashboardBody(body)
  )
```

上述代码对应的输出结果如图 14-10 所示。

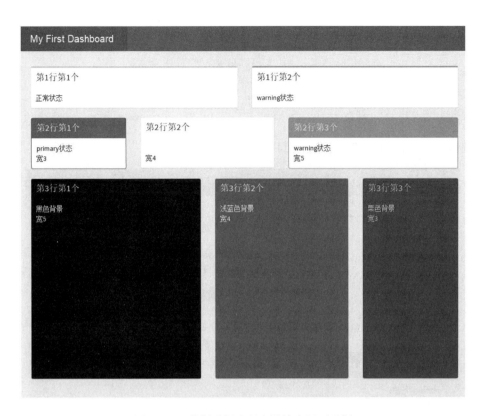

图 14-10　数据看板多行布局输出页面示例

（2）多列布局

数据看板多列布局的方法为：先在 fluidRow()对象内添加多个 column()对象，然后在 column()对象中添加 box()对象。在每个 column()对象中，用户可以添加多个 box，也可以设置每个 box 的格式。column()对象内的 box()函数通常设置 width＝NULL，默认为 6。column()对象内设定的 offset 偏移参数表示当前列与前 1 列之间的间隙，单位与 width 相同。定义 body 对象的代码如下：

```
#ui.R
body <- dashboardBody(
    fluidRow(
#第 1 列
        column(width = 3,
            box(title = "第 1 列第 1 个", width = NULL, height = 200,
                status = "primary","primary 状态", br(), "高 200"),
            box(title = "第 1 列第 2 个", width = NULL, height = 100, solidHeader = TRUE,
                status = "primary", "primary 状态", br(), "高 100"),
            box(title = "第 1 列第 3 个",width = NULL, height = 300,
                background = "black","背景颜色:black", br(), "高 300")
                ),
#第 2 列
        column(width = 4, offset = 2,
            box(title = "第 2 列第 1 个", status = "warning", width = NULL, height = 100,
```

```
                "warning 状态", br(), "高 100"),
    box(title = "第 2 列第 2 个", width = NULL, height = 200, solidHeader = TRUE,
        status = "warning", "warning 状态", br(), "高 200"),
    box(title = "第 2 列第 3 个", width = NULL, height = 300,
        background = "light-blue", "背景颜色:light-blue", br(), "高 300")
        )))
```

上述代码对应的输出结果如图 14-11 所示。

图 14-11　数据看板多列布局输出页面示例

14.3　使用 flexdashboard 创建数据看板

R 语言作为一门以统计计算和数据可视化为核心的工具性语言,拥有两套比较成熟的数据看板构建方案:一是前面介绍的"shiny+shinydashboard"组合;二是接下来重点介绍的"Rmarkdown+flexdashboard"组合。

flexdashboard 是 Rmarkdown 的拓展,旨在使 Rmarkdown 也可以输出数据看板。相比于 shiny,Rmarkdown 的语法更简单,使用门槛更低,同时,Rmarkdown 布局灵活且具备很好的兼容性,可以满足各种页面样式的输出。不足的是,Rmarkdown 基于"YAML+Knitr"一次性生成页面,没有服务器(server)端代码文件的支持,无法实现页面的动态渲染,因此无法创建需要实时刷新数据的分析性数据看板。

flexdashboard 组件主要包含以下几种。

- graphics:base、lattice、grid(ggplot2)、htmlwidgets(基于 js 可视化库封装的 api 接口)。
- tabular:即表格,典型的有 DT、ktable 等。
- gauges:单值仪表盘。
- vlaues boxes:指标卡。
- text annotations:文本框。

flexdashboard 的核心布局理念是基于行列的矩阵型布局,即整个文档都是操纵行与列的布局,不同页面可以通过侧边栏和 tab 页切换,其中的可视组件会基于规定的行列长宽大小,按照规则自适应屏幕。

1. 创建 flexdashboard 文件

对于初次使用 flexdashboard 的用户,建议参考以下代码进行安装:

```
install.packages('flexdashboard')
```

安装完成之后,打开 RStudio,依次选择"file→New File→R Markdown",会弹出提示创建 flexdashboard 文件的页面,如图 14-12 所示。

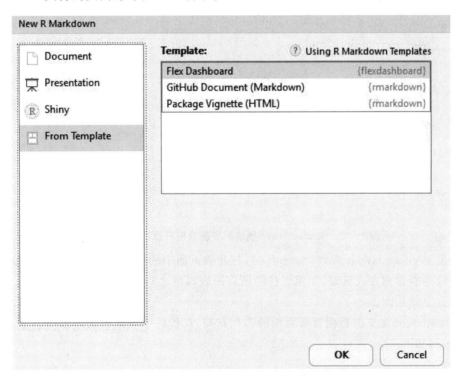

图 14-12　RStudio 中创建 flexdashboard 文件示例

在图 14-12 所示的界面中,单击"OK"按钮,可以看到当前工作目录下新建了一个扩展名为 Rmd 的文件,该文件就是 flexdashboard 文件。因为 flexdashboard 文件依托 Rmarkdown 创建,所以该文件的 YAML 文件头示意如下：

```
title: "first flex"
output:
  flexdashboard::flex_dashboard:
    orientation: columns
    vertical_layout: fill
```

上述代码中，vertical_layout 参数用于控制整个页面的行列布局。当设置 vertical_layout 参数为 fill 时，效果为自动按列布局，即页面中的所有图表高度会根据浏览器高度自适应调整，输出效果如图 14-13 所示。由图 14-13 可知，三幅图表的长宽大小自适应浏览器页面。

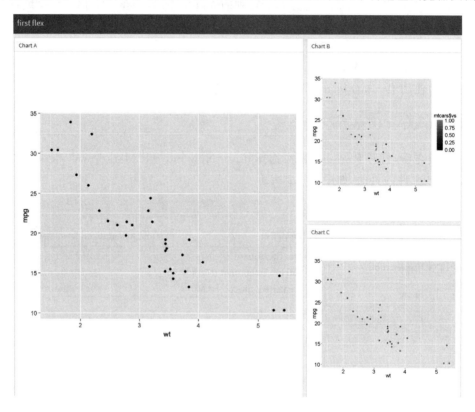

图 14-13　flexdashboard 生成的数据看板自动按列布局示例

当设置 vertical_layout 参数为 scroll 时，打开的页面中的图表保持原始大小不变，图表在浏览器中以垂直排列方式显现，如果竖排的所有图表高度之和大于页面浏览器窗口，页面会自动启动垂直滚动功能。

flexdashboard 也支持数据看板页面的多列布局，在代码中声明列参数即可自定义各列宽度，代码示例如下：

```
Column {data-width = 650}
```

用户可以在数据看板的每一个图表添加上述参数，以控制图表的长宽大小。页面的多列布局通过设置"Column{data-width=400}"，外加三个以上的短横线组成的分割线实现。分割线在 markdown 语法中往往用于分段,这里主要用于分割图表模块。参数 Column 用于声明列,参数 Row 用于声明行。

用户还可以在 Column 中声明 Tabsets,以实现 tab 页切换,效果如图 14-14 所示。

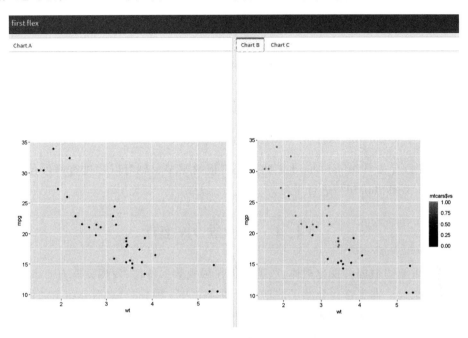

图 14-14　flexdashboard 设置 tab 页切换示例

2. 调用 HTML Widgets 组件

HTML Widgets 是 R 语言中很有特色的一类交互式动态可视化组件,这些组件通常是封装的第三方 JavaScript 可视化库。由于这些可视化库的底层代码都做好了封装,调用也比较简单,因此不需要做太多的参数设置。

使用 flexdashboard 构建数据看板时常用到的 HTML Widgets 组件如下。

- Leaflet:第三方交互式地图组件,可用于构建数据地图。
- dygraphs:一款快捷、灵活的开源 JavaScript 图表库,具有缩放、平移和鼠标悬停等交互功能,可用于交互式图表绘制。
- Plotly:一个基于 JavaScript 的绘图库,支持的绘图种类丰富、效果美观,可用于交互式图表制作。
- Rbokeh:一个 Python 可视化库的 R 语言接口包,可以创建基于 web 的交互可视化,可以通过浏览器打开页面,以生成交互式图表。
- Highcharter:一个用纯 JavaScript 编写的图表库,配置简单,支持多种交互式图表,可用于商业级图表的绘制。
- visNetwork:一个用 JavaScript 编写的网络数据可视化 R 包,适用于网络图表的制作。
- DT:提供了 JavaScript 库 DataTables 的 R 语言接口,可以创建交互式 HTML 页面表格,通常用于交互式数据表的呈现。

引用上述组件的方法与使用 R 包相似,即先安装好对应的 R 包,然后再加载使用,代码示例如下:

```
library(dygraphs)
library(flexdashboard)
dygraph(ldeaths)
```

一般而言,使用 flexdashboard 输出表格有两种方式:一种是使用 knitr:kable()函数;另一种是使用 DT 包。DT 包生成的表格具有交互性,表格数据可以被筛选,也可以被搜索,方便用户使用。在 flexdashboard 中插入表格的方式与 dygraphs 的方式类似,代码示例如下:

```
knitr::kable(mtcars)
library(DT)
DT::datatable(mtcars)
```

因篇幅限制,有关 flexdashboard 创建数据看板的更多示例可以通过官网(https://pkgs.rstudio.com/flexdashboard/)进行学习。

14.4 本 章 小 结

作为一种重要的数据可视化载体,数据看板在展现数据特征、发现数据变动趋势等方面有着不可替代的地位。本章首先介绍了数据看板的定义及 3 种分类,之后介绍了如何使用 shiny 和 shinydashboard 创建数据看板,以及如何使用 flexdashboard 快速创建简易的数据看板。需要说明的是,要制作精良的网页版数据看板,除了需要熟悉上述知识外,也需要在一定程度上学习 HTML、CSS 和 JS 等 web 页面知识。本章讲解的内容能够帮助读者打造或封装数据可视分析产品或服务,加快数据要素的商业变现。

第 2 篇
应用篇

第15章 数值型数据分析案例

从本章开始,我们将以实践问题为导向,通过综合案例的剖析详细介绍数据分析与可视化方法的融合应用。本章主要介绍商业应用背景下数值型数据分析的完整案例及分析过程。本章首先提出研究问题,确定数据分析的目的;其次,简要介绍案例背景和数据来源;再次,介绍数据预处理的缺失值处理和数据格式转换两个重要过程;最后讲解相适应的数据建模方法并得出分析结果。通过本章的学习,读者应该掌握以下几点。

- 数值型数据预处理的基本知识,尤其是 R 语言缺失值处理和数据格式转换代码。
- 常用的数据统计检验方法,如使用 coin 包进行 U 检验,使用 stats 包进行 T 检验。
- 数值型数据的描述性统计与建模方法以及 R 代码的实现。

15.1 案例背景

本书关注 R 语言在经济管理领域的数据分析,相应地,本章选择了与经济相关的典型案例——以 R 语言为工具分析用户生产内容(User Generated Content,UGC)型社交媒体前向商业变现动因。本书希望通过对典型案例背景和代码的介绍,使读者了解数据分析案例的完整流程,构建完整的数据分析知识体系,并在实际分析中更好地应用 R 语言。本章的案例来源于商业实践问题,数据采集于新浪微博,整体研究流程如图 15-1 所示。

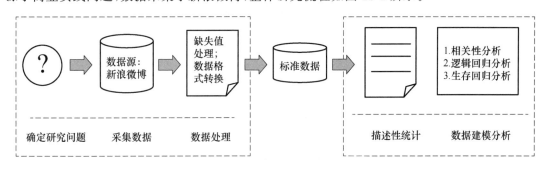

图 15-1 UGC 型社交媒体前向商业变现动因研究流程

15.1.1 研究背景与问题

web 2.0 和移动互联网技术的广泛普及不仅加速了传统内容产业(以文字、声音、视频为载体)的数字化进程,也促进了具有用户生产内容特征的在线社群的飞速发展。高黏性的在线用户社区不仅是社交媒体后向商业变现(如广告收入、第三方面分成收入等)的主要依赖,也为其加速前向商业变现(面向普通用户侧)奠定了基础。

2015 年,新浪微博会员用户同比增长 60%,且形成了会员用户较普通用户活跃度更高,会员人数持续上升的良性循环。国内众多内容型 UGC 社群争相效仿新浪微博,但当其试图实现从免费内容分享转型到付费会员服务的过程中,却面临着两种不同的运营思路,具体如下。

- 主推原创内容,即激励原创能力强的用户发布优质内容,以提升用户关注度。
- 力促用户深度参与,即激励用户积极参与社区互动,以提升用户活跃度。

两种运营思路的差异不仅决定社群运营商营销资源的投入与配置,也会对其前向商业变现成效产生影响。

鉴于此,设定数据分析要解决的问题如下。

- UGC 社交媒体中,普通(免费)用户和会员(付费)用户的内容相关行为(如消费与生产)与社区相关行为(粉丝与互动)有哪些差异?
- 上述行为差异将对普通用户向会员用户的转换(是否成为会员)以及转换速度(多快成为会员)产生怎样的影响?

根据研究问题,并结合相关理论提出如下 6 个研究假设。

- 普通(免费)用户的参与层级与其成为会员(付费)用户的可能性显著正相关。
- 普通(免费)用户的社区参与行为,相对其内容生产行为,与其成为会员(付费)用户的可能性相关程度更高。
- 普通(免费)用户的社区领导行为,相对其内容生产以及社区参与行为,与其成为会员(付费)用户的可能性相关程度更高。
- 普通(免费)用户的参与层级与其成为会员(付费)用户的速度显著正相关。
- 普通(免费)用户的社区参与行为,相对其内容生产行为,与其成为会员(付费)用户速度的相关程度更高。
- 普通(免费)用户的社区领导行为,相对其内容生产以及社区参与行为,与其成为会员(付费)用户速度的相关程度更高。

对于数据分析任务而言,深入理解数据分析要解决的研究问题十分重要。由于数据分析的工具、方法和模型众多,只有准确认知问题背景,才会选择相适应的分析方法与工具。为此,在搜集、处理、分析数据前,花费一定时间反复思考、揣摩、研究问题是必要且重要的。

15.1.2 数据来源与采集

案例数据来源于采集的新浪微博用户数据。我们以 2014 年 9 月底至 10 月中旬为数据时间段,并以分层抽样(按地域分)的方式,通过爬虫程序采集了 202 538 条微博用户数据,含用户人口特征、用户行为信息等 20 个字段。考虑到采集字段主要包括因会员用户身份所享有的特权,可能会对参与行为产生一定的影响,因此,研究仅筛选会员等级为 1 的会员用户作为研究对象。选定爬取的种子用户页面及页面字段如图 15-2 所示。

之所以选取新浪微博用户作为研究对象,并将 2014 年 10 月 31 日新浪微博改版前的用户行为数据作为分析基础,主要基于以下原因。

- 新浪微博是中国目前规模和影响力最大的开放式 UGC 社交媒体。
- 与其他 UGC 社交媒体相比,改版前的新浪微博可采集的用户数据字段较为完整。
- 据 2015 年新浪微博发布的用户报告显示,2014—2015 年,微博活跃用户和会员用户同比增幅都在 30% 以上,在高速发展期间采集的微博用户数据更能反映用户参与行为与微博前向商业变现间的关系。

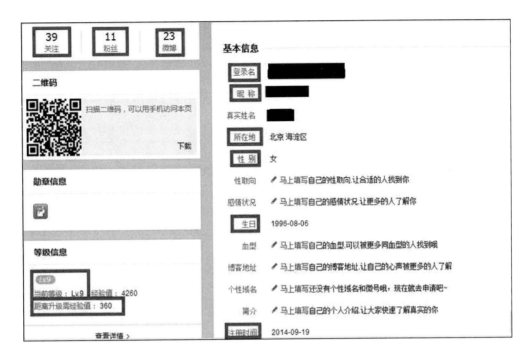

图 15-2　选定爬取的种子用户页面及页面字段

15.2　数据预处理

对采集的原始数据进行预处理是数据分析流程中的重要一步。由于多种原因,原始数据可能存在字段或记录不全、数据取值异常等情况,经过预处理解决这些异常问题后,方能开展下一步的分析。一般而言,数值型数据的预处理主要应对数据缺失值和异常值问题,下面简要说明处理步骤。

从新浪微博爬取的 19 个字段数据集,并不是都要用于分析,有一些数据字段,如用户的地址、简介、标签和微博昵称等,尽管存在缺失和异常情况,但这些字段不用于后续分析,因此不需要进行预处理。用户等级、活跃天数等字段与研究问题密切相关,将用于后续的数据分析,因此需要对这些字段存储的数据记录深入分析,妥善处理。

获取的新浪微博用户数据集为 Excel 文件,我们使用 readxl 包对其进行读取,代码如下:

```
rm(list = ls(all = TRUE)) #清空工作空间,有重要数据的请进行备份
library(readxl)
setwd("") #设置工作目录
sina <- read_excel('sinadata-201211.xlsx') #读取数据
```

在预处理数据字段前,可以先查看读取的数据对象记录情况,代码如下:

```
dim(sina)
```

输出结果表明,数据对象 sina 包含 202 538 条数据记录,20 个变量。之后用 summary()函数和 str()函数查看各变量类型、变量名称等信息,代码如下:

```
summary(sina)
str(sina)
```

我们也可以使用 Hmisc 包中的 describe()函数对数据进行全面的描述性统计,如果数据集数据记录较多,使用此函数查看结果可能需要耗费一些时间,示例代码如下,输出结果如图 15-3 所示。

```
library(Hmisc)
describe(sina)
```

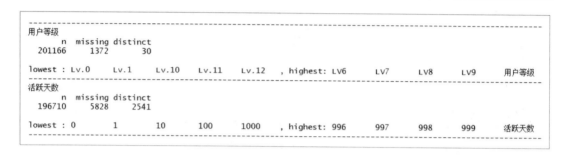

```
----------------------------------------------------------------------------------------
用户等级
          n  missing distinct
     201166     1372       30

lowest : Lv.0     Lv.1     Lv.10    Lv.11    Lv.12  , highest: LV6     LV7     LV8     LV9     用户等级
----------------------------------------------------------------------------------------
活跃天数
          n  missing distinct
     196710     5828     2541

lowest : 0        1        10       100      1000   , highest: 996     997     998     999     活跃天数
----------------------------------------------------------------------------------------
```

图 15-3　数据集描述统计分析输出结果

图 15-3 显示了数据集各个字段的数据记录缺失及描述性统计结果,方便研究者针对各字段的缺失情况选取不同的缺失值应对办法。

15.2.1　数据字段的缺失值处理

由前面叙述可知,数据集有 20 个字段,那么应该从哪个字段开始入手呢?观察数据集的描述统计分析结果不难发现,微博 URL 是 20 个字段中具有唯一性的变量。首先,从微博 URL 字段入手,保证每条记录是抓取的具有唯一 ID 的微博记录;其次,从性别字段入手;最后从关注数、粉丝数和微博数入手,因为这三个字段是必须分析的数据字段,对其剔除缺失值后才能开展后续分析。

首先使用 duplicated()函数对微博 URL 字段进行去重处理。对具有唯一性的变量去重,可以确保预处理后的数据记录中不会有重复的用户微博 URL,代码如下:

```
sina <- sina[!duplicated(sina $ 微博 URL),]
dim(sina)
```

经过上述步骤,具有唯一 ID 的微博记录数变为 180 563 条。接下来,开始处理性别字段,对性别字段进行统计的示例代码如下:

```
table(sina $ 性别)
```

观察统计结果发现,在这个变量里出现了三种类型:male、female 和性别,且性别记录只有一条,考虑到数据记录有 18 万条,所以这条异常值可以删除。在处理大批量数据记录时,删除若干不影响分析结果的数据记录,不影响分析的信度和效度,示例代码如下:

```
sina <- sina[!sina $ 性别 == "性别",]
table(sina $ 性别)
```

此时可以看到数据集中还剩下180 562条数据,其中,female有88 795条,male有91 476条,数据类型为字符型。

如果使用describe()函数对数据进行描述性统计,可以发现性别变量中有缺失值。为此,采用的预处理步骤如下:首先,建立缺失值索引;然后,根据索引删除数据集中的缺失值。值得注意的是,预处理数据应遵循的首要原则是不影响分析结果的准确性,如果数据值缺失较多,可以采用均值填充、众数填充等替代方法。删除性别变量缺失值的代码如下:

```
na_index <- which(is.na(sina $ 性别))
sina <- sina[-c(na_index),]
```

以此类推,使用上述步骤依序删除数据集中关注数、粉丝数和微博数字段的缺失值,示例代码如下:

```
na_index <- which(is.na(sina $ 粉丝数))
sina <- sina[-c(na_index),]
```

经过上述一系列处理后,数据集还有173 492条记录。

在后续分析中需要用到的变量字段还有用户等级,该字段存在1 372个缺失值,并且用户等级的表现形式为LVn,考虑到希望得到的数据无缺失值,且为因子类型,首先对该字段的缺失值予以剔除,后续再进行数据类型的转换。用户等级字段缺失值处理的代码示例如下:

```
na_index <- which(is.na(sina $ 用户等级))
sina <- sina[-c(na_index),]
```

接下来针对注册时间字段进行预处理,该字段剔除缺失值的代码如下:

```
na_index <- which(is.na(sina $ 注册时间))
sina <- sina[-c(na_index),]
describe(sina $ 注册时间)
```

然后使用lubridate包中的ymd()函数将注册时间转换为日期类型数据。此时可以看到以下警告信息:

```
Warning message:
  446 failed to parse.
```

以上警告信息说明该字段数据中有446条记录无法转为日期类型数据,因此,可以将其视为缺失值予以剔除,示例代码如下:

```
na_index <- which(is.na(sina $ 注册时间))
sina <- sina[-c(na_index),]
```

15.2.2 数据字段的数据类型转换

数据预处理过程中,不仅涉及缺失值和异常值的处理,还包括数据类型的转换等工作。下面介绍如何对 Sina 数据集对象中的字段进行数据类型转换。

以性别字段为例,考虑到性别字段为 0-1 类型的二分变量,在 R 语言的数据分析中,可以将该字段变量转换为因子类型。有关因子类型变量的特性可以查阅本书第 3 章相关内容。性别字段转换为因子类型的示例代码如下:

```
sina $ 性别<- as.factor(sina $ 性别)
```

数据类型化是指将文字性、描述性的数据字段按照特定规则转化为可以进行数学处理的数据字段。以 Sina 数据集为例,其性别变量有两种类型,为方便后续分析,可以将 female 用数字 1代替,male 用数字 0 代替。同样,是否为会员用户也可以采用相同方式处理,会员用户可表征为数字 1,非会员用户可表征为数字 0。可以采用 stringr 包中的 str_replace()函数实现上述数据类型化操作,示例代码如下:

```
library(stringr)
sina $ 性别 <- str_replace(sina $ 性别,'female','1')
sina $ 性别 <- str_replace(sina $ 性别,'male','0')
```

对数据和数据类型比较敏感的读者可以注意到,分析中遇到的数据类型大多为字符型,即使像用户数、微博数等数字类型的数据也以字符形态存储,这与数据爬取后存储数据的方式有关。R 语言无法对字符类型的数据进行数学运算,也无法用于后续的逻辑回归分析。为此,需要将本属于数据型但存储为字符型的数据字段转化为数值型数据。本例中,需要转换为数值型数据的变量有关注数、粉丝数、微博数、活跃天数、收费会员成长速度和收费会员成长值等,相应的转换代码如下:

```
sina $ 关注数 <- as.numeric(sina $ 关注数)
sina $ 粉丝数 <- as.numeric(sina $ 粉丝数)
sina $ 微博数 <- as.numeric(sina $ 微博数)
sina $ 活跃天数 <- as.numeric(sina $ 活跃天数)
sina $ feespeed <- as.numeric(sina $ feespeed)
sina $ feegrowth <- as.numeric(sina $ feegrowth)
```

前文提到,用于分析的用户等级变量是无缺失值的数值或者因子类型数据,所以接下来需要转换用户等级字段的数据格式。首先,根据数据实际情况,将该字段的数据记录全部转换为大写,统一格式;然后,使用 str()函数查看转换后的字段数据类型。相应的示例代码如下:

```
sina $ 用户等级 <- toupper(sina $ 用户等级)
str(sina $ 用户等级)
```

查看结果发现,上述处理已将用户等级字段中的"LV"去除,但数据中出现了"0."等异常值,在将该字段转换为因子类型数据前,需将这些异常数据记录剔除,示例代码如下:

```
sina$用户等级 <- str_replace(sina$用户等级,'LV','')
sina$用户等级 <- as.numeric(sina$用户等级)
sina$用户等级 <- str_replace(sina$用户等级,'0.','')
sina$用户等级 <- as.factor(sina$用户等级)
```

接下来,需要转换为因子类型的变量还有表征收费用户状态的 2 个变量:是否为收费会员和收费会员等级,因子类型转换的示例代码如下:

```
sina$feestatus <- as.factor(sina$feestatus)
sina$feelevel <- as.factor(sina$feelevel)
```

考虑到后续的数据分析需要在已有变量基础上衍生一个新变量——使用时长,即注册时间和数据爬取日期(2014 年 12 月 31 日)之差,为此,我们可以对已有的变量进行数学运算,生成新变量,示例代码如下:

```
sina$使用时长 <- ymd("2014-12-31") - ymd(sina$注册时间)
sina$使用时长 <- as.numeric(sina$使用时长)
```

对于剩余不用于分析的变量,如微博昵称、微博 URL、标签、地址、注册时间、生日、微博名称、简介、是否为认证用户等,可以考虑删除。需要指出的是,爬取数据时要尽可能爬取页面上的所有数据字段,以备后续使用。但实际用于分析时可以有所取舍,无用的数据字段在分析时可以选择剔除,以降低电脑内存开销。删除数据字段的示例代码如下:

```
sina$微博昵称 <- NULL
sina$微博URL <- NULL
sina$地址 <- NULL
sina$标签 <- NULL
sina$注册时间 <- NULL
sina$生日 <- NULL
sina$微博名称 <- NULL
sina$简介 <- NULL
sina$是否为认证用户 <- NULL
sina <- sina[,-11] #删除没有变量名的列
```

为了解决数据集字段可能出现的中文乱码问题,建议使用 reshape 包中的 rename()函数将中文变量名改为英文变量名,示例代码如下:

```
library(reshape)
sina <- rename(sina,c(性别 = "sex",关注数 = "aten",
    粉丝数 = "fans",微博数 = "weibo"))
sina <- rename(sina,c(是否为收费会员 = "feestatus",
    收费会员等级 = "feelevel",收费会员成长速度 = "feespeed",
    收费会员成长值 = "feegrowth",用户等级 = "userlevel",
    活跃天数 = "activedays",使用时长 = "usedays"))
```

通过上述预处理步骤,用于后续分析的数据集留存 11 个变量,172 672 条记录。

15.2.3　数据集的划分

本次数据分析要解决的研究问题之一是普通用户和会员用户的内容相关行为(如消费与生产)以及社区行为(粉丝与互动)有哪些差异？要回答这一问题,需要将数据集按照是否为收费用户进行划分。为了便于对两类用户行为进行非参数检验(U检验和T检验),接下来将数据集划分为两类子集,一类是收费用户,另一类是未收费用户。该分析步骤与研究问题密切相关,需要研究人员在研究设计阶段做好规划。在研究中,划分数据集或者用于变量的比较分析,或者用于数据集预测效果的检验,例如,将数据集拆分为训练集和验证集,其中,训练集数据训练模型,验证集数据检验模型预测的精准性。

在本案例中,数据集拆分的步骤如下。

首先,查看以哪个变量来确定收费用户数,示例代码如下:

```
describe(sina $ feelevel)
describe(sina $ feestatus)
describe(sina $ feespeed)
describe(sina $ feegrowth)
```

从4个字段变量的描述性统计分析结果看,feelevel(收费会员等级)、feestatus(是否为收费会员)、feespeed(收费会员成长速度)和feegrowth(收费会员成长值)4个字段的数据记录缺失不一,其中,是否为收费会员字段缺失值有18 403条,其他字段缺失值均为18 404条,因此,选取feelevel(收费会员等级)变量作为确定收费用户数的依据。

其次,构建收费用户数据子集sina_feeuser和非收费用户数据子集sina_nofeeuser,构建两类数据子集的示例代码如下:

```
na_index <- which(is.na(sina $ feelevel))
sina_nofeeuser <- sina[c(na_index),]
sina_feeuser <- sina[-c(na_index),]
```

经过上述步骤构建的收费用户数据对象sina_feeuser含数据记录18 404条,非收费用户数据对象sina_nofeeuser含数据记录154 268条。考虑到经过之前的数据处理,生成了不少中间变量,为减少这些中间变量对电脑内存的占用,可使用以下示例代码删除无用的中间变量,释放占用的内存空间:

```
rm(sina)
rm(na_index)
```

至此,新浪微博数据分析的前期数据预处理工作已完成,接下来进入数据的描述性统计与建模分析环节。

15.3　数据的描述性统计与建模分析

针对sina_feeuser和sina_nofeeuser两个数据子集的描述统计与建模分析可分为以下两个阶段。

第一个阶段:描述性统计以及非参数检验(U检验和T检验)。之前的数据预处理过程已经使读者对数据有了初步了解,描述性统计可以进一步帮助读者一览数据全貌,挖掘更多有价值的信息,如各字段的均值、中位数、众数等。此外,针对研究问题设定的假设,我们可以对两个数据子集进行非参数检验,比较两类用户行为的异同。

第二个阶段:选用成熟算法,实施数据建模分析。通过选择合适算法,我们可以挖掘数据间的深层关系,进一步检验 UGC 用户的行为差异将对普通用户向会员用户的转换(是否成为会员)以及转换速度(多快成为会员)产生的影响。考虑到分析变量的特征,本分析案例将使用逻辑回归分析以及生存回归分析。由于本案例中的因变量为 0-1 变量(是或者否),因此可以使用逻辑回归模型进行分析。另外,研究还需要揭示 UGC 用户行为对普通用户转为收费用户速度的影响,此时选择生存回归分析更适合研究情境。

15.3.1 数据的 U 检验和 T 检验

使用 Hmisc 包中的 describe()函数对两类数据子集开展描述性统计分析,两类数据子集描述性统计结果,即新浪微博收费用户与非收费用户描述性统计结果如图 15-4 所示。

用户类型		普通用户			会员用户		
		均值	中位值	标准误	均值	中位值	标准误
内容生产	微博数	1 937	514	7 504.42	3 706	893	10 464.08
	日均微博数	3.00	0.68	26.91	6.00	1.54	46.17
社区参与	关注数	584	350	577.09	760	401	814.36
	日均关注数	1.66	0.41	16.07	2.93	0.60	31.14
社区领导	粉丝数	15 073	741	140 202	203 749	3 464	1 469 593
	日均粉丝数	20.26	0.89	243.42	264.43	6.53	3 531.82
用户个人信息	年龄	23	23	6.65	23	23	7.75
	性别	0.50	0.00	0.50	0.50	0.00	0.50
用户等级信息	用户等级	7	7	2.62	8	8	2.38
	使用时长	899	948	478.27	806	749	495.51
	活跃天数	523	414	435.56	769	603	572.58

图 15-4　新浪微博收费用户与非收费用户描述性统计结果

U 检验是一类非参数检验方法,假设两个样本分别来自除了总体均值以外完全相同的两个总体,目的是检验这两个总体的均值是否有显著差异。使用 U 检验验证收费用户数据集(sina_feeuser)和非收费用户数据集(sina_nofeeuser)的用户行为(微博数、关注数、粉丝数)是否有显著差异。以关注数(aten)为检验对象,使用 coin 包中的 wilcox. test()函数实施 U 检验,示例代码如下:

```
library(coin)
wilcox.test(sina_feeuser $ aten,sina_nofeeuser $ aten)
```

U 检验的 p 值小于 2.2×10^{-16},表明收费用户与非收费用户的关注数有显著差异。

T 检验是一类参数检验方法,可用于验证两个正态分布样本的平均值是否有显著差异。以用户关注数(aten)为检验对象,使用 stats 包中的 t.test()函数实施 T 检验,示例代码如下:

```
t.test(sina_feeuser $ aten,sina_nofeeuser $ aten)
```

T 检验的 p 值小于 2.2×10^{-16},表明收费用户与非收费用户的关注数均值有显著差异。分别对表征两类用户行为的数据字段实施 U 检验和 T 检验,检验结果如图 15-5 所示。

用户类型		普通用户均值	会员用户均值	比例	U 检验	T 检验
内容生产	微博数	1 937.23	3 706.04	1.91	0.00***	0.00***
	日微博数	2.87	6.39	2.23	0.00***	0.00***
内容消费	关注数	584.44	760.51	1.3	0.00***	0.00***
	日关注数	1.66	2.93	1.77	0.00***	0.00***
社区领导	粉丝数	15 072.99	203 749.3	13.52	0.00***	0.00***
	日粉丝数	20.26	264.43	13.05	0.00***	0.00***
用户个人信息	年龄	23.05	23.17	1.01	0.61	0.05**
用户等级信息	使用时长	899.27	805.83	0.9	0.00***	0.00***
	活跃天数	523.04	769.17	1.47	0.00***	0.00***

注:*代表信度,*越多,信度越高。

图 15-5　新浪微博收费用户与非收费用户行为的 U 检验和 T 检验结果

图 15-5 表明,收费用户与非收费用户的内容生产行为、内容消费行为、社区领导行为均有显著差异。

15.3.2　数据的相关性分析

在开展回归分析之前,需要进行数据的相关性分析,以检验回归分析选取的自变量与因变量之间是否存在显著的相关关系。

首先,构造相关性分析矩阵和 0-1 变量,用于区分会员与非会员,非会员为 0,会员为 1。构造 0-1 变量的代码如下:

```
sina_nofeeuser $ feeuser <- 0
sina_feeuser $ feeuser <- 1
sina.data <- rbind(sina_feeuser,sina_nofeeuser)
new.data <- sina.data[,c(1:4,9:12)]
```

然后,针对数据集开展相关性分析,代码如下:

```
correlation.matrix <- cor(new.data[,])
```

相关性分析结果显示,用户的关注数、粉丝数、微博数、用户等级、活跃天数、年龄、使用时长与注册成为会员显著相关。

15.3.3 数据的逻辑回归分析

逻辑回归分析又称 logistic 回归分析,是一种广义的线性回归分析模型,常用于数据挖掘、医疗自动诊断、经济预测等方面。本研究设定的一个研究问题是:UGC 用户的行为差异将对普通用户向会员用户的转换结果(是否成为会员)产生怎样的影响?为此,前面已将数据集划分为收费用户和非收费用户两类。之前的统计检验表明,两类用户的微博数、关注数、粉丝数存在显著差异。考虑到因变量为 0-1 变量,因此选择逻辑回归分析,选择的自变量要与因变量有相关关系,如用户年龄、等级、性别、微博数、关注数等。通过逻辑回归分析可以得到自变量的权重,可以进一步定量分析不同自变量因素对普通用户向会员用户转换的影响程度,同时也可以根据构建的逻辑回归模型预测一个普通用户转向会员用户的概率大小。

数据集开展逻辑回归分析设定的因变量和自变量如图 15-6 所示。

	中文变量名	英文变量名	变量赋值
因变量	会员用户	feeuser	缴纳会员费用户,是=1,不是=0
用户个人信息	年龄	age	用户的年龄
	性别	gender	女性用户=1,男性用户=0
用户等级信息	用户等级	userlevel	随着活跃天数的增加,用户积累经验值所达到的等级
	活跃天数	activedays	用户在使用时长内,登录并使用微博积累的活跃天数
	使用时长	usedays	用户自注册日至2014年9月30日的天数
内容生产	微博数	weibo	用户发表的微博数量
	日均微博数	aveweibo	在使用时长内,用户平均发表的微博数量
社区参与	关注数	aten	用户关注的人数
	日均关注数	aveaten	在使用时长内,用户平均关注的数量
社区领导	粉丝数	fans	用户拥有的粉丝的数量
	日均粉丝数	avefans	在使用时长内,用户平均拥有的粉丝的数量

图 15-6　逻辑回归分析中的因变量与自变量

在逻辑回归分析前,首先将两类用户数据子集合并为一个,然后划分因变量和自变量,示例代码如下:

```
sina.data <- rbind(sina_feeuser,sina_nofeeuser)
Y <- cbind(sina.data $ feeuser)
X <- cbind(sina.data $ aten,sina.data $ aveaten,sina.data $ weibo,sina.data $ aveweibo,sina.data
$ fans,sina.data $ avefans,sina.data $ sex,sina.data $ userlevel,sina.data $ usedays,sina.data
$ activedays)
```

使用 table()函数统计因变量的频次和频次占比,示例代码如下:

```
table(Y)
table(Y)/sum(table(Y))
```

使用 glm()函数构建逻辑回归方程,使用 summary()函数查看分析结果,示例代码如下:

```
logit <- glm(Y ~ X, family = binomial (link = "logit"))
logit.step <- step(logit,direction = "both")
summary(logit.step)
```

glm()函数可用于建立逻辑回归模型,Y~X 为数据源,X 为自变量,Y 为因变量。family 允许各种关联函数将均值和线性预测器关联起来,常用的 family 类型有 logit、probit、identity 等。step()函数用于逐步回归分析。逐步回归分析是一种将解释变量(自变量)逐个引入模型,并逐个对引入的变量进行检验,剔除对因变量作用不显著的变量,从而保证模型中自变量有用性的方法。both 参数表示综合 backward(向后剔除)和 forward(向前引入)两种方法。

stargazer 包提供的 stargazer()函数可以输出较为美观的回归表格,示例代码如下:

```
stargazer(logit,type='text',title = 'BinaryLogistic Regression Model',
    align = TRUE,dep.var.labels = c('feeuser'),
    covariate.labels = c('aten','weibo','fans',
    'sex','userlevel','usedays','activedays'),
    omit.stat = c('LL','ser','f'),no.space = TRUE)
```

逻辑回归分析结果(部分)如图 15-7 所示。

	内容生产	社区参与	社区领导	用户等级信息	用户人口特征
	B(S.E)	B(S.E)	B(S.E)	B(S.E)	B(S.E)
	EXP(B)	EXP(B)	EXP(B)	EXP(B)	EXP(B)
Constant	-2.173	-2.421	-2.479	-3.433	-3.35
	***	***	***	***	***
	-0.008	-0.012	-0.012	-0.051	-0.059
	0.113 83	0.088 83	0.083 82	0.032 28	0.035 08
Log Likelihood	116 626.90	115 575.80	113 203.50	99 635.87	172 672.00
Cox & Snell R Square	0.003 2	0.009 2	0.022 8	0.096 6	0.096 7
Δ Cox & Snell R-Square	0	0.006	0.013 6	0.073 8	0.000 1
Nagelkerke R Square	0.006 5	0.018 8	0.046 2	0.196 2	0.196 3
Δ Nagelkerke R-Square	0	0.012 3	0.027 4	0.15	0.000 1

图 15-7　逻辑回归分析结果(部分)

逻辑回归分析结果表明:用户的社区参与同其决定成为付费会员的可能性呈正相关,同其发表微博的行为呈负相关,同时用户的社区领导对其最终成为付费会员的可能性没有显著影响。此外,用户等级和活跃天数与用户最终成为付费会员可能性呈正相关,用户使用时长与最终成为付费会员可能性呈负相关。用户等级越高,活跃天数越多,越有可能选择购买会员。

15.3.4　数据的生存回归分析

生存回归分析又称比例风险回归分析,简称为 Cox 回归,是由英国统计学家戴维·罗斯贝·科克斯(David Roxbee Cox)于 1972 年提出的一种半参数回归模型。该模型以生存结局和生存时间为因变量,可同时分析众多因素对生存期的影响。该模型多用于医学领域,条件合适的情况下,也可在其他领域预测事件发生的可能性。本研究设定的一个研究问题是:UGC

用户的行为差异将对普通用户向会员用户的转换速度(多快成为会员)产生怎样的影响？为此，本节选用生存回归分析方法对该问题进行研究。

在 R 语言中，可以使用 survival 包进行生存回归分析，示例代码如下：

```
library(survival)
sur <- Surv(new.data $ usedays,new.data $ feeuser)
summary(coxph(sur~sex + aten + fans + weibo + userlevel + activedays,data = new.data))
```

使用 stargazer()函数查看回归分析结果的示例代码如下，输出结果如图 15-8 所示。

```
stargazer(logit,logit.step, type = "text")
```

		B	SE	df	HazardEXP(B)	显著性
内容生产	微博数	0	0	1	1	***
社区参与	关注数	0.000 4	0	1	1.000 4	***
社区领导	粉丝数	0	0	1	1	***
用户等级信息	用户等级	0.007 2	0.008 3	1	1.007 3	
	活跃天数	-0.000 3	0	1	0.999 7	***
用户个人信息	性别	0.110 5	0.015	1	1.116 8	***

图 15-8　生存回归分析结果

生存回归分析结果如下。

在用户参与层级方面，关注数系数略大于 1，说明相较于关注数少的普通用户，关注数多的普通用户成为会员用户的速度更快；微博数系数和粉丝数系数均等于 1，说明微博数和粉丝数对普通用户成为会员用户的速度没有影响。这表明用户的社区参与程度是影响普通用户成为会员用户速度的主要因素，而内容生产和社区领导对普通用户成为会员用户的速度几乎没有影响。

在个人信息层面，女性普通用户相对男性普通用户，成为会员用户的速度更快，与之前的逻辑回归结果相结合，可以推断的是，具有较为明显的性别(偏女性)特征的新浪微博普通用户不仅成为会员用户的可能性更高，而且付费成为会员用户的速度更快。

在用户等级层面，用户活跃天数系数小于 1，说明相较于活跃天数长的普通用户，微博活跃用户中活跃天数短的普通用户成为会员用户的速度更快。这表明普通用户转变为会员用户有一定的时间窗口，如果错过这一时间窗口，用户的付费意愿将会明显降低。

15.3.5　数据分析结果总结

将第 15.1.1 节提出的 6 个研究假设与数据集逻辑回归和生存分析结果对照不难发现，

4 个研究假设成立,2 个研究假设不成立。假设验证结果如图 15-9 所示。

假设	结论
H1: 普通(免费)用户的参与层级与其成为会员(付费)用户的可能性显著正相关	√支持
H2(a): 普通(免费)用户的社区参与行为,相对其内容生产行为,与其成为会员(付费)用户的可能性相关程度更高	√支持
H2(b): 普通(免费)用户的社区领导行为,相对其内容生产以及社区参与行为,与其成为会员(付费)用户的可能性相关程度更高	√支持
H3: 普通(免费)用户的参与层级与其成为会员(付费)用户速度显著正相关	不支持
H4(a): 普通(免费)用户的社区参与行为,相对其内容生产行为,与其成为会员(付费)用户速度的相关程度更高	√支持
H4(b): 普通(免费)用户的社区领导行为,相对其内容生产以及社区参与行为,与其成为会员(付费)用户速度的相关程度更高	不支持

图 15-9 假设验证结果

综合图 15-9 中的研究假设结论,对照研究背景和研究问题,可以得到以下结论。

(1) 新浪微博具有典型的社会化内容体验特征,普通(免费)用户的微博参与层级与其成为会员(付费)用户的可能性显著正相关。

(2) 普通(免费)用户的社区参与行为,相对其内容生产行为,不仅使其成为会员(付费)用户的可能性更高,而且成为会员(付费)用户的速度更快。

(3) 性别(偏女性)、年龄偏好(偏年轻)以及用户活跃天数(偏短)是预测新浪微博会员(付费)用户行为的重要参考指标。

15.4 本 章 小 结

本章基于 UGC 社交媒体前向商业变现研究,给出了从背景介绍、提出假设、数据获取,到数据预处理、数据分析的完整示例。本章内容包括如下两方面:一方面,帮助读者建立完整的数值型数据分析流程体系;另一方面,从 R 语言代码视角重点讲解了数据预处理环节的缺失值处理和数据格式转换技巧、数据描述性统计环节的非参数检验步骤、数据建模分析环节中的逻辑回归和生存回归实施细节等。通过本章的学习,希望读者能够熟悉数值型数据分析的完整流程,从而更好地应用 R 语言常用包及其常用函数。

第16章 文本型数据分析案例

本章主要介绍两个实际应用背景下文本型数据分析的完整案例及分析过程。首先,本章介绍了案例背景和数据集;其次,介绍了文本型数据的读取和预处理的步骤和方法,其中主要使用了 stringr 包和正则表达式;最后介绍了文本型数据分析的几种重要手段和模型,包括文本聚类、主题模型、情感分析等。通过本章的学习,读者应该掌握以下几点。

- 对文本型数据进行预处理的过程。
- 使用 tidytext 和 quanteda 包进行文本分析的方法。
- 对文本型数据进行分析的几个重要手段和模型。

文本型数据分析在经济领域经常会用到,如行业的调查研究、公司年报分析等。文本型数据分析与数值型数据分析有所差别,因为文本型数据无法直接被计算机识别,所以需要对文本进行量化处理,然后再通过模型对文本进行分类或者情感分析等研究。希望读者可以通过本章的学习,对文本型数据的分析流程有一个全面的认知。文本型数据的分析流程如图 16-1 所示。

图 16-1　文本型数据的分析流程

在文本分析领域,有两个常用的包:tidytext 和 quanteda 包。对于一般的文本分析来说,这两个包可以满足基本需求。本章将分别使用 tidytext 包和 quanteda 包对两个文本型案例进行分析。

16.1　案　例　一

在本节中,我们将使用 tidytext 包对新闻数据集进行分析。这个新闻数据集包含 20 种不同类型的新闻文本,它们分别存储在 20 个文件夹中,包含政治、宗教、汽车、体育和密码学等主题。新闻数据集是进行文本分析研究和学习经常使用的数据集,我们将以此数据集为基础,从数据预处理、数据描述性统计,到文本分类、文本聚类和文本情感分析等,为大家展示一个较为完整的文本数据分析过程。该新闻数据集可在 http://qwone.com/~jason/20Newsgroups/ 上公开获取。

16.1.1 案例一数据集介绍

本次分析用到的数据集为 20news-bydate.tar.gz,它是由肯·朗(Ken Lang)在 1993 年收集并发布的公开新闻文本数据集,其具体用途并未公布,但是该数据集目前多被用于文本分析的学习。此数据集中的 20 个新闻组是按日期排序的,并且已经经过了去重处理,数据按 6∶4 的比例被分为训练集和测试集。

该新闻数据集中共包含 20 个主题,每个主题包含的数据量分布比较均匀,其中一些主题是密切相关的,而另外一些主题则完全没有关联。20 个主题的数据按照相似程度划分的结果如图 16-2 所示。

comp.graphics comp.os.ms-windows.misc comp.sys.ibm.pc.hardware comp.sys.mac.hardware comp.windows.x	rec.autos rec.motorcycles rec.sport.baseball rec.sport.hockey	sci.crypt sci.electronics sci.med sci.space
misc.forsale	talk.politics.misc talk.politics.guns talk.politics.mideast	talk.religion.misc alt.atheism soc.religion.christian

图 16-2　新闻主题分类结果

上述网站提供了 3 种数据集的版本:一是原始数据集,未进行处理;二是按照日期排序的数据集,并且进行了去重处理,包含 18 846 条数据;三是经过去重处理的数据集。本章以第 2 种数据集为例进行文本分析,因为第 2 种数据集去除了新闻组识别信息,并且已经划分了测试集和训练集,便于得出更准确的结果。

16.1.2 案例一数据读取

数值型数据和文本型数据分析的第一步都是数据的读取,将数据读取到工作空间才能对数据进行后续的操作。我们要读取的是训练集中的数据,但是这些数据分布在 20 个文件夹中,而且每条数据都是一个独立的文件,因此读取文件时首先要获取每个文件的路径,然后才能对数据进行读取。

首先加载需要用到的包,在本次读取中,我们还会介绍几个新的函数以及它们的使用方式:

```
library(dplyr)
library(tidyr)
library(purrr)
library(readr)
```

然后设定一个基准路径,即 20news-bydate-train 文件夹的路径,接下来逐步获取 20 个文件夹以及每个文件的路径:

```
training_folder <- "D:/work/pdftest/20news-bydate (1)/20news-bydate-train/"
```

R语言中没有能够读取整个文件夹中所有文件的函数,但是我们可以定义一个函数实现此功能:

```
read_folder <- function(infolder) {
  tibble(file = dir(infolder, full.names = TRUE)) %>%
    mutate(text = map(file, read_lines)) %>%
    transmute(id = basename(file), text) %>%
    unnest(text)
}
```

上述代码讲解如下:首先第一行代码表示获取文件夹中所有文件的路径,并将其存储在数据框中;其次使用 mutate()函数在数据框中创建新列,使用 map()函数依次读取每条数据,map()是循环函数,它依次读取每个路径下的数据;最后使用 transmute()函数选取 text,并增加 id 列。函数中使用了大量管道操作符,如果不了解变量的传输过程,可以将函数分解逐步实现。

依次读取 20 个文件夹中的数据并将其存储在一个数据框中:

```
library(magrittr)
raw_text <- tibble(folder = dir(training_folder, full.names = TRUE)) %>%
  unnest(map(folder, read_folder)) %>%
  transmute(newsgroup = basename(folder), id, text)
```

以下命令可以查看数据的基本情况:

```
raw_text
```

数据基本情况的查询结果如图 16-3 所示。

```
# A tibble: 511,655 x 3
   newsgroup    id     text
   <chr>       <chr>  <chr>
 1 alt.atheism 49960 From: mathew <mathew@mantis.co.uk>
 2 alt.atheism 49960 Subject: Alt.Atheism FAQ: Atheist Resources
 3 alt.atheism 49960 Summary: Books, addresses, music -- anything related to atheism
 4 alt.atheism 49960 Keywords: FAQ, atheism, books, music, fiction, addresses, contacts
 5 alt.atheism 49960 Expires: Thu, 29 Apr 1993 11:57:19 GMT
 6 alt.atheism 49960 Distribution: world
 7 alt.atheism 49960 Organization: Mantis Consultants, Cambridge. UK.
 8 alt.atheism 49960 Supersedes: <19930301143317@mantis.co.uk>
 9 alt.atheism 49960 Lines: 290
10 alt.atheism 49960 ""
# ... with 511,645 more rows
```

图 16-3　数据基本情况的查询结果

在图 16-3 中,newsgroup 列指明了数据的来源(主题),id 列则是每条数据的唯一标识。

16.1.3　案例—数据预处理

数据集经过简单的处理后,并未达到进行数据分析的要求,所以要对其进行进一步处理,以获取符合标准的文本格式。

和数值型数据相同,文本型数据也需要去除重复值、异常值以及无用字段。由前面叙述可知,数据集经过了去重处理,所以此环节不需要去重。文本型数据的去重和数值型数据不太相同,文本型数据去重需要根据数据的唯一标识进行处理,如文本的标题、文章编号等。

在数据集中,每条数据都有一些在数据分析中无用的文本。例如,每条数据的标题会包含诸如"from:"或"in_reply_to"之类的重复性消息字段;还有些自动电子邮件签名会包含诸如"-…"之类具有重复特征的数据格式。

数据集的预处理可以通过使用 dplyr 包中的 cumsum()函数和 stringr 包中的 str_detect()函数组合完成,当然也可以使用正则表达式进行数据预处理。下面分别对两种方式进行展示。

使用 cumsum()函数和 str_detect()函数处理标题和电子邮件:

```
library(stringr)
cleaned_text <- raw_text %>%
  group_by(newsgroup, id) %>%
  filter(cumsum(text == "") > 0,
         cumsum(str_detect(text, "^--")) == 0) %>%
  ungroup()
```

使用正则表达式处理数据集的来源信息:

```
cleaned_text <- cleaned_text %>%
  filter(str_detect(text, "^[>]+[A-Za-z\\d]") | text == "",
         !str_detect(text, "writes(:|\\.\\.\\.\\.)$"),
         !str_detect(text, "^In article <"),
         !id %in% c(9704, 9985))
```

unnest_tokens()可将数据集拆分为 token,也称分词。token 可以理解为最小的语义单元,在英文文本中,最小的 token 就是单词,在中文文本中则更加复杂。在文本分析中,首先要将文本分割为 token,然后使用算法将其量化为词向量后才能被计算机理解。因此,分词是文本分析中必须进行的一步,也是文本分析和数值型数据分析的差别所在。同时,预处理环节中还要删除停用词。停用词是指文本中不具有实际意义的词,如"a""in""on"等介词,这些词在语言中可以使句子更加通顺,但是在文本分析中会影响文本分析的结果。

分词以及删除停用词的代码如下:

```
library(tidytext)
usenet_words <- cleaned_text %>%
  unnest_tokens(word, text) %>%
  filter(str_detect(word, "[a-z']$"),
         !word %in% stop_words$word)
```

不同的文本数据集会有不同的步骤,在实际分析中需要不断探索,但是 stringr 包和 tidyr 包可以满足文本数据处理的大部分需求。

16.1.4 案例一数据分析

经过数据预处理部分,我们已经获取了 usenet_words 数据框,接下来进行文本分析的步骤。文本分析主要包括文本的描述性统计、关键词提取、文档聚类、主题建模、情感分析。

1. 描述性统计

文本类数据的描述性统计和数值型数据不同:对于数值型数据,我们可以统计变量的平均值、中位数等;而对于文本类数据,我们更加关注的是文本中出现频次最多的词或者文本中最常用的词。依据这些词,我们可以对文本的主题有一个简单的了解,从而便于对文档进行分类、聚类等操作。

首先,对数据集常用词进行探索,代码如下:

```
usenet_words %>%
  count(word, sort = TRUE)
## # A tibble: 68,137 × 2
##    word            n
##    <chr>        <int>
##  1 people        3655
##  2 time          2705
##  3 god           1626
##  4 system        1595
##  5 program       1103
##  6 bit           1097
##  7 information   1094
##  8 windows       1088
##  9 government    1084
## 10 space         1072
## # ... with 68,127 more rows
```

然后,我们按照主题对常用词进行探索,代码如下:

```
words_by_newsgroup <- usenet_words %>%
  count(newsgroup, word, sort = TRUE) %>%
  ungroup()
words_by_newsgroup
## # A tibble: 173,913 × 3
##    newsgroup               word        n
##    <chr>                   <chr>    <int>
##  1 soc.religion.christian  god        917
##  2 sci.space               space      840
##  3 talk.politics.mideast   people     728
##  4 sci.crypt               key        704
##  5 comp.os.ms-windows.misc windows    625
##  6 talk.politics.mideast   armenian   582
##  7 sci.crypt               db         549
##  8 talk.politics.mideast   turkish    514
##  9 rec.autos               car        509
## 10 talk.politics.mideast   armenians  509
## # ... with 173,903 more rows
```

2. 关键词提取

通过对文本进行描述性统计可以发现,文本中一些词的出现概率非常高,但是它们真的对理解文本主题有帮助吗?或者说它们可以从一定程度上反映文本的主题吗?即使我们已经对数据做了去除停用词处理,但是文本中依然会有许多不太重要的词重复出现。因此,若想要正确了解文本的主题,需要使用某些算法提取文中的关键词,本章使用的是 TF-IDF 算法。

TF-IDF 算法的基本思想是:词语的重要性与它在文件中出现的次数成正比,但同时会与它在语料库中出现的频率成反比。也就是说,如果一些词在某个子数据集中重复出现,那么这个词可能比其他词对这个数据集更加重要,但是如果其他数据集中也重复出现了这些词,那么这些词明显无法代表此数据集的特色。为了提取文本中"最具特色"的表征性关键词,需要利用 TF-IDF 算法,也就是说,如果某个词或者短语在一个子数据集中出现多次,但是在其他子数据集中很少出现,就可以认为这个词或短语具有很好的区分性,适合对这个子数据集进行表征。

使用 TF-IDF 算法对数据进行关键词提取,代码如下:

```
tf_idf <- words_by_newsgroup %>%
bind_tf_idf(word, newsgroup, n) %>%
arrange(desc(tf_idf))
tf_idf
## # A tibble: 173,913 × 6
##    newsgroup                 word               n      tf    idf  tf_idf
##    <chr>                     <chr>          <int>   <dbl>  <dbl>   <dbl>
##  1 comp.sys.ibm.pc.hardware  scsi             483  0.0176   1.20  0.0212
##  2 talk.politics.mideast     armenian         582  0.00805  2.30  0.0185
##  3 rec.motorcycles           bike             324  0.0139   1.20  0.0167
##  4 talk.politics.mideast     armenians        509  0.00704  2.30  0.0162
##  5 sci.crypt                 encryption       410  0.00816  1.90  0.0155
##  6 rec.sport.hockey          nhl              157  0.00440  3.00  0.0132
##  7 talk.politics.misc        stephanopoulos   158  0.00416  3.00  0.0125
##  8 rec.motorcycles           bikes             97  0.00416  3.00  0.0125
##  9 rec.sport.hockey          hockey           270  0.00756  1.61  0.0122
## 10 comp.windows.x            oname            136  0.00354  3.00  0.0106
## # ... with 173,903 more rows
```

我们可以提取某些特定主题中 TF-IDF 较高的词,从而了解这个新闻组的主题,以 talk 主题为例,代码如下:

```
talkdf <- tf_idf %>%
  filter(str_detect(newsgroup, "^talk\\.")) %>%
  group_by(newsgroup) %>%
  top_n(12, tf_idf) %>%
  ungroup() %>%
  mutate(word = reorder(word, tf_idf))
talkdf
## # A tibble: 48 × 6
##    newsgroup              word               n      tf    idf  tf_idf
##    <chr>                  <fct>          <int>   <dbl>  <dbl>   <dbl>
##  1 talk.politics.mideast  armenian         582  0.00805  2.30  0.0185
##  2 talk.politics.mideast  armenians        509  0.00704  2.30  0.0162
##  3 talk.politics.misc     stephanopoulos   158  0.00416  3.00  0.0125
```

```
# #    4 talk.politics.mideast turkish      514  0.00711  1.39  0.00985
# #    5 talk.politics.mideast israel       428  0.00592  1.39  0.00821
# #    6 talk.religion.misc    jesus        256  0.00854  0.799 0.00682
# #    7 talk.politics.mideast armenia      257  0.00355  1.90  0.00674
# #    8 talk.politics.guns    firearm       94  0.00225  3.00  0.00674
# #    9 talk.politics.mideast azerbaijan   151  0.00209  3.00  0.00626
# #   10 talk.politics.mideast turks        273  0.00378  1.61  0.00608
# # # ... with 38 more rows
```

可以使用 ggplot 将 talkdf 数据对象可视化:

```
ggplot(data = talkdata,aes(word, tf_idf, fill = newsgroup)) +
    geom_col(show.legend = FALSE) +
    facet_wrap(~ newsgroup, scales = "free") +
    ylab("tf-idf") +
    coord_flip()
# # Warning: 程辑包'ggplot2'是用 R 版本 3.6.1 来建造的
```

关键词提取结果如图 16-4 所示。

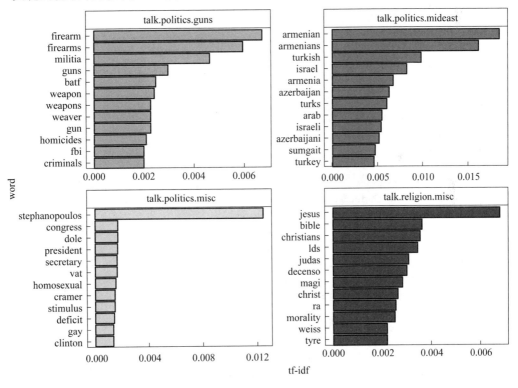

图 16-4 关键词提取结果

读者可以使用相同的代码探索其他新闻组的关键词。

3. 文档聚类

文档聚类主要对具有相同或相近特征的文本进行归类。以 talk.politics.guns 新闻组数据集为例,该数据集中的文本存在"gun"和"guns"之类相似的特征词,要发现哪些新闻组在主题上相似,可以使用 widyr 包中的 pairwise_cor()函数识别不同主题的新闻组,进而对文本聚类。

首先，探索文档之间的相关性：

```
library(widyr)
newsgroup_cors <- words_by_newsgroup %>%
  pairwise_cor(newsgroup, word, n, sort = TRUE)
newsgroup_cors
## Warning：程辑包'widyr'是用 R 版本 3.6.1 来建造的
## # A tibble：380 × 3
##    item1                    item2                    correlation
##    <chr>                    <chr>                    <dbl>
##  1 talk.religion.misc       soc.religion.christian   0.835
##  2 soc.religion.christian   talk.religion.misc       0.835
##  3 alt.atheism              talk.religion.misc       0.779
##  4 talk.religion.misc       alt.atheism              0.779
##  5 alt.atheism              soc.religion.christian   0.751
##  6 soc.religion.christian   alt.atheism              0.751
##  7 comp.sys.mac.hardware    comp.sys.ibm.pc.hardware 0.680
##  8 comp.sys.ibm.pc.hardware comp.sys.mac.hardware    0.680
##  9 rec.sport.baseball       rec.sport.hockey         0.577
## 10 rec.sport.hockey         rec.sport.baseball       0.577
## # ... with 370 more rows
```

然后，我们对相关性进行筛选，如下代码表示获取相关性大于 0.5 的项：

```
newsgroup_cors %>%
filter(correlation > 0.5)
## # A tibble：16 × 3
##    item1                    item2                    correlation
##    <chr>                    <chr>                    <dbl>
##  1 talk.religion.misc       soc.religion.christian   0.835
##  2 soc.religion.christian   talk.religion.misc       0.835
##  3 alt.atheism              talk.religion.misc       0.779
##  4 talk.religion.misc       alt.atheism              0.779
##  5 alt.atheism              soc.religion.christian   0.751
##  6 soc.religion.christian   alt.atheism              0.751
##  7 comp.sys.mac.hardware    comp.sys.ibm.pc.hardware 0.680
##  8 comp.sys.ibm.pc.hardware comp.sys.mac.hardware    0.680
##  9 rec.sport.baseball       rec.sport.hockey         0.577
## 10 rec.sport.hockey         rec.sport.baseball       0.577
## 11 talk.politics.misc       talk.politics.guns       0.571
## 12 talk.politics.guns       talk.politics.misc       0.571
## 13 comp.graphics            comp.os.ms-windows.misc  0.542
## 14 comp.os.ms-windows.misc  comp.graphics            0.542
## 15 comp.graphics            comp.windows.x           0.526
## 16 comp.windows.x           comp.graphics            0.526
```

将上述代码筛选的结果以图表呈现，如果相关系数大于 0.5 时输出的网络图效果欠佳，可以选择相关系数大于 0.4 的输出结果，示例代码如下：

```
library(ggraph)
library(igraph)
set.seed(2017)
newsgroup_cors %>%
  filter(correlation > 0.4) %>%
  graph_from_data_frame() %>%
  ggraph(layout = "fr") +
  geom_edge_link(aes(alpha = correlation, width = correlation)) +
  geom_node_point(size = 6, color = "lightblue") +
  geom_node_text(aes(label = name), repel = TRUE) +
  theme_void()
## 
## 载入程辑包:'igraph'
## The following objects are masked from 'package:purrr':
## 
##     compose, simplify
## The following object is masked from 'package:tidyr':
## 
##     crossing
## The following objects are masked from 'package:dplyr':
## 
##     as_data_frame, groups, union
## The following objects are masked from 'package:stats':
## 
##     decompose, spectrum
## The following object is masked from 'package:base':
## 
##     union
```

文档聚类网络图如图 16-5 所示。

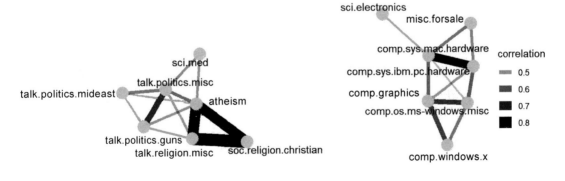

图 16-5　文档聚类网络图

从图 16-5 中可以看出：第一，在相关性大于 0.4 的情况下，文本被分成了 4 类，分别为计算机/电子产品、政治/宗教、机动车辆和体育；第二，相同的词条具有很强的相关性，其中，宗教和政治联系尤为紧密，电子产品中 IBM 和苹果某些新闻的联系也是比较紧密的。

4. 主题建模

接下来我们使用主题模型深入挖掘文本之间的关系。两篇文档是否相关往往不仅取决于字面上的词语重复，还取决于文字背后的语义关联，数据集也是如此。主题模型是对文字隐含主题进行建模的方法，它改正了传统信息检索中文档相似度计算方法的缺点，并且能够在海量互联网数据中自动寻找文字间的语义主题。本节介绍的主题模型基于 LDA 算法。

LDA 主题模型是一种能够从大量文本中提取主题的概率模型，经常被运用到主题发现、文档标记等社会科学的研究中，是文本分析非常有用的工具。

我们以与 sci 相关的新闻为例进行 LDA 主题建模，首先将数据提取出来：

```
word_sci_newsgroups <- usenet_words %>%
  filter(str_detect(newsgroup, "^sci")) %>%
  group_by(word) %>%
  mutate(word_total = n()) %>%
  ungroup() %>%
  filter(word_total > 50)
```

主题模型需要文档-词频矩阵，但是目前我们的数据结构是处理后的整洁数据，每行每个文档只有一个术语，所以主题建模需要使用 cast_dtm() 函数对数据进行处理，代码如下：

```
sci_dtm <- word_sci_newsgroups %>%
  unite(document, newsgroup, id) %>%
  count(document, word) %>%
  cast_dtm(document, word, n)
```

使用 topicmodels 包中的 LDA 函数进行主题建模：

```
library(topicmodels)
sci_lda <- LDA(sci_dtm, k = 4, control = list(seed = 2016))
```

上述代码建立的 LDA 主题模型提取了 4 个语义主题，如果想了解每个主题的语义内涵，可以将 4 个主题的关键词可视化。

首先将 4 个主题中的关键词提取出来：

```
topicdata <- sci_lda %>%
  tidy() %>%
  group_by(topic) %>%
  top_n(8, beta) %>%
  ungroup() %>%
  mutate(term = reorder(term, beta))
```

然后使用 ggplot 将其可视化：

```
ggplot(data = topicdata, aes(term, beta, fill = factor(topic))) +
  geom_col(show.legend = FALSE) +
  facet_wrap(~ topic, scales = "free_y") +
  coord_flip()
## Warning: 程辑包'topicmodels'是用 R 版本 3.6.1 来建造的
```

使用 LDA 进行主题建模的结果如图 16-6 所示。

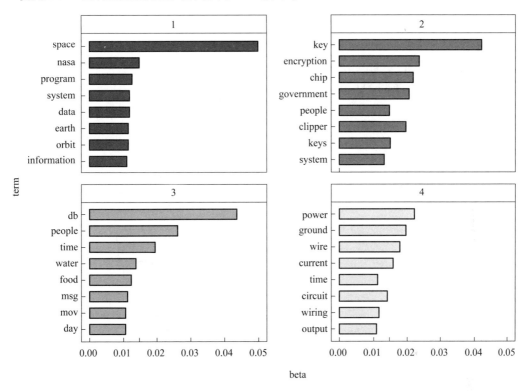

图 16-6　使用 LDA 进行主题建模的结果

由图 16-6 可知：主题 1 中的关键词是"space""nasa""earth"等，因此可以确定第一个主题与航天科技有关；第二个主题中可能跟密码学有关，因为它涉及"key""encryption"等术语。我们可以使用此代码对整个数据集进行主题建模，从而获取每一个数据集所代表的主题。

5. 情感分析

情感分析就是针对一段文本分析其情感的技术。当然，我们无法通过计算机和算法得出像人类一样复杂的情感，但是我们可以判断一段文本的正向性和负向性，或者说这段文本是积极的还是消极的，进一步，我们还可以判断文本中情感的波动水平，如积极或者消极的程度。

一般来说，情感分析有两种方式：词法分析和机器学习。本文主要介绍词法分析。

词法分析的原理是事先定义一个情感词典，然后依据情感词典对一段文本进行评价，从而获取整段文本的情感。例如，定义"喜欢"这个词为 1 分，则：在"我喜欢你"这句话中，"我"和"你"都是中性词，均为 0 分，"喜欢"为 1 分，那么这句话的总分就是 1 分；在"我喜欢你，但讨厌他"这句话中，"讨厌"这个词在情感词典中分数为"-1"，那么整句话的得分就是 0 分。

本节进行情感分析使用的是 tidytext 包，使用的情感词典是 AFINN 情感词典。下面对每个子数据集进行一个综合的情感评定，并将得到的情感分数可视化。

获取每个子数据集的情感得分的代码如下：

```
newsgroup_sentiments <- words_by_newsgroup %>%
  inner_join(get_sentiments("afinn"), by = "word") %>%
  group_by(newsgroup) %>%
  summarize(value = sum(value * n) / sum(n))
```

将所有子数据集的情感得分可视化：

```
newsgroup_sentiments %>%
  mutate(newsgroup = reorder(newsgroup, value)) %>%
  ggplot(aes(newsgroup, value, fill = value > 0)) +
  geom_col(show.legend = FALSE) +
  coord_flip() +
  ylab("情感得分")
```

情感分析结果如图 16-7 所示。

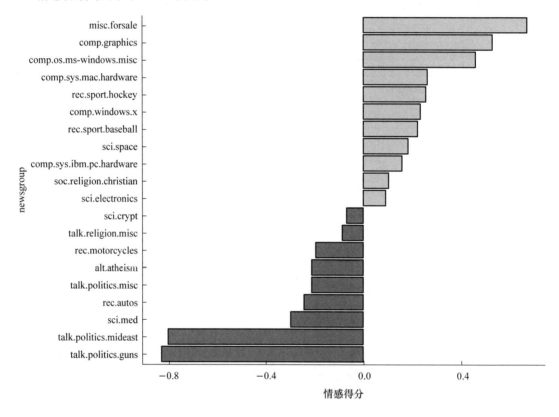

图 16-7　情感分析结果

从图 16-7 中可以看到：销售类、运动类文本的情感较为积极，销售类情感得分最高，说明这类新闻试图使用积极的词吸引顾客；政治、宗教类的文本则具有较多的负向情感，这是因为政治宗教类的话题一般比较沉重。

若想要深入了解为什么有些新闻组比其他新闻组更积极或更消极，而不是简单通过直觉进行判断，我们可以检查每个词的消极贡献和积极贡献，并观察哪些词影响了文本的情感。

首先获取每个词的情感贡献值：

```
contributions <- usenet_words %>%
    inner_join(get_sentiments("afinn"), by = "word") %>%
    group_by(word) %>%
    summarize(occurences = n(),
            contribution = sum(value))
contributions
## # A tibble: 1,909 × 3
##     word        occurences  contribution
##     <chr>         <int>          <dbl>
##   1 abandon        13            - 26
##   2 abandoned      19            - 38
##   3 abandons        3             - 6
##   4 abduction       2             - 4
##   5 abhor           4            - 12
##   6 abhorred        1             - 3
##   7 abhorrent       2             - 6
##   8 abilities      16             32
##   9 ability       177            354
## 10 aboard          8              8
## # ... with 1,899 more rows
```

然后获取对情感影响最大的词：

```
contributions %>%
    top_n(25, abs(contribution)) %>%
    mutate(word = reorder(word, contribution))
```

如下代码可获取每个子数据集中对情感影响最大的词：

```
top_sentiment_words <- words_by_newsgroup %>%
    inner_join(get_sentiments("afinn"), by = "word") %>%
    mutate(contribution = value * n / sum(n))
top_sentiment_words
## # A tibble: 13,063 × 5
##     newsgroup              word      n   value  contribution
##     <chr>                 <chr>   <int>  <dbl>     <dbl>
##   1 soc.religion.christian god      917    1      0.0144
##   2 soc.religion.christian jesus    440    1      0.00692
##   3 talk.politics.guns     gun      425   - 1   - 0.00668
##   4 talk.religion.misc     god      296    1      0.00465
##   5 alt.atheism            god      268    1      0.00421
##   6 soc.religion.christian faith    257    1      0.00404
##   7 talk.religion.misc     jesus    256    1      0.00403
##   8 talk.politics.mideast  killed   202   - 3   - 0.00953
##   9 talk.politics.mideast  war      187   - 2   - 0.00588
## 10 soc.religion.christian true     179    2      0.00563
## # ... with 13,053 more rows
```

16.2 案 例 二

16.2.1 案例二数据集介绍

在本节中,我们将使用 quanteda 包对 1789 年以来美国总统的就职演说稿进行分析。这个数据集包含 68 个文本,且数据集已经经过了处理,包含在 quanteda 包的内置文件中,我们可以直接将其读取为语料库。因此,本节不包含数据的预处理部分,但是读者可以通过 stringr 和 dplyr 包对数据进行处理后,使用 quanteda 包中的函数自行构建语料库。本节将探索不同总统就职时所关注的重点。

16.2.2 案例二数据读取

使用 quanteda 包进行文本分析时,常用 readtext 包进行数据读取。readtext()函数可以读取不同的文本形式,同时返回能够直接用于语料库构建的变量类型。

readtext()函数适用于以下几种格式的文件。

- txt 格式文件,即纯文本格式的数据文件。
- csv 格式文件,即逗号分隔开的数据文件。
- xml 格式文件,即采用 xml 格式的非结构化数据文件。
- Facebook API json 格式文件,即从 Facebook API 获取的 json 格式数据文件。
- Twitter API json 格式文件,即从 Twitter API 获取的 json 格式数据文件。
- 通用 json 格式文件,即无特定要求的通用 json 格式数据文件。

16.2.3 案例二构建语料库

quanteda 包的所有分析都建立在语料库的基础上,它提供了可以直接构造语料库的 corpus()函数。corpus()函数可以作用的对象如下。

- 字符对象向量,如用户直接读取的文本数据对象。
- 语料库对象,如来自 tm 包处理的 VCorpus 语料库对象。
- 文本数据框对象,如有文本数据列和文档元数据列的数据框对象。

文本预处理应该在构造语料库之前,本章使用 tidytext 包进行文本分析的案例已经介绍了数据处理的步骤,并且这里使用的是 quanteda 包提供的内置数据,所以这里不再介绍数据的预处理部分。

首先,加载 quanteda 包并使用 corpus()函数加载语料库:

```
rm(list = ls())
library(quanteda)
corp <- corpus(data_corpus_inaugural)
## Warning:程辑包'quanteda'是用 R 版本 3.6.1 来建造的
```

16.2.4 案例二数据分析

经过上一节讲解的文本数据预处理步骤,我们已经获取了 usenet_words 数据框,接下来进行文本分析的步骤。文本分析主要包括文本的描述性统计、特征提取、文档分类、主题建模。

1. 描述性统计

我们可以使用 R 内置的 summary() 函数对语料库进行描述性统计：

```
summary(corp)
##
##            Text Types Tokens Sentences Year   President FirstName
## 1 1789-Washington   625   1538      23 1789 Washington    George
## 2 1793-Washington    96    147       4 1793 Washington    George
## 3       1797-Adams   826   2578      37 1797      Adams      John
## 4   1801-Jefferson   717   1927      41 1801  Jefferson    Thomas
## 5   1805-Jefferson   804   2381      45 1805  Jefferson    Thomas
## 6   1809-Madison     535   1263      21 1809    Madison     James
```

quanteda 包还提供了 kwic() 函数，这个函数可以检索某个词在文中的上下文位置，如下代码可以检索"finance"在总统就职演说稿中的位置：

```
kwic(data_corpus_inaugural, pattern = "finance")
##
## [1841-Harrison, 4936]       looked to for schemes of | finance |
## [1893-Cleveland, 408] impunity the inexorable laws of | finance |
##  [1921-Harding, 1236]           in the new order of | finance |
## [1925-Coolidge, 3324]          wrong. We can not | finance |
##
## . It would be very
## and trade. At the
## and trade we mean to
## the country, we can
```

通过这个功能，我们可以检索特定的关键词并了解关键词（如财务、国防、外交、就业率等）在演说稿中的分布情况，从而获取每位总统就职时关心的方向。其中 pattern 是正则检索，可以使用正则表达式对其进行匹配，例如：

```
kwic(data_corpus_inaugural, pattern = "finance*")
##
##  [1841-Harrison, 4272]      the control of the public | finances |
##  [1841-Harrison, 4936]         looked to for schemes of | finance |
##  [1881-Garfield, 2365]          on these subjects. The | finances |
## [1885-Cleveland, 1243]       the people demands that our | finances |
##  [1893-Cleveland, 408] impunity the inexorable laws of | finance |
##   [1897-McKinley, 545]        all parties, and our | finances |
##   [1921-Harding, 1236]           in the new order of | finance |
##  [1925-Coolidge, 3324]          wrong. We can not | finance |
##
## ; and to me it
## . It would be very
## of the Government shall suffer
## shall be established upon such
```

```
## ##    and trade. At the
## ##    cease to be the subject
## ##    and trade we mean to
## ##    the country, we can
```

通过统计可以发现,19世纪末和20世纪初的总统就职演说稿中都提到了"finance",而当时美国正处于经济危机,这说明当时美国总统对于财政问题十分关心。

我们还可以使用phrase()函数对"United States"进行多字匹配:

```
kwic(data_corpus_inaugural, pattern = phrase("United States")) %>%
    head()
```

其中head()函数可以提取前6个结果。

2. 文本特征提取

quanteda包中自带分词函数tokens(),该函数提供了去除数字、符号、停用词的参数,常用指令如下:

```
tokens(txt, remove_numbers = TRUE,remove_punct = TRUE,
        remove_separators = FALSE)
```

因为使用分词函数会产生中间对象(分词的结果),所以quanteda包将分词和构建文本特征矩阵进行了整合,dfm()函数可以直接进行文本分词和构建文本特征矩阵,同时dfm()函数包含tokens()函数的所有功能。构建文本特征矩阵的代码如下:

```
dfmat <- dfm(corp, remove = stopwords("english"), remove_punct = TRUE)
```

如下代码可以查看出现频率最高的词:

```
topfeatures(dfmat, 20)
## ##    people government        us     can    upon     must
## ##       575         564      478     471     371      366
## ##     great         may    states   shall   world  country
## ##       340         338      333     314     311      304
## ##     every      nation     peace     one     new    power
## ##       298         293      254     252     247      236
## ##    public         now
## ##       224         224
```

textplot_wordcloud()函数可用于绘制词云图,该函数基于wordcloud包,其绘制的词云图如图16-8所示。

接下来我们探索与恐怖主义和经济相关的词的变化,从而了解一下历任总统对这两方面的关注程度。

首先,我们定义词典:

```
dict <- dictionary(list(terror = c("terrorism", "terrorists", "threat"),
                       economy = c("jobs", "business", "grow", "work")))
```

图 16-8　词云图

然后将词典用于构建文本特征矩阵,查看美国总统就职演说稿中的 6 个文档(1997—2017 年):

```
dfmats <- dfm(corp, dictionary = dict)
tail(dfmats)
## Document-feature matrix of: 6 documents, 2 features (8.33 % sparse).
## 6×2 sparse Matrix of class "dfm"
##              features
## docs         terror economy
##   1997-Clinton     1       8
##   2001-Bush        0       4
##   2005-Bush        1       6
##   2009-Obama       1      10
##   2013-Obama       1       6
##   2017-Trump       1       5
```

我们可以看到,克林顿和奥巴马曾多次提到经济问题,而恐怖主义则很少被提及。

3. 文档分类

就职演说稿在一定程度上反映了美国总统的风格,我们可以通过比较文档的相似度来对总统之间的差异程度进行分析,以前任美国总统特朗普为例,我们将其与其他几个前任总统进行比较。

首先利用如下代码将这些文档提取出来:

```
dfmat1989 <- dfm(corpus_subset(data_corpus_inaugural, Year > 1989),
                 remove = stopwords("english"),
                 stem = TRUE, remove_punct = TRUE)
tail(dfmats)
```

然后,通过如下代码探索其相似度:

```
tstat_trump <- textstat_simil_old(dfmat1989,
                                  c("2017-Trump"),
                                  margin = "documents", method = "cosine")
tstat_trump
##                2017-Trump
## 1993-Clinton  0.5511398
## 1997-Clinton  0.5558054
## 2001-Bush     0.5327058
## 2005-Bush     0.5386656
## 2009-Obama    0.5192075
## 2013-Obama    0.5160104
## 2017-Trump    1.0000000
```

注意,这里更重要的是对文本的相似度进行探索,而不是真的去分析总统之间的相似性,因为这些文本是很难对他们进行定义的。在研究中,我们更多的还是探索文本之间的相似度,对文本进行分类。如果有更多描述个人特质的文本,将其与文本特征工程分析技术相结合,也可以对上述代码涉及的人群聚类,受篇幅限制,本书不再赘述。

4. 主题建模

quanteda 包也提供了构建主题模型的功能,使用 quanteda 包构建主题模型的代码如下:

```
dfmat_ire2 <- dfm_trim(dfmat, min_termfreq = 4, max_docfreq = 10)
library(topicmodels)
my_lda_fit20 <- LDA(convert(dfmat_ire2, to = "topicmodels"), k = 20)
get_terms(my_lda_fit20, 5)
##        Topic 1       Topic 2       Topic 3       Topic 4          Topic 5
## [1,]  "islands"     "helped"      "actual"      "tasks"          "militia"
## [2,]  "program"     "sides"       "supposed"    "relationship"   "naval"
## [3,]  "communism"   "leadership"  "violence"    "representative"  "liberties"
## [4,]  "aided"       "learned"     "sources"     "production"     "favored"
## [5,]  "inhabitants" "discipline"  "looking"     "amid"           "connected"
##        Topic 6       Topic 7       Topic 8       Topic 9          Topic 10
## [1,]  "voices"      "former"      "speaks"      "tax"            "suffrage"
## [2,]  "celebrate"   "grant"       "fire"        "maintaining"    "dollar"
## [3,]  "covenant"    "confederacy" "tyranny"     "extravagance"   "concerning"
## [4,]  "heard"       "roman"       "weapons"     "partisan"       "added"
## [5,]  "third"       "used"        "nuclear"     "heroes"         "jurisdiction"
##        Topic 11      Topic 12      Topic 13      Topic 14         Topic 15
## [1,]  "story"       "journey"     "tariff"      "case"           "european"
## [2,]  "dreams"      "creed"       "interstate"  "cases"          "whilst"
## [3,]  "thank"       "enduring"    "negro"       "minority"       "territories"
## [4,]  "everyone"    "founding"    "amendment"   "dispute"        "commercial"
## [5,]  "challenges"  "road"        "army"        "surrendered"    "ballot"
##        Topic 16      Topic 17      Topic 18      Topic 19         Topic 20
```

```
## [1,]  "british"    "enforcement"  "sentiments"  "virtuous"      "texas"
## [2,]  "naval"      "settlement"   "press"       "pleasing"      "entitled"
## [3,]  "term"       "session"      "councils"    "improvements"  "jurisdiction"
## [4,]  "enemy"      "aspirations"  "candid"      "resolution"    "sectional"
## [5,]  "late"       "loans"        "whatsoever"  "early"         "confederacy"
```

dfm_trim() 函数可对文本特征矩阵进行处理,因为文本特征矩阵一般都是稀疏的,所以通过函数的处理可以使文本特征矩阵的稀疏程度减小。通过 dfr_trim() 函数将稀疏的文本特征矩阵转为稠密的文本特征矩阵后,就可以使用 LDA 等主题模型开展主题建模分析了。

16.3   本 章 小 结

本章先后介绍了针对开放性新闻文本和美国总统就职演说文本的数据分析流程:首先是案例背景介绍和数据集介绍;其次是数据的读取、预处理部分,其中数据预处理环节主要使用 dplyr 和 stringr 包结合正则表达式;最后是数据分析部分,我们依次说明了文本型数据分析的几个重要方法,如文本聚类、TF-IDF、主题模型等。读者可以依据自己的研究需要,选择合适的工具来获取文本分析的结果。

第17章　数据产品开发与部署案例

数据产品是指使用数据来帮助组织提高决策质量和流程绩效的应用程序或工具软件。拥有良好用户界面的数据产品可以为各类用户提供预测性分析、描述性数据建模、数据挖掘、机器学习、风险管理和各种分析方法。数据产品通常要通过客户和网站访问者行为、问卷以及其他渠道采集数据，通过数据分析形成业务洞察，帮助管理者做出明智决策，从而改进产品或服务，实现商业价值。本章主要介绍 R 语言环境下的数据产品开发与部署实例，涉及的主要内容如下。

- 云服务器必要软件环境的安装与配置。
- Ubuntu 操作系统基本指令。
- RStudio Server 的安装与配置。
- 在云端部署数据产品的步骤与技巧。

通过本章的学习，读者应该掌握以下几点。

- 公有云服务器的配置方法与步骤。
- Ubuntu 操作系统下的常用指令及其使用方法。
- Bookdown 和 flexdashboard 等包在云服务器发布数据产品的应用过程。

17.1　云服务器环境配置基础

云服务器（Elastic Compute Service，ECS）是公有云服务提供商提供的一种简单高效、安全可靠、处理能力可弹性伸缩的计算服务。目前我国有多家公司提供面向个人和企业的公有云平台，如阿里云、腾讯云、华为云等，这些公有云服务提供商提供云服务器、云数据库、云存储和 CDN 等基础云计算服务，以及移动应用、大数据分析、人工智能等应用解决方案。我们使用 R 语言完成数据分析后，可以借助于云平台将数据分析成果封装为数据产品，并以在线应用的方式在网络端部署，方便广大用户通过互联网随时随地访问学习。

公有云服务提供商的云服务器购置、开通、初始配置大同小异，下面以华为云（网址：https://www.huaweicloud.com/）为例，说明公有云服务器注册与初始配置的基本方法与技巧。

1. 华为云服务器注册及初始配置

华为云是由华为公司打造的面向广大企业和个人的公有云平台，目前提供免费的试用服务，便于互联网实验环境的部署和学习。本节讲解如何注册并选择华为云服务器主机，以及如何安装 Ubuntu 16.04 LTS 64 位操作系统。如果个人电脑是 Windows 操作系统，最好安装远程操作服务器的两个常用软件：WinSCP 和 putty（一般先安装 WinSCP，后安装 putty）。若个人电脑是Mac机，则不需要安装这两个软件，可以直接采用安全核（Secure Shell，SSH）方式登录。

（1）华为云服务注册步骤

① 登录网址 https://www.huaweicloud.com/进行注册,之后提供个人银行卡号,申请免费的云服务器主机 ECS 资格,建议选择配置为单核 CPU、4G 内存、1M 公用带宽的云服务器。

② 在选择主机配置过程中,用户需要选择安装操作系统,建议用户选择 Ubuntu 16.04 LTS 64 位操作系统(一般流行的云服务器 Linux 操作系统是 Ubuntu 和 CentOS,Ubuntu 较为适合初学者),不建议用户选择 Ubuntu 16.04 LTS 32 位操作系统的原因在于,32 位操作系统适合 4G 以下内存配置的服务器,而对于 4G 以上内存配置的服务器,64 位操作系统更能发挥其内存大的优势。

③ 检查申请的华为云服务器主机安装的是否为 Ubuntu 操作系统,而非 Windows server 操作系统,具体方法为:检查登录的 web shell 是否为命令界面,如果不是,则需要重新安装。

④ 保存申请的服务器密码,以便后续登录与软件的安装配置。

（2）WinSCP 和 putty 的安装与整合

WinSCP 和 putty 是远程操作服务器的两个常用软件,华为云网页端的服务器操作页面可用性较差,建议使用本地客户端。

WinSCP 是一个 Windows 环境下使用 SSH 的开源图形化 SFTP 客户端,同时支持 SCP 协议。WinSCP 的主要功能就是在本地与远程计算机之间安全地复制文件。putty 是一个免费的,基于 Windows x86 平台下的 Telnet、SSH 和 rlogin 客户端,可以远程登录装有 Linux 操作系统的服务器,并以指令方式操作。WinSCP 和 putty 在个人电脑上的安装步骤如下。

① 下载并双击"WinSCP",一直单击"next"按钮完成安装。

② 下载并双击"putty",一直单击"next"按钮完成安装。

③ 将 WinSCP 和 putty 整合在一起的步骤如下:

a. 打开 WinSCP 并登录;

b. 配置 putty 的路径,打开选项→选项,左侧选择"集成→应用程序",右侧设置 putty.exe 所在路径,确认之后即可完成 WinSCP 上的配置。

2. 安装、配置 LNMP 环境

刚注册获取的华为云服务器相当于一台只安装了 Ubuntu 操作系统,而没有安装其他系统软件〔如数据库 MySQL 以及对外提供 Web 服务的中间软件(如 Apache 或 Nginx)〕和应用软件(如 wordpress)的裸机,服务器此时无法对外提供服务,普通用户也无法通过互联网访问服务器资源。

Nginx 相当于 Web 服务器程序,可用来响应用户的访问请求,解析 Web 应用程序;MySQL 则是一个免费的数据库管理系统;PHP 是 Web 服务器生成网页的程序,用于支撑 wordpress 的运行。

对于非计算机专业学生而言,逐一安装并配置 Nginx、MySQL 和 PHP 是一件较为复杂的事,为此,有人专门开发了 LNMP 一键安装包,并将其免费分享到了互联网(网址:https://lnmp.org/),大大方便了 LNMP 的安装与配置。

LNMP 一键安装包是一个用 Linux Shell 编写的,可为 Ubuntu VPS 或独立主机安装 LNMP(Nginx/MySQL/PHP)生产环境的 Shell 打包程序。

LNMP 的安装步骤如下。

① 使用 putty 或类似的 SSH 工具登录 VPS 或服务器。

② 下载并安装 LNMP 一键安装包,以当前的最新版本(2022-06-30,Ver1.9)为例,在服务器上输入以下指令:

```
wget `http://soft.vpser.net/lnmp/lnmp1.5.tar.gz`-cO lnmp1.5.tar.gz && tar zxf lnmp1.5.tar.gz &&
cd lnmp1.5 && ./install.sh lnmp
```

运行上述 LNMP 安装命令后,会出现如下提示,如图 17-1 所示。

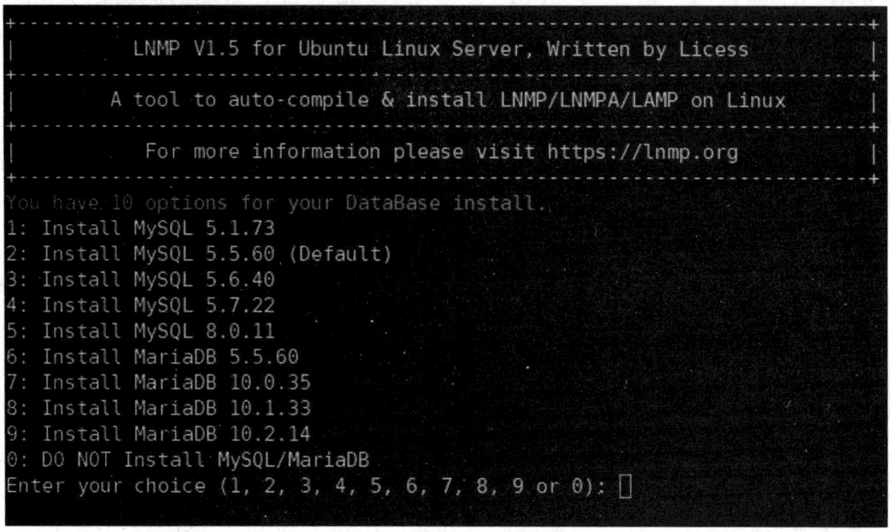

```
+---------------------------------------------------------------+
|        LNMP V1.5 for Ubuntu Linux Server, Written by Licess   |
+---------------------------------------------------------------+
|     A tool to auto-compile & install LNMP/LNMPA/LAMP on Linux  |
+---------------------------------------------------------------+
|     For more information please visit https://lnmp.org        |
+---------------------------------------------------------------+
You have 10 options for your DataBase install.
1: Install MySQL 5.1.73
2: Install MySQL 5.5.60 (Default)
3: Install MySQL 5.6.40
4: Install MySQL 5.7.22
5: Install MySQL 8.0.11
6: Install MariaDB 5.5.60
7: Install MariaDB 10.0.35
8: Install MariaDB 10.1.33
9: Install MariaDB 10.2.14
0: DO NOT Install MySQL/MariaDB
Enter your choice (1, 2, 3, 4, 5, 6, 7, 8, 9 or 0): □
```

图 17-1　提示示例

图 17-1 的安装程序界面显示,用户有多种数据库安装选项,其中的 MySQL 5.6 和 5.7 版本,以及 MariaDB 10.0 版本,需要 1G 以上内存才能安装。在选择好数据库版本号后,回车进入下一步,如果此过程输入有误,可以手动通过键盘上的 Ctrl＋Backspace 键进行删除。接下来会出现设置 MySQL 数据库的 root 密码界面,输入自设密码,按回车键进入 PHP 版本选择的界面,建议选择 Default(默认)的 PHP 版本,回车后进入下一步,出现的界面会提示是否安装内存优化,界面中有不安装、Jemalloc 和 TCmalloc 三个选项,直接回车后,程序开始自动安装。

③ 如果界面提示安装使用的时间,则说明 LNMP 安装成功。

17.2　Ubuntu 操作系统简介

目前在服务器上安装的操作系统大多为 Linux 操作系统,这是因为 Linux 操作系统安全性和稳定性高,系统漏洞较少。CentOS 系统是基于 Red Hat Linux Enterprise 版本的开源,更新频度较少,采用.rpm 软件包和“yum”软件包管理器,一般是商业用途的部署首选。Ubuntu 操作系统是 Linux 操作系统的发行版之一,系统内核基于 Debian,更新频率较高,采用.deb 软件包和“apt-get”软件包管理器,一般来说,Ubuntu 操作系统对于初学者而言是更好的选择。

下面介绍 Ubuntu 操作系统的常用命令。

Ubuntu 操作系统的更新命令如下：

```
sudo apt-get update
```

Ubuntu 操作系统下不同权限用户的显示有所区别，"\\$"是普通管理员标识，"\\#"是系统管理员标识，按权限分级的话，系统管理员权限大于普通管理员权限，相关命令如下：

```
1、新建用户(以 test 为例)：
有 useradd 和 adduser 两种；
sudo useradd test    //是一个 ELF 可执行程序；没有附加参数，用户没有同名主目录、密码和系统 shell
sudo adduser test    //是一个 perl 脚本；有附加参数，会提示输入密码并创建同名目录
修改 test 用户的密码：
passwd test                  //必须设置大于等于 6 位的密码
sudo passwd test             //不限制密码长度

2、新建用户组并加入用户(以 lebo 用户组为例)：
sudo groupadd lebo
sudo adduser test lebo

3、给 test 用户创建自己的目录：
sudo mkdir/home/test
chown test/home/test

4、给用户添加 sudo 权限：
sudo usermod-aG sudo test

5、切换用户：
su test

6、修改用户信息：
usermod test
        Ubuntu 操作系统的文件管理相关命令如下：
tree/                        //查看全部文件(要先 install tree)
pwd                          //获取当前路径
~                            //当前用户主目录
cd ..                        //上一级
cd~                          //home 目录(/开头是绝对路径；.开头是相对路径)
mkdir mydir                  //新建目录 mydir
mkdir-p father/son/grandson  //新建多级目录
cptest(此处可为路径) father/son/grandson  //将当前目录下的 test 复制到 grandson 中
rm                           //删除文件
mv  旧名 新名                 //重命名
remove' y/a-z/A-Z/' * .c     //删除文件
cat test                     //查看文件 test；-n 显示行号
file test                    //查看文件类型
ls                           //查看当前目录下的文件
ls-l 文件名称                 //查看详细信息(文件夹将-l 改为-ld)
zip index. zip index-r       //压缩 index 目录下的所有文件到 index.zip(要先 install zip)
```

若读者想了解更多关于 Ubuntu 操作系统的命令，可参考网址：http://www.jianshu.com/p/1340bb38e4aa。

17.3 RStudio Server 简介

RStudio Server 是由 RStudio 公司开发的一个基于 Web 访问的 RStudio 云端开发环境，需要安装在 Linux 服务器环境下，支持多用户远程访问。在申请完云服务器主机之后，下面进行 RStudio Server 的安装。

17.3.1 RStudio Server 安装

RStudio Server v 1.2＋需要 Debian 8(或更高版本)或 Ubuntu 14.04(或更高版本)。本节以华为云服务器为安装实例，对 RStudio Server 的配置进行讲解，服务器操作系统版本为 Ubuntu 16.04 LTS 64 位操作系统。

访问网址 https://www.rstudio.com/products/rstudio/download-server/查看 RStudio Server 的免费下载版本及其主要功能情况。

考虑到 RStudio Server v 1.2＋ 需要提前安装 R 3.0.1 或更高版本，因此，我们需要登录华为云服务器控制台或使用 ftp 登录软件(如 putty)远程连接服务器(如图 7-2 所示)，以安装相适配的 R 版本，IP 地址为华为云服务器的公网地址，用户名默认为 root，密码为申请时的服务器密码。

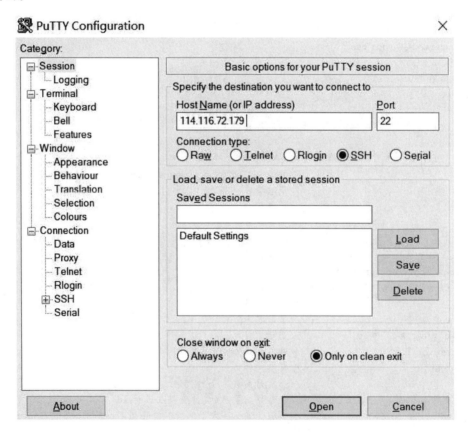

图 17-2　putty 远程连接云服务器界面设置

为了获取 R 的最新版本，可以使用以下指令对路径 /etc/apt/sources.list 文件进行编辑：

```
sudo vi/etc/apt/sources.list
```

进入编辑页面之后,按下"i"进入编辑模式,在文件末尾添加如下指令:

```
deb https://cloud.r-project.org/bin/linux/ubuntu xenial-cran35/
```

按下键盘上的"Esc"键,退出当前 vi 编辑器的编辑状态,然后在英文输入状态下输入":wq",完成修改文件的自动退出与保存,这时界面会显示文件已修改的信息。

完成上述步骤后,接下来准备安装 R 3.6 版本,需要说明的是,本书示例安装在 Ubuntu 16.04 LTS 操作系统下,该版本代号为 Xenial。通过网址 https://cloud.r-project.org,服务器将自动重定向到最近的 CRAN 镜像。这个网址会获取 R 的 3.6 版本,如果需要其他版本,用户可以参考 RStudio Server 的官网说明,但是注意要使用 3.0 以上的版本。

可使用如下指令安装完整的 R 系统:

```
sudo apt-get update
sudo apt-get install r-base
```

在服务器的控制框中输入"R",若输出 R 的版本信息(这里是 3.4 版本),则说明安装成功,如图 17-3 所示。

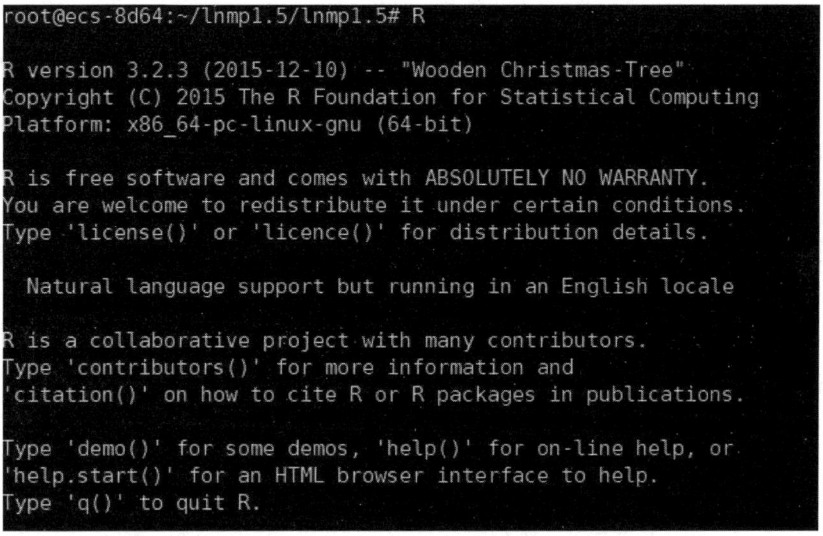

```
root@ecs-8d64:~/lnmp1.5/lnmp1.5# R

R version 3.2.3 (2015-12-10) -- "Wooden Christmas-Tree"
Copyright (C) 2015 The R Foundation for Statistical Computing
Platform: x86_64-pc-linux-gnu (64-bit)

R is free software and comes with ABSOLUTELY NO WARRANTY.
You are welcome to redistribute it under certain conditions.
Type 'license()' or 'licence()' for distribution details.

  Natural language support but running in an English locale

R is a collaborative project with many contributors.
Type 'contributors()' for more information and
'citation()' on how to cite R or R packages in publications.

Type 'demo()' for some demos, 'help()' for on-line help, or
'help.start()' for an HTML browser interface to help.
Type 'q()' to quit R.
```

图 17-3　R 安装成功示例

若要下载并安装 RStudio Server,需要打开终端窗口并执行以下命令(根据服务器操作系统是 32 位还是 64 位来选择指令)。注意,首先需要安装 gdebi-core 软件包,使得 gdebi 可用于安装 RStudio 及其所有依赖项。

```
sudo apt-get install gdebi-core
```

然后,完成 RStudio Server 安装包的下载与安装,示例代码如下。如果第一行代码运行报错,请选择网速带宽较好的环境重复执行该行代码,确保安装包下载成功。

```
wget
https://download2.rstudio.org/server/trusty/amd64/rstudio-server-1.2.1335-amd64.deb    # rstudio-
server-1.2.1335-amd64.deb 说明安装的 RStudio Server 版本号是 1.2.1335
sudo gdebi rstudio-server-1.2.1335-amd64.deb
```

安装完成后,RStudio Server 会自动运行,可以通过以下指令查看 RStudio Server 的运行进程:

```
ps-aux|grep rstudio-server
```

安装完毕后,在 Ubuntu 操作系统的 shell 界面(有 $ 标志的界面)输入以下命令,创建普通用户(非 root 权限)账号,需要指出的是,RStudio Server 禁止服务器 root 权限账号登录系统。

```
sudo adduser name
```

输入上述指令后,系统界面会要求输入密码,用户需要牢记这个密码,以备登录 RStudio Server 时使用。

RStudio Server 默认在 8787 端口上运行,一般而言,华为云服务器 8787 端口默认没有对外开放,需要用户登录华为云服务器控制台,选择“云服务器控制台→安全组→配置规则”,在显示页面中对导入方向设置安全策略,添加开放 8787 端口。

假设购置的华为云服务器公网 IP 地址为 14.115.12.78,在浏览器中打开网址 http://14.115.12.78:8787,如果之前的配置正确,那么可以看到如图 17-4 所示的 RStudio Server 的登录界面。

图 17-4 RStudio Server 的登录界面

在图 17-4 中的登录界面中,输入非 root 权限账号即可进入 RStudio Server。

17.3.2 RStudio Server 的配置

登录 RStudio Server 后不难发现，RStudio Server 的界面和使用与在本地个人终端使用 RStudio 没有多少差异。在正式使用 RStudio Server 开展数据分析工作之前，我们还需要做一些配置，使其运行更方便。

1. 中文字符乱码问题的消除

华为云主机服务器上安装的 Ubuntu 16.04 LTS 是英文操作系统，没有安装必要的中文字符集和字库，如果不进行配置，绘图中遇到中文就会出现乱码。中文字符集和字库的配置方式如下。

（1）在 Ubuntu 操作系统的操作界面输入以下命令：

```
locale-a
```

上述命令的运行结果如图 17-5 所示。由于图 17-5 中没有显示 zh_CN.UTF-8 字样，因此需要安装 zh_CN.UTF-8。

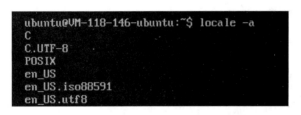

```
ubuntu@VM-118-146-ubuntu:~$ locale -a
C
C.UTF-8
POSIX
en_US
en_US.iso88591
en_US.utf8
```

图 17-5　Ubuntu 配置命令

（2）在 Ubuntu 操作系统的操作界面输入以下命令，设置中文环境：

```
sudo locale-gen zh_CN.UTF-8
```

（3）使用以下命令安装中文语言包：

```
sudo apt-get install language-pack-zh-hans
```

（4）在 Ubuntu 操作系统的操作界面输入以下命令，安装字体渲染包：

```
sudo  apt-get  install xfonts-wqy
```

（5）重启 RStudio Server 服务器：

```
sudo  rstudio-server restart
```

重新登录界面，尝试使用 ggplot2 绘制中文图，若中文不出现乱码问题，则说明配置成功。

2. 安装 devtools

由于 CRAN 对 R 包的管控很严格，因此一些 R 包作者不愿在测试上花费时间，而是直接将开发的 R 包放在 github 上。为方便使用这些 R 包，我们需要安装 devtools。

首先,在 Ubuntu 操作系统的操作界面输入如下命令:

```
sudo apt-get install libgdal-dev
```

然后,在 RStudio Server 中安装 devtools:

```
install.packages("devtools")
```

3. 对小内存主机的优化和扩充

由于申请的华为云主机内存只有 4G,运行一些 R 包会出现内存不足的警告,因此需要对小内存主机进行优化和扩充。除了硬件扩容外,我们还可以通过创建 swap file 的方式对小内存主机进行优化,具体步骤可参考网址:https://digitizor. com/create-swap-file-ubuntu-linux/,注意,一般情况下,swap file 的大小设置为 3G 左右即可。

此外,在 Ubuntu 操作系统的操作界面输入以下命令可以查看主机内存的消耗情况:

```
free-m
```

17.4 数据分析成果部署实例

17.4.1 shinyapps. io 部署

shinyapps. io 是一个用于托管 Shiny Web 应用程序的网站,该网站提供的是一种平台服务(Platform as a Service,PaaS)。本节将介绍如何创建 shinyapps. io 账户以及如何将 shiny 应用程序部署到云端。

在开始使用 shinyapps. io 之前,需要准备好 R 开发环境(如 RStudio IDE)和 rsconnect 包。

安装并加载 rsconnect 包的指令如下:

```
install.packages('rsconnect')
library(rsconnect)
```

注册账户的网址为 https://www. shinyapps. io/,首次登录时,shinyapps. io 会提示设置账户。shinyapps. io 把账户名称作为所有应用的域名。账户名称必须介于 4 到 63 个字符,并且只能包含字母、数字和短划线。账户名称不能以数字或短划线开头,且不能以短划线结束。

在 shinyapps. io 中设置好账户后,需要配置 rsconnect 程序包来使用该账户。shinyapps. io 会自动生成令牌和密码,rsconnect 包可凭借令牌和密码访问设置好的账户。

首次登录网址时,新手教程会提供账户和密码,凭借以下命令可对其进行配置:

```
rsconnect::setAccountInfo(name ='账户名',
                          token ='令牌',
                          secret ='密码')
```

另外,还可以通过图 17-6 所示的位置获取令牌和密码。

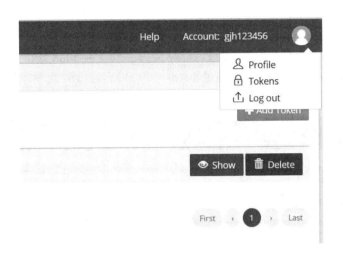

图 17-6　获取令牌和密码示例

配置 rsconnect 完成安装后,可以使用它将应用程序上传到 shinyapps.io。若使用的是 RStudio IDE,则可以通过"工具→全局选项→发布"来管理的 shinyapps.io 账户,或者通过以下命令进行部署:

```
rsconnect::deployApp('shiny 文件所在路径')
```

使用 shiny 时有几点需要注意:
- 无论是 ui.R 还是 server.R 文件,必须是 UTF-8 编码格式;
- 对于数据处理逻辑复杂、数值计算密集型的数据看板,shiny 的运行速度较慢,用户等待时间较长;
- shiny 是免费软件,比较适合数据看板的原型展示或学术研究,不适用于性能要求高、响应速度快、页面复杂的商业应用。

17.4.2　shiny Server /RStudio Connect 部署

开源 shiny Server 提供了一个平台,使得我们可以在一个服务器上托管 shiny 程序。

shiny Server 只支持 Ubuntu 12、RedHat/CentOS 6 和 7 以及 SUSE Linux Enterprise Server 11+等版本,并且只为 64 位架构提供安装文件,这也是我们建议使用 64 位系统的原因。

在安装 shiny Server 之前,需要安装 3.2.2 版本以上的 R 和 shiny 软件包。

前面已经介绍过 R 的安装,我们可以使用以下指令安装 shiny 软件包:

```
sudo su - \
-c "R -e \"install.packages('shiny', repos='https://cran.rstudio.com/')\""
```

shiny Server 的安装同样需要 gdebi 来安装依赖项,gbebi 的安装前文已经提过。我们可以使用以下指令下载并安装 shiny Server:

```
wget https://download3.rstudio.org/ubuntu-14.04/x86_64/shiny-server-1.5.9.923-amd64.deb
sudo gdebi shiny-server-1.5.9.923-amd64.deb
```

安装完成之后,在 Linux 系统操作界面输入"R",进入 R 环境后,使用 R 命令安装 Rmarkdown 包,在这些必要的软件配置成功后,shiny Server 的代码执行才不容易出错。

在华为云的安全组中打开 3838 端口(shiny Server 默认在 3838 端口运行),以华为云地址 14.115.12.78 为例,在浏览器中打开网址 http://14.115.12.78:3838,如果之前的配置准确 无误,将出现如图 17-7 所示的界面。

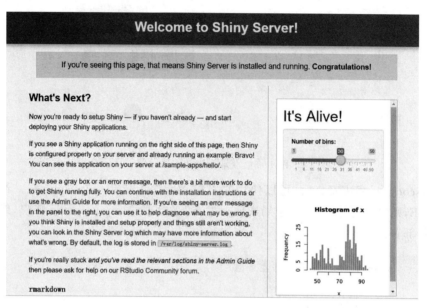

图 17-7　shiny Server 安装成功界面示例

下面在 shiny Server 上部署本地的 shiny 程序,以供学习和交流使用。

将本地开发的 shiny 程序上传到服务器端 shiny Server 的步骤为:借助于 WinSCP 或者 其他 SSH 工具登录服务器,在如图 17-8 所示的界面中输入公网 IP 地址、用户名和密码,登录 到服务器。

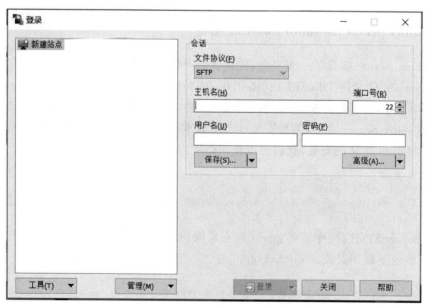

图 17-8　登录界面

在登录之后的界面中,左边是本地文件,右边是云服务器安装的程序,我们需要将本地的 shiny 程序上传到服务器端的指定目录下。默认目录由配置文件/etc/shiny-server/shiny-server.conf 进行指定,且默认的指定目录为/srv/shiny-server/。shiny Server 将从该目录下查找 shiny 应用并在 3838 端口进行托管。因此,我们可以将已经开发完成的 shiny 程序上传到该目录,例如,我们可以新建一个 shiny 程序,并将 ui. R 和 server. R 文件保存在 shiny-server 文件夹中。

默认目录示例如图 17-9 所示,打开图 17-9 可以看到 shiny 的原始文档,如图 17-10 所示。

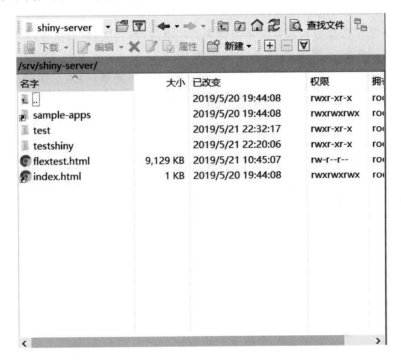

图 17-9　默认目录示例

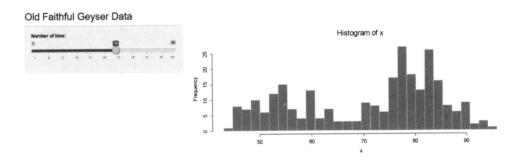

图 17-10　shiny 的原始文档

17.4.3　flexdashboard 在云端的部署

flexdashboard 在云端的部署有两种方式:第一种方式是将渲染好的 html 页面直接部署到服务器中,但是这种方式加载较慢,而且无法实现信息交互;第二种方式是将 flexdashboard 部署到 RStudio Connect。

第一种方式需要先在本地将 flexdashboard 输出,然后将渲染完成的 html 文件上传到 /srv/shiny-server/目录下,最后通过网址 http://< hostname >:3838/name. html 就可以看到上传的 html 文件。

第二种方式主要用于商业领域,不过 RStudio Connect 提供了 45 天的免费试用期,感兴趣的读者可以通过官网查看其使用方式。

17.5 本 章 小 结

本章首先介绍了数据分析成果发布或部署的基本流程;其次,以云服务环境下的成果部署为例,详细介绍了典型云服务器环境的配置步骤、Ubuntu 操作系统的常用命令、RStudio Server 的安装配置与使用技巧;最后对数据分析成果进行了详细讲解,主要包括 shinyapps. io 部署、shiny Server 部署、flexdashboard 在云端的部署。

参考文献

[1] 吴星辰.写给 UI 设计师看的数据可视化设计[M].北京:电子工业出版社,2021.

[2] 黄天元.文本数据挖掘——基于 R 语言[M].北京:机械工业出版社,2021.

[3] 陈为,沈泽潜,陶煜波.数据可视化[M].2 版.北京:电子工业出版社,2019.

[4] 茱莉亚·斯拉格,戴维·罗宾逊.文本挖掘:基于 R 语言的整洁工具[M].刘波,罗棻,唐亮贵,译.北京:机械工业出版社,2018.

[5] 段宇锋,李伟伟,熊泽泉.R 语言与数据可视化[M].上海:华东师范大学出版社,2017.

[6] HADLEY W,GARRETT G.R for Data Science:Import,Tidy,Transform,Visualize,and Model Data[M].CA:O'Reilly Media,2017.

[7] 邱南森.数据之美:一本书学会可视化设计[M].张伸,译.北京:中国人民大学出版社,2014.

[8] 周霞,王萍,张韫麒,等.数据故事化实践应用分析——以数据新闻为例[J].图书情报工作,2021,65(14):119-127.

[9] 王晰巍,张柳,韦雅楠,等.社交网络舆情中意见领袖主题图谱构建及关系路径研究——基于网络谣言话题的分析[J].情报资料工作,2020,41(02):47-55.

[10] 朝乐门,张晨.数据故事化:从数据感知到数据认知[J].中国图书馆学报,2019,45(05):61-78.

[11] 张晨,朝乐门,孙智中.数据故事叙述的关键技术研究[J].情报资料工作,2021,42(02):73+80+74-79.

[12] 孙扬,封孝生,唐九阳,等.多维可视化技术综述[J].计算机科学,2008(11):1-7+59.

[13] 任永功,于戈.数据可视化技术的研究与进展[J].计算机科学,2004(12):92-96.

[14] XIE Y H,ALLAIRE J J,GARRETT G.R Markdown:The Definitive Guide[EB/OL].(2022-04-11)[2022-05-12].https://bookdown.org/yihui/rmarkdown/.

[15] XIE Y H.bookdown:Authoring Books and Technical Documents with R Markdown[EB/OL].(2022-05-02)[2022-05-12].https://bookdown.org/yihui/bookdown/.